水文水资源系列丛书

洞庭湖流域干旱评估及水资源保护策略

薛联青　刘晓群　廖小红
黎昔春　杨　广　　著

东南大学出版社
SOUTHEAST UNIVERSITY PRESS

·南京·

内 容 摘 要

本书主要针对当前洞庭湖水资源开发利用存在的问题,研究洞庭湖径流演化趋势,分析天然条件情况下湖区来水和自产水量的变化规律及趋势,确定现状和未来一段时期内外界条件改变对洞庭湖区来水和径流的影响程度。探讨洞庭湖自然河湖范围内中低水径流情况以及城陵矶不同水位条件下"健康洞庭湖"所需的基本水文条件。在现有堤垸框架体系下经济可持续发展的水资源需求条件下,考虑生态保护格局及现有产业结构特点,建立符合区域经济发展的水资源利用条件,对维系洞庭湖湿地生态环境及"人水和谐"具有重要作用。

本书可供水文水资源学科、环境科学、资源科学、农业工程及水利工程等学科的科研人员、大学教师、研究生和本科生,以及从事水资源管理领域、水土保持工程及环境保护的技术人员阅读参考。

图书在版编目(CIP)数据

洞庭湖流域干旱评估及水资源保护策略/薛联青等著. —南京:东南大学出版社,2014.9

水文水资源系列丛书

ISBN 978 - 7 - 5641 - 4186 - 8

Ⅰ.①洞… Ⅱ.①薛… Ⅲ.①洞庭湖-水资源保护-环境政策-研究 Ⅳ.①X-012.64

中国版本图书馆 CIP 数据核字(2013)第 081495 号

洞庭湖流域干旱评估及水资源保护策略

出版发行	东南大学出版社
出 版 人	江建中
社 址	南京市四牌楼 2 号
邮 编	210096

经 销	江苏省新华书店
印 刷	南京京新印刷厂
开 本	700 mm×1000 mm 1/16
印 张	14.75 彩插:8 面
字 数	330 千字
版 次	2014 年 9 月第 1 版
印 次	2014 年 9 月第 1 次印刷
书 号	ISBN 978 - 7 - 5641 - 4186 - 8
定 价	42.00 元

(本社图书若有印装质量问题,请直接与营销部联系。电话:025 - 83791830)

前　言

　　洞庭湖是长江和湖南境内湘、资、沅、澧四水互相遭遇蓄积而成的积洪性湖泊，是长江中游地区最具江湖调蓄功能及湖泊流域相互作用的代表性区域之一。洞庭湖具有优越的地理位置、丰富的水量及多样的珍稀物种，湖区水资源总量丰富，是我国自然资源的巨大"宝库"，洞庭湖湖区曾是中国湖泊围垦最为严重地区之一，湿润的气候和泛滥洪水带来的肥沃土壤，形成了适合发展农业生产的基础条件。

　　近几十年来，伴随着全球气候变化，洪涝、干旱、暴雨、高温等灾害事件频繁发生，气候干旱化，荆江河道裁弯、加之三峡水库等大型水利工程运转，流域水循环已发生明显改变，江湖关系发生了多次调整，湖区水文水动力等环境条件发生较大改变，洞庭湖入湖水量季节性减少，湖区水位下降，干旱期延长，流域水资源开发利用和湖泊健康问题已日益凸现。平原区浅水湖泊作为区域发展的资源和环境条件，与人类关系密切。受自然和人类活动共同影响，洞庭湖区水系格局不断地发生调整变化，对湖泊演变和水情产生了直接影响，流域饮水安全处于临危状态，生态环境的恶化已严重制约了流域人水和谐发展，威胁着人类的生存。

　　当前洞庭湖湖区水资源总量丰富，但是供需水资源分配不均，季节性缺水，人类及自然生态用水得不到满足，洞庭湖湖区饮用水不安全及相关水资源利用存在的问题不断凸显。因此，深入进行洞庭湖干旱研究，系统分析洞庭湖流域的洪旱特征及水资源演变规律，并对未来变化环境下流域水资源演变规律进行预测分析，针对城陵矶不水位条件的中小洪水，了解湖泊流速分布与水面形态，提出健康洞庭湖水位、面积、流速、水量等水文特征，并重点进行洞庭湖干旱研究，建立干旱应对机制，根据地形条件和健康洞庭湖的需要，初步探讨了洞庭湖保护对策，维持最基本的生态运转，促进洞庭湖生态经济区建设意义重大。由于历史上防洪问题突出的原因，对洞庭湖的研究多集中在水多引起的洪涝方面，目前针对洞庭湖水资源状况，尤其在满足湖泊健康状况的水资源问题等方面的研究较少。如何分析洞庭湖自然河湖范围的中低水径流情况，对湖区水资源状况及"健康湖区"理念进行分析，找出解决水问题的最佳方式，寻求实现"健康湖泊"的理论与实践相结合的治理体系，对当前洞庭湖水资源保护与利用、解决湖区缺水问题也具有重要的参考价值。

　　本书内容共分为 10 章。主要研究内容是以往研究成果为基础，系统结合并采用干旱评估、流域水文模拟、水动力学方法、随机理论以及环境水利等理论方法，针对变化环境下流域水资源水安全问题，以洞庭湖流域为例，根据流域内陆水循环和水平衡的实际特点，对其干旱特征进行了定量描述。进行了洞庭湖流域干旱评估、水资源演变规律分析、湖泊健康及水资源保护策略等方面的研究，对洞庭湖生态经济建设和流域管理的定量化提供了参考系统分析了流域的干旱演变趋势。以洞庭湖水动力模拟为依托，以洞庭湖自然河湖范围的中低水径流情况，城陵矶不同水位条件的中小洪水研究为重点，从历史、现状以及未来等时间层面上来探究湖区饮用水不安全的现状、影响因素以及解决的有效途径；结合饮用水安全体系和湖泊水资源承载能力的研究以及湖区生态需求等，提出了"健康洞庭湖"的概念以及保证湖区"健康"的方法和洞庭湖水资源保护布局和治理体系。

　　本书也是作者在洞庭湖流域水资源演变规律分析、流域水文模拟和生态保护领域长期的研究成果的总结，包括了作者培养的研究生参与科研项目的部分相关科研成果和论文。在本书撰写过程中，王好芳博士、迟艺侠博士、李杰友教授、张竞楠、罗健、暴瑞玲、任黎、宋亚琼、宋佳佳、李晓林等参与了本书的编写校核工作，邢宝龙、王思琪、王苓如、刘远洪、任磊、张彪、刘悦玲、邵世光、张梦泽、姜凌峰、邓圆谧、陈晖、李文倩、王好芳、王加虎、朱炜真、吴桦、张彪、李丽、相增辉等都给予了大力支持，参与了本书整编及校验工作，在此表示感谢，全书由薛联青统稿。特别感谢湖南省水利厅张振全总工、易放辉教高、向朝辉教高、何新林教授、汤骅教授等的帮助和支持。同时对作者所引用的参考文献的作者及不慎疏漏的引文作者也一并致谢！

　　本书得到国家自然科学基金项目(41371052，U1203282，51269026)、水利部公益项目(201001057)资助，得到江苏省"青蓝工程"、石河子大学以及兵团创新人才计划资助，得到河海大学文天学院水务工程专业"安徽省高等教育省级振兴计划"项目支持。

　　由于作者水平有限，编写过程中难免存在很多不足及顾此失彼之处，敬请读者给予批评指正！

作　者

2014 年 1 月

目　　录

1 绪论

1.1 洪旱灾害

洪旱是指因水分收支或供求不平衡而形成的持续性水分短缺或过剩的现象,主要是由于降水、蒸发等自然因素引起的。洪旱灾害属于气象灾害,是自然灾害的一种。据统计,在近10年里,由于气象灾害造成的全球经济损失高达3千亿美元,其中洪旱灾害造成的经济损失比重最大。近年来,全球性气候变化和人类活动加剧,导致重大洪灾和特大干旱发生频繁,严重威胁了人类赖以生存的粮食、水和生态环境,制约着社会的经济发展,给工农业生产和人民生活带来无法估量的损失。

20世纪后期到21世纪初,全球发生的自然灾害中,洪涝灾害占40%,干旱灾害占15%,影响人群超过30亿人,造成经济损失达4 000亿美元。2006年,欧洲中部、南部的持续大雨,造成当地发生重大洪灾,印度马哈拉施特拉邦的洪水对当地生态系统和环境带来了致命性打击。2007年,墨西哥东南部大暴雨,英国格洛斯特发生洪灾。2010年7月,巴基斯坦山洪暴发,造成经济损失95亿美元,受灾人数高达2 000多万人,属2010年第二大洪灾。2011年巴西、菲律宾、斯里兰卡遭遇洪灾,造成巨大经济损失和人员伤亡。中国幅员辽阔,横跨经纬度较广,气候类型主要由季风气候和大陆性气候组成,东部沿海地区属季风气候,西部内陆地区属大陆性气候,国土范围内地形地貌多样,天气和气候系统复杂多变,气象灾害及其衍生灾害干旱、洪涝、高温热浪和低温冷害等在我国所造成的灾害损失占到自然灾害的七成以上。从洪旱类型和地区分布情况看,我国绝大部分地区常受洪旱灾害影响。中部地区大部分处在大江河中下游,地势平坦,洪涝灾害十分严重。东部沿海地区受风暴潮的影响,暴雨、洪水频繁发生;局部的暴雨、泥石流、滑坡等灾害经常威胁山区安全。新疆、青海、宁夏等西部地区干旱少雨,但也受融雪、冰凌、洪水威胁。黄河、松花江等流域冬春季会受凌汛灾害。20世纪以来,中国七大江河洪涝灾害频繁,共发生特大水灾31次,大水灾55次,一般性水灾127次(水灾等级划分标准为特大水灾频率5%以下;大水灾频率5%~10%;一般性水灾频率10%~20%),20世纪洪涝灾害频次高达987次,比19世纪增长了12.2%。据资料统计,我国20

世纪 90 年代由于水灾造成的平均直接经济损失高达 1 169 亿元,约占同期 GDP 的 2.24%,远远高于西方国家的水平。尤其是近年来,伴随气候变化和高强度的人类活动干扰,洪旱灾害发生的频率、强度和广度都呈现出不同程度的增长,以致洪旱灾害的影响范围也逐渐加强和扩大,严重威胁了人和水的和谐发展。

干旱是一种较为独特的自然灾害,它的发生是缓慢、潜移默化的,而它的影响和破坏性又往往是巨大的。1968—1991 年非洲发生特大干旱,仅 1984—1985 年就造成 120 万人死亡,被称为"世纪特大干旱"。1988 年北美发生的特大干旱仅农业干旱就造成月 390 亿美元的经济损失。据统计,全球因旱灾导致死亡的人数多达 1100 多万,受影响的人数多达 20 亿,严重影响着社会经济的正常发展。干旱产生的影响范围最为广泛,1972 年以后世界范围内发生的较为严重的干旱灾害的影响范围包括西非大陆、亚欧大陆及美洲等;全球约有 120 多个国家正在遭受着不同程度的干旱。同时干旱又是发生频率最高的灾害事件。在美国,1980—2003 年间发生的气象灾害中旱灾就占到了 17.2%,造成的经济损失约 1.44 千亿美元,占这类灾害总损失的 41.2%。在 2001—2002 年间,加拿大大草原降水量长时期低于历史同期水平,直接导致许多与水相关的活动消失。2010 年 2 月马里发生旱灾,造成 60 万人受灾;3 月莫桑比克发生干旱,共有 46 万人受灾;同月毛里塔尼亚发生干旱,30 万人受灾;6 月发生于玻利维亚的干旱是该年度最大的干旱灾难,本次灾情造成上亿美元的经济损失,造成 6.25 万人受灾。中国作为受旱灾影响较为严重的国家之一,近年来,旱灾发生频繁,影响范围之广、受灾面积之大已经引起了国家高度重视,据统计资料分析:2006 年,重庆发生百年一遇旱灾,全市伏旱日数普遍在 53 天以上,12 个区县超过了 58 天,815 万人饮水困难,农作物受旱面积 1 979.34 万亩;2007 年,22 个省发生旱情,全国耕地受旱面积 1 979.34 万亩,879 万人发生临时饮水困难;2008 年,云南连续近三个月干旱,农作物受灾面积达 1 500 多万亩,13 多万人饮水困难;2009 年,华北、黄淮、西北、江淮等地区连续三个月未见有效降水,生活、生产、生态用水均告急;2010 年,我国西南地区发生大旱,云南、广西、贵州、四川和重庆等地连续遭遇旱灾,部分地区旱情持续近 5 个月之久,约 5 000 多万人受灾,直接经济损失高达 190 亿元。2010 年度的旱灾造成饮水困难的人数达 2 212 万人,耕地受旱面积 1.11 亿亩,经济损失十分严重。

干旱事件发展缓慢且不易被察觉,当干旱特征显露之后,其影响范围之广、程度之严重会使应对措施难于实施,旱灾影响范围之广、破坏性之巨大、发生频率之频繁,是其他灾害所不能"企及"的,因此对干旱事件进行理论研究,探寻干旱事件的本质,研究流域干旱灾害的成灾机制和变化规律,为不同情景下水资源的应急调配提供科学依据,对维护流域经济、社会、生态系统的稳定,具有重大的理论意义和应用价值。

1.2 洞庭湖流域洪旱问题

洞庭湖位于东经 $111°14'\sim113°10'$，北纬 $28°30'\sim30°23'$，即长江荆江河段以南、湖南省北部的湖泊水网地区，为我国第二大淡水湖。洞庭湖汇集湘水、资水、沅水、澧水四水及环湖中小河流，流域内水系发达，自洞庭湖湖区向外呈辐射状水系，集水面积达 130 万 km^2。其承接松滋口、太平口、藕池口、调弦口（1958 年冬封堵）四口分泄的长江洪水，是长江流域十分重要的吞吐性调蓄湖泊，与周边地域有着频繁而强烈的物质、能量和信息交流，其分流与调蓄洪水的作用，对长江中游地区防洪和水资源综合利用等起着十分重要的作用，素有"长江之肾"之称。洞庭湖区是指荆江河段以南，湘水、资水、沅水、澧水等四水尾闾控制站以下，高程在 50 m 以下，跨湘、鄂两省的广大平原、湖泊水网区，湖区总面积 19 195 km^2，占湖南省总面积的 7％，其中天然湖泊面积约 2 625 km^2，洪道面积 1 418 km^2，受堤防保护面积 15 152 km^2，是全国商品粮基地和工业原料供应地，经济地位十分显著，粮食生产总值占全省的 26％、棉花占 74％，渔业产值和农业总产值分别高达全省产值的 55％和 30％。

然而，自然环境的变迁和人类破坏的加剧使得原本作为中国第一大淡水湖的洞庭湖已经衰退，与人民唇齿相依的梦幻大湖成为全线告急的"危情之湖"。近 40 多年来，长江流域降水的时空分布更加不均匀，突出表现在夏季降水显著增加，而秋季降水显著下降；长江中下游降水明显增加，上游降水则有所下降；径流也有明显的响应，导致长江流域极易出现非涝即旱、旱涝交错的局面，长江流域局部产生历史上较严重的旱灾次数明显增多。2006 年洞庭湖区遭遇了 30 年未遇的严重干旱，提前进入枯水期；2007 年江西、湖南等地出现 50 年一遇的严重干旱，鄱阳湖流域出现夏、秋、冬三季连旱，水域面积从最高 4 000 km^2 减少到 50 km^2，上千万人的饮水受到影响；2008 年 1 月，长江汉口水文站出现罕见低水位，为有水文记录 142 年以来最低；2012 年，洞庭湖遭遇了比两年前更为严重的干旱，进入 8 月份以来，洞庭湖区零降水，流入洞庭湖的湘、资、沅、澧及周边水系地区出现持续干旱，城陵矶水位比历史同期平均水位 26.84 m 偏低 4.78 m，创下新中国成立 60 年来同期最低水位，洞庭湖提前一个月进入枯水季节，湿地功能退化，这场近 30 年以来最为严重的干旱给洞庭湖区农业、渔业、航运乃至生态都造成了重大影响。

由于洞庭湖区独特的地理位置和演化过程，加之泥沙淤积和严重的围湖垦殖，洞庭湖湖面在不断萎缩，调蓄洪水的能力相应降低，湖区生物资源减少，洞庭湖区域已成为我国泥沙淤积和洪涝灾害的高风险区。洞庭湖南纳湘、资、沅、澧四水，北吞长江，据统计建国以来溃垸洪灾面积 1 000 多万亩，涝灾面积 2 000 多万亩，是我国洪涝灾害最重地区。洞庭湖多年平均最大流量为 22 887 m³/s,三峡水库运行后降低了多年平均最大流量,入湖泥沙大幅度减少,河湖稳定,使中小洪水年的洪峰流量减少,使洪峰水位降低,防洪负担减轻。但长江洪水总量大、历时长,近年,部分河段河滩被侵占、蓄洪区减少,致使其泄洪能力削弱,洪峰水位还可能抬高,在整个长江流域中,洞庭湖区正成为洪旱灾害发生频繁的地区。

由于长江和洞庭湖水沙条件的演变、人类活动的影响,尤其是近年来地区社会经济的发展、工农业取用水的不当、生产的污染排放,以及对洞庭湖水资源的不合理调配利用,使得淤积、内涝、污染成为目前洞庭湖治理所面临的三大主要难题,洞庭湖的演变及区域水资源保护已成为研究的热点和难点问题。

频繁发生的洪旱灾害已严重威胁到长江流域的经济发展和社会稳定,在新形势下,长江流域各级防汛部门原来偏重防汛的职责也悄然发生了变化,不仅要调"水多",还要调"水少",国家防总也要求长江流域一定要在做好防汛的同时,做好防大旱的准备。而据多个 IPCC 推荐的气候模型预测,2030 年前长江流域年降水量将明显减少,同时根据历史气候资料推测,中国的降水带平均每 60 年就会在南北间移动一次,20 世纪 70 年代后期,中国的降水带南移到了江淮一带,预计到2020 年左右,这一降水带会北移,两种研究结果都预示未来 10~20 年长江流域发生大旱的几率可能进一步增加。在人类用水需求不断增加的情况下,水资源系统对外界自然变异和人类活动的响应变化将更加敏感、更加脆弱和不稳定。另外,三峡水利枢纽这样的特大型水利工程的运用,必然对下游洞庭湖地区天然的江湖关系及水沙冲淤平衡产生深远的影响,洞庭湖区域水安全问题也将是新时期亟需研究和解决的重大问题。针对变化环境下流域水资源、水安全问题,在遵循洞庭湖湿地自然演变规律的条件下,从水文、泥沙、气候以及人类社会活动影响等多方面入手,研究流域水资源演变特征,认识其演化规律和趋势,根据洪旱对洞庭湖流域的影响情况,建立适用的客观定量且能加以应用的洪旱评估体系及水资源保护对策,将为流域水资源开发与保护提供借鉴。

1.3　研究动态

1.3.1　干旱指标体系

干旱和洪水灾害的发生主要受降水强度及其空间分布影响,而其又直接影响农业生产和经济发展,干旱的发生发展是一个复杂和多变的过程,旱灾的形成往往是多种因素综合影响的结果,干旱对人类所造成的影响远远超过其他的自然灾害。在全球气候变暖的大背景下,干旱影响在进一步加剧,极端干旱事件出现频率增高,人们对干旱及极端事件的研究力度也在进一步加大。由于干旱形成的复杂性,干旱驱动因子的不统一,地区气候条件的差异性,干旱标准的界定也不尽相同,而且不同学科、不同领域对干旱的定义也有所不同,制定干旱指标和干旱研究的侧重点都各不相同,因此各国学者根据地区特点提出了若干用于评价干旱的指标和干旱评估模式类型也不同。

水文部门利用径流量的丰枯来划分干旱等级,农业部门以土壤的干湿状况划分干旱等级,气象部门以降雨的多少来划分干旱等级。为了进行干旱的研究,科学家们结合气象要素和水文要素发展了大量干旱指标。这些干旱指标包含了降水量、气温、蒸发量、径流、土壤含水量、湖泊水位、地下水位等众多的基础资料,最终形成一系列简单的指标数字。对于决策者和相关领域来说,通过干旱指标来描述干旱事件比利用大量的原始观测资料进行分析处理更加直观,操作更为简便,可利用性更强。目前已形成的干旱指数一般分为四类:① 气象干旱指数。该类指标以气象因素(降雨或蒸发)为评估干旱的基本因子,由于干旱一般是首先从大气中的水分减少开始的,因此该类指标往往被认为是能够最早反映干旱起始时间的干旱指标,也是对干旱事件最为敏感的指标类型。由于该类指标具有资料易获取、监测干旱敏感、对干旱事件变化迅速的特点,因此是学者们研究干旱本质规律的首选指标,也是发展最为成熟的指标。② 水文干旱指标。该类指标以某一水文变量作为评估干旱的方法和手段,认为当水文循环中的水量低于某一阈值时发生干旱。③ 农业干旱指标。该指标以是否影响农作物的正常生长以及对农作物的生长或产量的影响程度作为评估地区干旱的指标值。该类指标直接和地区作物对水分的需求程度密切相关,能够较好的反映一个地区农业干旱情况,可较直观的反映不同农业干旱等级对作物的影响程度。但直接获取某一地区农作物的水分需求程度较为困难,因此,一般的农业干旱指标是以土壤含水量或是土壤湿度等间接的反映一个地区的农业干旱程度。④ 社会经济干旱指标。该类指标的关注点在于干旱事件对社会经济的损害程度。社会经济的发展受多方面共同作用的影响,往往很难从中挑选出因为干旱所造成的地区内社会经济的变动情况,所以很难建立一种类似于农业或气象干旱指标对干旱事件能起到一个实时动态的监控理论或体系,因此该类干旱指数的发展相对气象和农业指标发展较为缓慢。

早在 1965 年,国外学者 Palmer 就建立了"二层土壤蒸散发"模型,提出了目前国际上仍然应用非常广泛的帕尔默干旱指数(Palmer Drought Severity Index,PDSI)。该指标利用降水与气温资料,运用 Thornthwaite 方法估算的蒸散发能力,基于双层土壤模型的假设进行简单的水量平衡计算,提出"对当前情况气候上适宜的降水"概念(Climatically Appropriate for Existing Condition,CAFEC):当某地区实际的水分供给持续少于当地气候适宜的水分供给时,由水分亏缺导致的干旱将会出现。Palmer 干旱程度指标是经过权重修正的无量纲指标,在时间和空间上都具有可比性,自提出至今,被广泛应用于灾情比较、灾情时空分布特征分析、干旱面积评价等旱涝气候评价及其灾害评价,并被确定为美国各州政府机构启动干旱救助计划的依据。

Gibbs 和 Maher 在 1967 年提出了 RD 指标(Rainfall Deciles),将降水量按从大到小的顺序排列分组,采用百分位法将降雨量划分为 5 个等级,落入第 1 等级范围内被定义为一场干旱事件,该指标已广泛应用于澳大利亚的干旱监测。1968 年 Palmer 采用类似于 PDSI 指数的计算方法设计出了 CMI 指数。该指数考虑了降雨、气温等因素对干旱事件的影响,适用于暖季节干旱的监测,但是在实际干旱监测中发现该指数有可能出现随潜在蒸发量的增加而增加的情况,与实际情况不符。Bahlme 和 Mooley 在 1980 年提出了 BMDI 指标,根据程度将干旱划分为轻旱、中旱、大旱、极旱几个等级,并在后期运用该指标研究了不同类型的水资源承载力。1982 年 Richard 通过对水库蓄水、径流、积雪和降水进行加权平均提出了地表水供给指标(Surface Water Supply Index,SWSI),能够较为全面地反映干旱对城市用水和农业灌溉的影响,但具有在不同时间尺度下统计特征不一致的缺陷。1993 年,Hollinger 通过将日尺度下的土壤湿度进行年累加时段的叠加,提出了 SMDI 指数;同年,Meyer 通过累加特定作物的蒸散发量,提出了 CSDI 指数及标准化降雨指数,后者以降雨作为输入,通过累加不同尺度(1、3、6、12、24)的标准化降雨指数,来综合反映该地区的水库水位以及湖泊涵蓄水量的滞后现象,具有累加尺度灵活、不受地区空间变化影响以及时空适应性强等优点,在美国干旱监测中取得了较好的效果。McKee 等在 1993 年提出了的标准化降水指数(Standardized Precipitation Index,SPI),其优点是仅需要降雨资料,就能够反映出干旱对不同类型的水资源可利用量的影响,既可用来评价对降雨响应较快的土壤水分,亦可用来评价对降雨响应相对较慢的地下水补给,时空适用性强。Hayes 使用 SPI 监测美国的干旱获得了很好的效果,该指数还被美国国家干旱减灾中心(the National Drought Mitigation Center,NDMC)和西部区域气候中心(the Western Regional Climate Center,WRCC)用于监测紧邻的美国各州的气候分异水平。Tsakiris 等提出了一个类似于 SPI 的指标——RDI(径流干旱指标,Runoff Drought Index),考虑了蒸散发能力对干旱的影响。Richard 通过对水库蓄水、径流、积雪和降水进行加权平均提出了地表水供给指标(Surface Water Supply Index,SWSI),能够较为全面地反映干旱对城市用水和农业灌溉的影响。随着卫星遥感技术的发展,Kogan 在 1995 年尝试将卫星遥感资料计算的植被条件指数(VCI)用于干旱监测。随后,Ghulam 先后提出了植被条件返照率干旱指数(VCDA)和正交干旱指数(PDI)。

Brown 等又将遥感信息与气象信息组合,建立了植被干旱响应指数(VegDRI)。

近年来,国内有关干旱指标的研究也取得了较大发展。1994 年杨青等对降雨距平百分率进行了适用性分析,并建立了适用于干旱半干旱地区大范围、长时期干旱监测的干旱指数。1997 年鞠笑生等从降雨量的分布函数入手,对降雨量进行正态变换,提出了 Z 指标。2005 年庞万才等根据有效降水的理论针对降水过程次数、降水过程总量、降水过程的时间分布结构和效能,提出了相对蒸散效能指数、降水过程总效能指数等四个干旱指数。朱自玺等对气象产量和降水距平进行相关分析,并与农业干旱划分标准相结合,确定了两套与轻旱、中旱、重旱和极端干旱相对应的干旱指标。2006 年张强等基于改进的标准化降水指数和相对湿润度函数,提出了综合干旱指数 CI,该指数已经作为中国国家气象干旱等级标准。2010 年,国家气候中心对综合气象干旱指数(CI)进行了修正。2007 年,王劲松等在干旱地区运用降水和蒸发之间的相对变率来消除地区降水量和蒸发量量级的区别,建立了一种改进的干旱指标——K 指标。2009 年,杨桂霞等将标准化降水指标与 PDSI 指数有机结合起来,提出了一种新的综合干旱指数 DI。

随着干旱指数的发展和应用,有关干旱指标的研究尚需进一步深入:① 对干旱事件的研究大多简单的借助于一种或几种干旱指数的分析,对于干旱指数的择取以及干旱指数内在的机理是否适用于该区域等问题尚需要进一步详细的分析;② 干旱研究大多局限于站点分析,对于区域干旱的研究大多采用站点插值的方法,而站点插值是在假设干旱空间变化具有渐变性以及评估干旱的站点足够多,能够代表该区域内空间变化情况建立的;③ 目前较为成熟的干旱指数大多是基于月、旬、周尺度,只有较少的指数是基于日尺度模式;④ 通过干旱指数来评估地区或流域干旱情况时,干旱对于流域内水资源量的影响变化尚需要建立一种更为直接的联系,以便将干旱对流域内水资源状况的影响定量化。

综上所述,干旱指标种类繁多,常用的干旱指标大都建立在特定的地域和时间范围内,伴随"3S"(GIS、GPS、RS)技术在大范围洪涝、干旱监测及评价中的应用,可实现实时、动态的监测灾情,能对灾害造成的损失进行综合评价,并可以通过情景分析手段,直观的表达出灾情和损失的空间分布情况,对干旱特征、干旱评价的研究以及干旱防治措施的开展具有良好的参考价值。

1.3.2 干旱特征分析

对于干旱空间分布特征的早期研究一般是基于现有水文气象站点的情况,进行空间插值。1998 年,Dai 将经验正交函数(Empirical Orthogonal Function,EOF)引入到全球尺度下的干旱时空分析中,分析发现 PDSI 与厄尔尼诺和南方涛动(ENSO)的关系异常密切。由于洪旱特征要素之间一般具有很高的相依性,从而使多变量分析成为研究洪旱发生规律较为简便的方法，如 Santos 等采用主成分分析法（Principal Component Analysis，PCA）和 K - 均值聚类算法（K - Means Clustering，KMC）两种方法对葡萄牙洪旱的空间分布进行识别分析。Henriques 等首先使用多元回归模型得出 Drought Severity-Area-Frequency（SAF）曲线，对葡萄牙的 Guadiana 流域进行区域干旱分析。通过 SAF 曲线即能根据不同干旱程度及覆盖面积计算出相应干旱的重现期。其后 Hisdal 等人对丹麦的干旱事件也进行了类似的研究，不同的地方在于他们是利用 EOF 提取降水和径流序列的振幅函数进行 Monte Carlo 模拟，最后生成 SAF 曲线。SAF 曲线为区域的干旱风险管理提供了最为全面和客观的信息，成为流域应对干旱期间工程运行的重要依据。Tabrizi 等运用 Wilcoxon-Mann-Whitney 非参数检验方法探索气象干旱与水文干旱的内在关联，实际上就是判断 SPI 和水文干旱指标两个样本是否独立的过程，结果显示它们具有较好的一致性（显著水平达 5%），说明了通过一类干旱的出现来推算另一类干旱发生的可能性越来越大。

　　由于干旱具有的随机性，概率论和随机理论是研究干旱特性中应用较为广泛的一种方法。1967 年，国外学者 Yevjevich 最初应用游程理论来分析研究干旱特征，定义了历时、烈度和强度的干旱特征三要素，初步分析了这些要素的统计规律。2001 年 Shen 等人研究了一定干旱历时对应的干旱烈度的条件概率分布和已知干旱历时、干旱烈度的边缘分布的联合分布。2006 年 Shiau 通过指数分布和 Gamma 分布拟合了干旱历时和干旱烈度的边缘分布，通过 Copula 函数将干旱历时和干旱烈度两者连接起来，建立了干旱历时和干旱烈度的概率模型，借助重现期研究区域的干旱特征，为区域干旱分析提供了一种新的途径，随后 Shiau 等利用此方法对黄河流域的干旱特征进行了分析。国内学者闫宝伟等利用 Copula 函数分析了汉江上游的干旱特征。王文胜等根据河川径流记录，应用 Kriging 优化内插法，按照游程理论及截距法分析了干旱历时、干旱烈度及其条件概率等特征值。史建国等运用 Penman-Monteith 法计算干燥度，并在此基础上使用 Kriging 插值法生成黄河流域干燥度的分布图。蔡明科等人分别利用游程分析、马尔可夫平稳概率和随机理论的方法分析了渭河流域和黄土高原的干旱特征。彭高辉等运用游程理论进行数字特征计算，绘制了黄河流域干旱重现期等值线图，并根据 K - 均值聚类算法对数字特征进行分类。

　　除此之外，还有众多学者将干旱指数与分布式水文模型相结合，研究干旱空间的分布特征。Narasimhan 利用以 Soil and Water Assessment Tool（SWAT）模拟的土壤水分和蒸散发量为基础的干旱指标，在较高的空间分辨率下监测农业干旱状况，分析结果表明极不均匀的降水导致的干旱程度也存在较大的空间差异。Andreadis 等利用 VIC 模型分析了美国的干旱情况，并设定当它们低于一定阈值水平时,认为干旱事件发生,随后采用聚类算法识别出干旱事件的历时、范围以及相应的干旱程度,建立了 Drought Severity-Area-Duration(SAD)曲线,并基于此曲线分析美国干旱的历史变化趋势。Tallaksen 等利用 Soil-Water-Atmosphere(SWAP)模型模拟的地下水补给量和 MODFLOW 模拟的地下水头,根据截距法确定了英国 Pang 流域干旱事件的历时、覆盖范围及其干旱程度。为了分析植被蒸散、土壤水分传输以及径流等水文过程在干旱评估中的作用,国内不少水文水资源方面的专家开展了针对性的研究。研究途径是通过土壤水分模型或者流域水文模型(如新安江模型)模拟出土壤水分的时空分布情况,分析其是否能反映出全面而准确的干旱信息。许继军等依循 PDSI 的设计思路,利用大尺度分布式水文模型 GBHM 具有的物理机制的山坡水文模拟计算方法取代 PDSI 简单双层土壤水分平衡模型,构建了基于网格的月尺度的 GBHM-PDSI 干旱指标评估模式,充分考虑了水文过程及下垫面空间分布特征对区域干旱演变的影响。

干旱和洪水灾害的发生主要受降水强度及其空间分布影响,但由于地区气候条件的差异性,干旱界定的标准也不尽相同,各国学者根据地区特点提出了若干用于评价干旱的指标。目前已得到普遍认可的有 PDSI 指数、Z 指数、SPI 指数等。相比之下,SPI 计算简便,健壮性好,具有多时间尺度性,能够识别到更多极端事件,被学者广泛用于气象干旱监测,近几年有学者陆续开展了多时间尺度 SPI 与地表水资源(径流、水库蓄水量)的相关分析研究,用以探讨多时间尺度 SPI 在地表水资源管理以及极端洪旱事件中的识别应用。

1.3.3 干旱预测研究

在对干旱事件的预报的研究中,不少预报方法是建立在干旱指数和大气环流指数的基础之上。如 Nalbantis 和 Tsakiris 探讨了相同设计模式的气象与水文干旱指标的相关关系,利用气象干旱指标在希腊 Evinos 流域已取得了较好的预测效果。由于干旱与降雨、径流等随机现象关系密切,因此随机理论方法也是研究干旱特性的一种适合的途径。Lohani 等采用非齐次马尔柯夫链研究 PDSI 序列的随机特征,根据随机特性建立了早期的干旱预警系统。Chung 等运用低阶离散自回归滑动平均模型(DARMA)估计干旱事件的发生概率。Kim 等根据 PDSI 干旱指标,应用配对小波变换和人工神经网络方法,对墨西哥 Conchos 流域进行了干旱预警。

国内学者张存杰等以 EOF 为基础,利用均生函数法、多元回归法等数理统计方法对降雨量进行预测检验,得出了一种适用于西北地区干旱预测的概念模型。陈涛等通过方差分析筛选出环流特征量中对干旱事件影响较为敏感的预报因子,基于这些因子建立了干旱事件预测模型,并在衡阳地区取得了较好的模拟效果。张遇春等根据灰色系统突变预测方法,建立了 GM(1,1)灾变预测模型,预测了黑河地区未来的干旱事件的发生情况。林盛吉利用主成分分析法(PCA)与支持向量机(SVM)相结合的统计降尺度方法,构建了大尺度气候预报因子与月降雨量的模型,应用 HadCM3 等三种气候模式对未来 30 年钱塘江流域的干旱情况进行了预测。除利用纯数学统计方法进行干旱事件预测外,也可利用水文模型进行干旱事件预测。水文模型分经验统计模型和概念统计模型两类。其中 Stockton 利用降水、径流、气温同期资料建立三者的相关关系,对流域在气候变化下水资源的演变规律进行研究,由于未来环境变化不会出现与过去完全一样的变化模式,所以利用过去气象水文资料预测未来变化存在局限性。鉴于此,概念性统计模型应运而生,如 Nemec 最先利用概念性水文统计模型对美国水资源在气候变化下的演变规律进行了分析研究,促进了今后对干旱事件的分析研究。

1.3.4　极端事件分析

极端事件通常是指极端天气事件或极端气候事件,是指在特定地区和特定时间内发生的一种非常罕见的气象事件。按照定义,极端天气特征在绝对意义上来说会因为发生地区的不同而存在一定差异;从统计的意义上来说,极端天气特征在任何地区都属于不易发生的事件,也就是小概率事件。在 1998—2001 年的气候监测会议中,由世界气象组织气候委员会(WMO-CCI)、海洋学和海洋气象学联合技术委员会(JCOMM)和气候变率与可预报性研究计划(CLIVAR)共同资助的气候变化探测和指标联合专家组(ETCCDI)提出通过研究极端气候指数来对极端气象事件开展研究与分析。根据日温度和日降水量资料计算得出 16 个极端温度指标和 11 个极端降水指标,并将此作为极端气候指数。

极端气候指数在国外已得到较为广泛的应用,在模拟极端事件和预测气候变化趋势上发挥了不可替代的作用,并且取得了很好的效果。Indrani Pal 等通过使用极端气候指数对印度南部喀拉拉邦季节性极端水文事件开展研究与分析;Min-Hee Leep 等将极端气候指数分为洪旱、潮湿、寒冷和炎热四类,分析东亚极端气候变化;Carlos A. C. 等使用极端气候指数研究和分析了美国南部地区犹他州的极端降水及该州极端温度事件的变化趋势;另外,在爱尔兰、中东等地区也通过研究极端气候指数来对各地的极端事件的方法进行分析,从而对当地极端事件的变化趋势进行预测。我国黑龙江省、淮河和长江中下游等地区也已将这种方法用于极端天气的预测和模拟。

国内外对极端事件的研究中发展最快的是对极端事件的发生强度、频率、变化趋势及影响因素分析等的研究。如在极端温度事件的研究中,Karl 等通过研究全球的日最高温度和日最低温度的变化趋势,指出最近 40 年在全球气候日益变暖的大背景下,地球昼夜温度的变化趋势呈现出一定程度上的不对称性,具体表现为全球日最低气温出现大幅升高,而最高气温变化趋势平缓,温度日较差逐渐变小。1993 年,Lwashima 等通过研究日本当地以及美国部分地区最大降水值的变化趋势,得出日本以及美国的年最大降水值呈现一定程度的增长这一结论。1994 年 Rakhach 和 Soman 通过研究印度 1～3 日的最大降水量变化趋势,发现印度部分地区极端降水事件出现的次数呈较为突出的增长,而印度其他一些地区极端降水事件却呈较为明显的下降趋势。2000 年 Easterling 通过研究全球极端降水事件发现,全球极端事件的发生频率及强度存在明显的变动。在包括中国南方、俄罗斯东部区域、日本北部、挪威、南非的纳塔耳地区在内的广大区域,尽管当地的总降水量保持稳定或者下降,然而各地极端事件出现的频率和强度却都呈现一定程度的增长;与之不同的是泰国、肯尼亚、埃塞俄比亚等地区,这些地区年降水量与极端降水的变化趋势基本相同,但是极端天气降水的强度、持续时间却有了明显提高。2000 年,Gerald 通过软件模拟研究了极端天气对人类生产生活及自然生态的影响,并且模拟了全球范围内极端天气的变化趋势。

随着对极端事件的研究广泛开展,我国使用统计方法对极端天气事件的研究取得了显著成果,该方法在研究极端事件的强度及频率的变化趋势方面具有独特的优势。1997 年,丁裕国等通过研究发现各地极端气温的变化趋势与各地平均气温具有一定的相关关系,同时由于全球变暖过程在各地存在的差异性,各地区平均温度的变化趋势与全球温度的变化趋势也存在一定程度的统计相关。1999 年通过分析中国 40 年冬季及夏季相关气象资料资料,我国冬夏两季平均最低及最高气温的变化趋势,发现自 20 世纪 70 年代中期以后,我国大部分测站冬季测得的夜间温度明显升高,与之相反的是江淮和黄淮地区西北方向测站测得的夏季平均最高气温出现明显下降,测站分布形成了一较宽的降温带。2002 年丁一汇等通过研究全球范围内极端事件出现频率及分布区域的变化趋势,分析了极端事件与全球变暖之间的关系。21 世纪,程炳岩等人相继研究了概率分布模式下极端温度在全球冬季和夏季出现的概率,从而对全球范围内气温升高的敏感率及其对极端天气变化趋势的影响进行了分析,并使用极端气候指数研究了中国 40 年来极端事件的强度和持续时间的变化趋势以及极端事件分布区域的变化趋势。唐红玉等通过研究中国 40 年全国各地平均温度的变化趋势指出,20 世纪 50 年代之后北方年平均最高气温明显升高,变暖趋势明显,南方年平均最高气温变化趋势不大,呈弱下降的趋势,其中以江南地区最为明显。杨义文对 2003 年席卷全国的极端高温事件进行了研究,认为热带太平洋—印度洋海水温度波动异常、中西太平洋跨赤道气流异常以及全球范围内温度升高是此次极端事件的根本原因,以上气候变化导致西太平洋副高强度较往年出现明显提高,同时分布区域显著西伸,从而直接导致了全国大范围出现极端高温天气。

21 世纪以来,在全球变暖的大背景下,极端事件出现的频率和强度都有所增加。气候异常变化导致洪涝灾害、干旱等极端水文事件的发生及其增加的灾害风险正成为人类生存所面临的重大挑战。全球台风、飓风的发生数量增多,强度增大,洪涝、干旱等极端水文灾害事件频繁发生并不断加剧,远高于同期多年平均,发生时间也不同于往年,已经成为当今国际社会和科学界日益关注的核心。在近 20年内,我国形成南涝北旱的降水分布模式,2006 年 9 月发生了中国日最高温度高于 35 ℃的高温天气(Ding et al. 2009),2010 年海南遭遇强降水袭击,2011 年成都、北京等地又遭遇强降水,2011 年长江中下游地区发生了特大干旱事件,这些频繁发生的灾害与极端气候事件都具有密切的联系。全球和区域尺度的气候变化对洪水、干旱等极端事件持续加剧的影响研究已促进水文学家和气象学家联合采用陆地水文模型与气候模型耦合的方法研究气候变化对水文水资源的影响,进行流域极端水文事件的变化趋势、发生机理及其对气候变化的响应与预测研究。如Wilby 等将 3 种气候变化情境下的 4 个 GCM、2 个统计降尺度模型(SDM)以及水文模型耦合,利用 Monte Carlo 随机模拟方法演绎了未来 100 年(2000—2100 年)英国泰晤士河枯季径流的变化规律。Muller-Wohlfeil 等采用降尺度模型进行极端气候事件的模拟并进而进行了未来水文过程模拟的研究。Xu 等在 2008 年利用统计降尺度方法与 SWAT 模型耦合分析了气候变化对黄河流域径流极值的影响等。目前关于气候变化下水文极端事件的模拟和预估研究,相对于气候变化下水资源的研究而言,仍然比较薄弱,需进一步加强。

极端洪旱事件多是由于极端降水事件引发的。极端水文事件是指在特定地区和时间(一年内)的罕见事件,在统计意义上属于不易发生的事件或者说小概率事件,在绝对意义上极端水文事件因地区不同而异。由于干旱是一种复杂的气象现象,干旱的出现及持续与下垫面状况的关系非常密切,所以,目前不同的研究领域对干旱的定义和强度并没有一个统一的标准。据世界气象组织(WMO)1980 年的统计,应用的各种干旱指数有 55 种之多。根据考虑的因子来划分,干旱指数大致可分为三类:① 单因素指数。主要有降水距平、降水距平百分率、历史干旱分级描述指标、土壤湿度干旱指数等,这类指数的特点是以单个要素的值或其距平值的大小作为干旱的衡量标准。这类指数简单易行,但把干旱简单归结为一个要素的影响尚缺乏完整性。② 多因素综合指数。主要有降水量—蒸发量、蒸发量—降水量、降水量—作物需水量、作物需水量/降水量、水分供求差(比)、土壤水分亏缺量等,这类指数考虑了两个或更多的要素,且以它们之间的差值、比值、百分值及组合值作为衡量标准,计算简单,但该类干旱指数往往有针对性和适用范围,缺乏普适性。③ 复杂综合指数。其从因子上说是单因子指数,由降水的特点和变化特征,经过复杂计算定义可以得出,如降水异常指数(RAI)、Bhalme 和 Mooley 干旱指数

（BMDI）、标准化降水指数（SPI）等，以此为基础，综合考虑以上两个要素，并考虑水分平衡过程或热量平衡过程建立的复杂综合指数，如帕尔默干旱指数（PDSI）、表层水供应指数（SWSI）、重构干旱指数（RDI）、地表湿润指数（H）等。Byun 等曾列表比较了这些干旱指数的特点。对于不同的领域，干旱的定义各不相同，可以参考这些干旱的定义，综合考虑土壤水分、供水、人类需水指标（考虑对社会经济的影响和损失）、人类活动等，提出一套适用的干旱指标体系，再采用评分的办法，依据研究的区域划分出干旱的等级和程度（比如轻微、中等、严重、极端干旱），进而进一步判断和定义出极端干旱。

极端洪涝事件可以采用洪量作为标准，具体而言，可以用最大 1 天洪量、最大 3 天洪量、最大 5 天洪量或最大 7 天洪量作为标准；对于某一具体地区和站点而言则需要加以选择。极端洪涝事件也可以采用洪峰流量作为标准，将洪峰流量排频，使用百分位值的方法，定义极端洪峰流量阈值，作为极端洪涝的标准。近年来，极端水文事件问题正逐渐受到国内外众多学者的关注，并取得了一些阶段性研究成果，但总体而言尚不够系统深入，对于极端洪涝事件，国内开展的研究并不多见。

1.4　主要研究内容

1.4.1　解决湖区的缺水问题

对当前湖区水资源保护与利用的研究，对解决湖区缺水问题意义重大。当前洞庭湖湖区最为严重的问题就是人类及自然生态用水得不到满足。湖区北部已成为湖南省第四个干旱严重地区。近年来长江入洞庭湖的松滋、虎渡、藕池三口河系水量急剧减退。据统计，三口河系自 20 世纪 70 年代以来相继出现断流，年平均断流天数为 150～280 天。其中华容水系干旱状况最为严重，自 20 世纪 50 年代以来，藕池口康家岗下游河段历年干旱天数大于 200 天，严重影响了三口河系区的农业灌溉、生活用水。另外，河湖周边依然存在工业、生活污水直接排放的问题，湖区水质依然堪忧。外河水系部分地区、湖泊周边区域枯水年取水困难，工程型缺水问题使得枯水年生活用水难的问题更为突出。

湖区水源型、水质型、工程型缺水三者相互关联、相互交织，入湖水量的减少引发了水体净化能力减弱，水位下降引发了取水工程瘫痪，归根到底是湖区水源型缺水问题。对湖区进行水资源利用与保护研究，其目的就是要解决湖区饮用水安全问题，保障湖区正常的生活、工农业等用水。建立干旱应对机制，不仅要解决好一般枯水年枯水期湖区内生活生态用水安全，保障生态机制正常有序运转，而且要解决好极端干旱条件下的居民生活用水安全,维持最基本的生态运转。保障湖区饮用水安全是提高人民生活水平,保障居民生活质量的必要前提;同时也是保障工农业正常运行不受自然灾害影响维持社会经济可持续发展的必要条件。

1.4.2　提出"健康洞庭湖"所需的水文条件

洞庭湖具有优越的地理位置、丰富的水量及多样的珍稀物种等,是我国自然资源的巨大"宝库"。对洞庭湖水资源保护与利用进行研究,需要保证在恶劣气候条件下湖区的基本用水安全,同时也要在能够维持湖区可持续发展的前提条件下,保障湖泊维持在"健康湖泊"状态,而"健康洞庭湖"标准的确定是其中的重中之重。本书的研究目的就是要找出一种评判湖泊是否健康的依据,从而对湖区水问题进行有针对性的治理,维持湖泊健康状态。

本书对湖区复杂的水情况建立了水文—水动力学模型,来模拟湖区不同水文条件下的水量、水位、水深以及流速的分布;从而可以非常清晰的了解特定水文情况下湖区圩垸内外各水文要素的分布情况。因此,湖区水量、水位、水深以及流速都可清晰具体的体现出对洞庭湖湖泊健康的影响程度,也能够具体的提出相应的评判标准。

另外,本项目对中低水位下湖区水量不足的问题进行了研究,对湖区水资源状况及"健康湖区"理念进行了研究,以求找出解决水问题的最佳方式,从工程角度出发,寻求实现"健康湖泊"的理论与实践相结合的治理体系。

1.4.3　建立干旱预警体系

湖区水资源总量丰富,但是由于湖区来水减少,年内分配不均等问题,湖区的干旱问题尤为严重。据统计,仅 2009 年湖区损失经济作物价值量约为 7 亿元,2003—2009 年平均年损失值约为 2.8 亿元。其中,四水河系区发生的春旱、秋旱给湖区农业生产造成的损失较为严重。因此,对湖区干旱进行研究,制定出相应的应对策略,对湖区经济稳步发展,对个人和国家减少不必要的经济损失意义重大。

本书正是基于此种目的,建立适应湖区干旱的识别体系,对湖区干旱进行预警应对研究,提出不同干旱等级下的应对策略。这样可以对湖区干旱做出最快的反应,并做出相关部署,以保证枯水年甚至是极端干旱年湖区社会经济依然能稳固发展,湖区生态不会因为某一次或几次极端干旱气候条件而出现"崩溃"的问题。

1.4.4 保障洞庭湖生态经济区发展

2012 年湖南提出建设"洞庭湖生态经济区"规划,此规划是继长株潭、大湘南、大湘西发展进入国家战略层面之后,湖南省区域经济发展版图的第四大板块。该规划的实施有利于进一步完善湖南区域发展总体布局,推动和实现区域经济协调发展,对于落实主体功能区规划,保障国家粮食生产安全,促进中部地区崛起具有重大意义。同样,对湖区进行水资源利用与保护的研究,湖区经济生活用水的保障也具有重大的意义。

1) 人口增长,需水量与日俱增

预计到 2020 年,生态经济区总人口将达到 2 400 万,其中城镇人口 1 340 万,农村人口 1 060 万(《洞庭湖生态经济区城镇发展规划(2012—2020 年)》),城镇生活用水定额为 265~273 L/(人·日),农村生活用水生活定额 108~117 L/(人·日),城镇需水量为 36.18 亿 m³/日,农村需水量为 11.82 亿 m³/日,相对 2010 年,生活用水需水量总体增加 10.82 亿 m³/日。

2) 经济快速发展,总体需水量呈增加趋势

2010 年湖区生态经济区国内生产总值 4 817 亿元,工业增加值 2 094 亿元,2020 年国内生产总值达到 17 001 亿元,工业增加值为 10 000 亿元,虽然万元工业增加值由 133~200 m³/万元降低到 55~70 m³/万元,相对下降 58%~60%,但是工业用水总量却增加了 85.93%,为 63.33 亿 m³。

经济的快速发展对水量的要求越来越高,与此同时,随着人们生活水平的提高,城市的生态景观用水以及生活用水水质要求不断提高,故在保障湖区水量的同时也要加强水的质量。因此,加强湖区水资源保护与利用,重点研究在当前水情条件下增强湖区水质水量具有重大意义。

3) 农业用水波动变化,但是依然是湖区用水"大户"

近年来,随着农业节水技术的应用及效益的发挥,农田用水量波动变化呈现微弱的递减趋势,但是农业用水量在总用水量中依然占很大比重。根据《湖南省水资源公报》,湖区农业用水量 2012 年相对于 2004 年减少了 3.44 亿 m³,但是农业用水量占总用水量的比例却维持在 62%~67%。

总体来说,当前湖区水资源利用与水资源保护存在着诸多问题,主要有:湖区水资源总量丰富,但是存在着供需水资源分配不均,季节性缺水问题;随着经济的高速发展,湖区排污量锐增,工农业污染严重,出现水质性缺水问题;随着三峡水库以及其他水利设施的运用,湖区枯水期水位下降,引发当前工程性取水困难,加之工程老化损坏等,工程性缺水问题逐渐严重。

洞庭湖湖区饮用水不安全问题及相关水资源利用存在的问题不断凸显,对水

资源利用与保护的研究成为解决湖区这一系列问题的核心,对洞庭湖水资源利用与保护进行深入研究是十分必要和紧迫的,为洞庭湖生态经济区规划水利专项规划提供技术支撑十分必要。由以上基本状况可以得知,对河湖进行水资源保护是对整体湖区资源进行保护的关键,而圩垸内的河湖以及湖区生态主要受外河外湖水影响调控,因此,如果能够较好的解决外河外湖水问题,那么整个湖区的水资源问题也将随之解决。对以上河湖存在的问题进行归纳可以发现:湖区的生态环境要求湖区具有一定的水面面积,湖区的水质要求湖区具有一定的水量,湖区饮用水安全要求湖区具有一定的水位。因此研究湖区中低水位下水量不足、水位偏低,对保障湖区生活、经济、生态用水以及解决水污染等问题都具有重大的意义。

洞庭湖水资源利用与保护的问题源自近期湖区多频次出现缺水影响生产、生活秩序的状况。从近年实际发生的情况看,湖区缺水状况可归纳为枯水年干旱季节工程性缺水、四口河系季节性资源性缺水和局部河段水质性缺水。而水源型缺水主要表现为洞庭湖北部的农田灌溉缺水(尤为突出的是四口河系的春旱与秋旱),局部区域城市的生产、生活缺水以及部分地区(包括血吸虫疫区)的农村人畜饮水困难,其中以华容河水系缺水最为典型,出现饮用水不安全问题,以及平原水网区南县、安乡、华容等洞庭湖北部地区因水量不足导致灌溉水量不足的问题。同时,湖泊水位不断下降和四口河系断流时间越来越长,集中凸显湖区水资源利用和保护方面存在的问题正逐渐恶化。

洞庭湖湖区饮水安全体系、与经济可持续发展直接相关的水资源综合承载力以及河流湖泊健康等三个方面是水资源利用与保护研究的关键,因此本书以这三个方面为着手点,以洞庭湖河湖关系的水动力模拟为依托,以洞庭湖自然河湖范围的中低径流情况、城陵矶不同水位条件的中小洪水研究为重点,从历史、现状以及未来等时间层面上探究湖区饮用水不安全的现状、影响因素以及解决的有效途径。研究现状湖泊水资源承载力、江湖关系变化下的水资源承载力变化趋势以及如何提高水资源承载力是适应当前较快的经济、人口增长和使湖区生态功能稳定甚至好转的有效途径。结合饮用水安全体系,湖泊水资源承载能力的研究以及湖区生态需求等,提出健康洞庭湖的概念以及保证湖区"健康"的方法。本书试图提出一种能同时解决以上三个方面问题的综合方法,以保障湖区水资源的可持续利用。其具体技术路线如图 1.1 所示。

(1) 对综合气象干旱指数变换尺度的理论进行了深入研究,通过理论比较和实践性尝试,最终将月尺度的 SRI 指数和 Palmer-Z 指数变换为日尺度的干旱指标。对综合气象干旱指数进行了改进,并与改进后的水文、农业干旱共同构成了综合干旱识别体系。

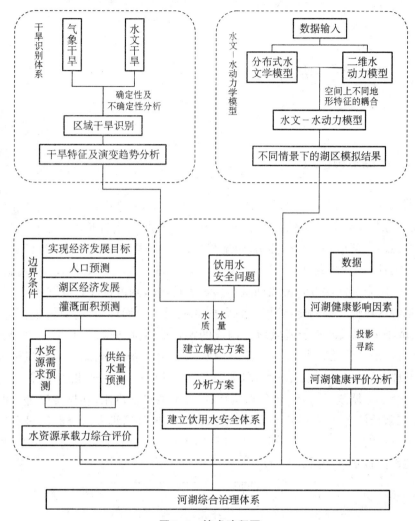

图 1.1 技术路程图

（2）干旱指标的空间分析一般是运用站点信息进行空间插值得到的，这种方法能够较为直观的反映出与干旱的空间变化情况。但是当站点较少时，这种代表性就会很大程度上"歪曲"实际干旱在空间上的分布。由此，本文将 TOPMODEL 模型应用到所研究的区域，建立一种以水文理论为基础的干旱实时空间变化过程。

（3）对不同干旱情景下的水资源承载力分析。一个地区的水资源承载力反映了该地区水资源总量承受该地区的社会、经济、人口等的最大潜力。而不同干旱情景下的水资源承载力则反映了不同干旱情景下的水源承载状况，通过建立不同的干旱情景与地区水资源承载力之间的关系，可以更加直观的显现不同的典型干旱情景对水资源的影响程度。

2 流域概况

2.1 自然地理

洞庭湖位于东经 $111°14'\sim113°10'$,北纬 $28°30'\sim30°23'$,即长江荆江河段以南、湖南省北部的湖泊水网地区,为我国第二大淡水湖,南近长沙、益阳,北抵华容、安乡、南县,东滨岳阳、汨罗、湘阴,西至澧县、石门等县市。洞庭湖流域地处于长江中下游荆江以南,地跨 $107°26'\sim114°20'E$, $24°36'\sim30°27'N$,涉及湖南、湖北、贵州、广西、广东及江西等省份,总面积约 26.2 万 km^2 ,约占长江总流域的 14% ,整个流域地势区域性变幅明显,西面、南面、西北面及东南面环山,高程较大,最高处达 $2\,561\,m$,而湖区及湘水子流域地区构成的狭长地带地势偏低,其中又以洞庭湖湖区处最低,最低洼处约为 $19\,m$ 。流域内水系发达,自洞庭湖湖区向外呈辐射状水系,洞庭湖汇集湘水、资水、沅水、澧水四水及环湖中小河流,于北面承接松滋口、太平口、藕池口、调弦口(1958 年冬封堵)四口分泄的长江洪水,在城陵矶处吞吐长江水量,调蓄长江水沙,其分流与调蓄,对长江中游地区防洪和水资源综合利用等起着十分重要的作用,有效的缓解了长江的防洪压力,素有"长江之肾"之称。洞庭湖流域地理位置示意如图 2.1 所示。

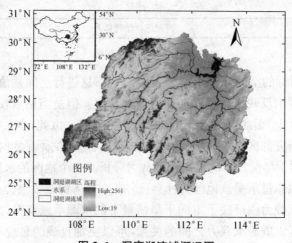

图 2.1　洞庭湖流域概况图

洞庭湖地势西高东低,被分成东洞庭湖、南洞庭湖、西洞庭湖(由目平湖、七里湖组成),自西向东形成一个倾斜的水面,湖区总面积 19 195 km²,其中天然湖泊面积约 2 625 km²,洪道面积 1 418 km²,受堤防保护面积 15 152 km²。因此,选用岳阳、杨柳潭、南嘴、石龟山水文(位)站的水位分别代表东洞庭湖、南洞庭湖、目平湖、七里湖的控制水位。洞庭湖天然湖泊容积见表 2.1。

表 2.1　洞庭湖天然湖泊面积、容积统计表

城陵矶(七)水位 (m)	面　积 (km²)	容　积 (亿 m³)	城陵矶(七)水位 (m)	面　积 (km²)	容　积 (亿 m³)
24	824.18	11.3	30	2 442.81	82.2
25	1 002.26	15.0	31	2 531.19	104.2
26	1 214.93	20.7	32	2 585.51	129.5
27	1 520.67	30.3	33	2 602.05	154.3
28	1 919.64	44.1	34	2 611.43	180.0
29	2 252.02	61.9	35	2 618.09	206.4

洞庭湖流域的北面平原区是农业主产区,主要种植粮食和棉花,西部为山地,海拔 200～1 000 m,中南部为丘陵和盆地,海拔 50～400 m;洞庭湖流域多年平均气温为 16.7 ℃,多年平均降水量为 1 427 mm,多年平均年径流量为 2 016 亿 m³。洞庭湖流域地处中北亚热带湿润气候区,具有四季分明、雨量集中的气候特点。流域水能蕴藏量 1 861 万 kW,占长江流域水能蕴藏总量的 7%。水能蕴藏量 1 万 kW 以上的河流有 177 条,以沅江水能最富,达 793.8 万 kW;湘江次之,521.7 万 kW;资水 224 万 kW;澧水 205 万 kW;湖区其他河流 116.7 万 kW。可开发水能资源装机容量 1 233.6 万 kW,其中沅江约占一半。流域富航运之利,湖南省境内可通航里程为 16 500 km。

2.2　地形地貌

洞庭湖流域西缘在石门以东,东缘以湘江断裂为界,南缘在桃江以北,北缘在荆江以南,是一个东南西三面环山、北部敞口的马蹄形盆地。盆缘有桃花山、太阳山、太浮山等 500 m 左右的岛状山地突起,环湖丘陵海拔在 250 m 以下;中部由湖积、河湖冲积、河口三角洲和外湖组成的堆积平原,大多在 25～45 m,呈现水网平原景观。洞庭湖湖底地面自西北向东南微倾。北部广阔的冲积平原以荆江为界,其地势北高南低、西高东低。北部平原由荆江南岸向南倾斜至南洞庭湖滨,高差为 15～20 m,故造成北水南侵之势。洞庭湖底部高程西高东低,西洞庭湖的七里湖、目平湖,其湖底高程分别为 29～31 m,南洞庭湖高程多在 26～28 m 之间,东洞庭湖高程为 22～24 m,故使西水东流。

洞庭湖属扬子准地台江南地轴上的断陷盆地,形成于燕山运动,延续至喜马拉雅运动。盆地断陷的同时,四周山地隆起形成东面的幕阜山,西面的武陵山,北面的墨山和南面的雪峰山。第四纪以来,洞庭湖凹陷盆地在新构造运动作用下,再次全面下沉,接受沉积,成为湖南省第四系分布最广、厚度最大、沉积层序最全的地区。厚度一般在 100.0～334.0 m,最厚 501.0 m,沉积类型有河流相、河湖相、湖相、盐湖相及泥石流相。

2.3　水文气象

2.3.1　温度

洞庭湖流域地处中北亚热带季风气候区,雨量充沛,冬夏季风交替,具有"气候温和,四季分明,热量充足,雨水集中,春温多变,夏秋多旱,严寒期短,暑热期长"的特点,无霜期 258～275 天。洞庭湖流域三面环山,北部直通长江,其特殊的地形结构及地理位置决定了流域气候温和,热量充沛的特点。流域内水文气象站点分布如图 2.2 所示。

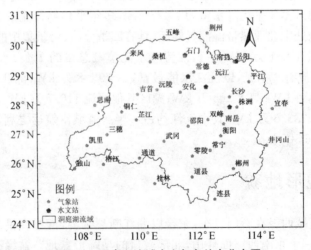

图 2.2　洞庭湖流域水文气象站点分布图

据洞庭湖流域岳阳等 14 个气象站资料统计,该流域年平均气温 17.2 ℃,极端最高气温为 39.3 ℃(1971 年 7 月 21 日),极端最低气温为－11.8 ℃(1956 年 1 月 23 日)。按时间分布,1、2 月份气温最低,3 月份后气温明显上升,7 月份气温达到最高,9 月份后气温明显下降;按地域分布,湖区年平均气温与地形分布相似,总体呈现出东高西低的空间分布,湖区年平均气温 16.4～17 ℃。

洞庭湖流域冬季盛行偏北风,夏季盛行偏南风,春秋两季以偏北风居多,年平均风速为 1.9～2.8 m/s,向南逐渐减弱。洞庭湖流域气象特征值如表 2.2 所示。

表 2.2　洞庭湖流域气象特征值表

序号	站名	气温(℃)			年降雨量(mm)	年蒸发量(mm)	平均风速(m/s)	年最大风速(m/s)	汛期最大风速(m/s)	多年平均汛期最大风速(m/s)
		极端最高	极端最低	多年平均						
1	岳阳	39.3	−11.8	17.2	1328.4	1385.1	2.8	28.0	28.0	10.8
2	华容	40.0	−12.6	17.0	1260.9	1203.2	2.4	18.3	18.3	9.3
3	汨罗	39.7	−13.4	17.2	1395.7	1297.7	2.0	19.0	19.0	8.5
4	湘阴	40.1	−14.7	17.1	1423.4	1343.8	2.5	24.0	24.0	10.0
5	长沙	40.6	−11.3	17.4	1433.5	1295.5	2.4	24.0	24.0	9.9
6	宁乡	39.7	−10.3	17.0	1417.6	1384.9	2.6	29.0	19.7	10.6
7	益阳	43.6	−13.2	17.1	1467.9	1211.7	2.3	20.0	20.0	9.0
8	南县	39.5	−13.1	16.8	1247.6	1247.3	2.4	22.3	18.7	9.5
9	沅江	39.4	−11.2	17.1	1336.8	1283.6	2.6	25.0	25.0	10.8
10	常德	40.1	−13.2	17.0	1356.0	1175.3	2.1	22.0	22.0	9.1
11	汉寿	40.5	−13.0	16.9	1387.7	1167.7	1.9	16.3	16.3	8.1
12	澧县	40.5	−13.5	16.7	1278.4	1256.8	2.3	21.7	20.0	10.4
13	临澧	39.8	−15.7	16.6	1261.8	1229.1	2.0	22.7	19.7	11.0
14	安乡	37.9	−12.3	16.9	1244.5	1168.4	2.1	24.0	20.0	8.8

7~8月,盛行南风,平均风速3.3~5.4 m/s,最大风速为29.0 m/s(宁乡站1976年3月),偶有台风侵入。区域大风日数多在5~10天。大风春夏多,秋冬少,春季大风日数约占全年大风日数的35%~40%。据离岳阳综合枢纽最近的岳阳气象站1953—2009年资料统计,多年平均风速2.8 m/s;历年最大风速28.0 m/s(1965年7月21日),相应风向为西,多年平均汛期最大风速14.9 m/s(不论风向,取汛期最大值混合平均)。

2.3.2 降水

洞庭湖流域多年平均降水量为1 244.5~1 467.9 mm,平均1 345.7 mm。降水量的年际变化大,且年内分配极不均匀。4~6月多暴雨,平均为557.1 mm,占全年总降雨量的41.4%。据岳阳气象站1953—2009年资料统计,洞庭湖湖区多年平均降水量为1 328.4 mm,4~6月降水量为569.6 mm,占年降水量的42.9%;历年最大降水量2 336.5 mm(1954年),历年最小降水量787.4 mm(1968年),最大年降水量为最小年降水量的2.97倍;最大日降水量为246.1 mm(1954年6月16日)。在地域分布上也有较大差异,总的趋势是环洞庭湖丘陵区高而洞庭湖腹地低,呈马蹄形分布。

受季风气候和地形等的影响,洞庭湖流域年际降水差异大,丰水年降水量可达到1 880.4 mm,枯水年则仅为1 002.43 mm。降雨空间分布则呈现出自西北向东南走向的多雨地带,恰好分布在四水子流域的尾水地带,河道调蓄能力薄弱,如遭遇长江洪水,则极易造成洞庭湖湖区地带的洪涝灾害;同时由于洞庭湖湖区为降雨低值区,如四水三口枯水期与湖区降雨量低值时期叠加,则湖区容易形成干旱。

2.3.3 蒸发

洞庭湖流域多年平均蒸发量为1 167.7~1 385.1 mm,平均1 345.7 mm,多年平均蒸发量为1 260.7 mm。蒸发与气温关系密切,5~9月气温高,蒸发量也大,月蒸发量均在100 mm以上,多年平均月蒸发量最大一般发生在7月份。研究区平均月蒸发量为210.8 mm。

洞庭湖湖区多年平均蒸发量为1 260.7 mm年最大蒸发量为1 747.6 mm(1963年),年最小蒸发量为815.8 mm(2002年)。4~10月蒸发量均在100 mm以上,占年蒸发量的77.8%。多年平均月蒸发量最大一般发生在7月份。洞庭湖流域各气象要素时间变化呈现中间高两边低的趋势。在芷江、南岳、常德、沅江、岳阳及石门站年均降雨量较少,年均降雨量最大值主要集中在安化和南岳。降雨量在3月份之后明显增多,同时蒸发量也在增大。由蒸发量空间分布图可以看出,流域内东部地区年均蒸发量较大,而西部地区蒸发量较小;东南部地区常年高温,蒸发量大,而降雨处于平均水平,故流域在东南部地区易发生干旱。

洞庭湖流域各水文气象要素空间和时间分布见图2.3,图2.4。

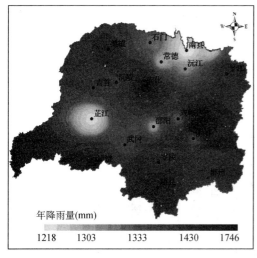

年降雨量(mm)

1218　1303　1333　1430　1746

（a）年平均降雨量

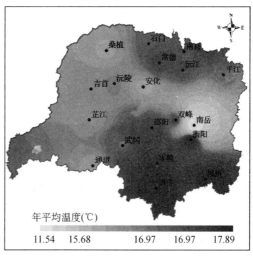

年平均温度(℃)

11.54　15.68　16.97　16.97　17.89

（b）年平均气温

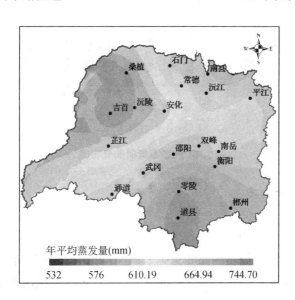

年平均蒸发量(mm)

532　576　610.19　664.94　744.70

（c）年平均蒸发量

图 2.3(彩插 1)　气象要素空间分布图

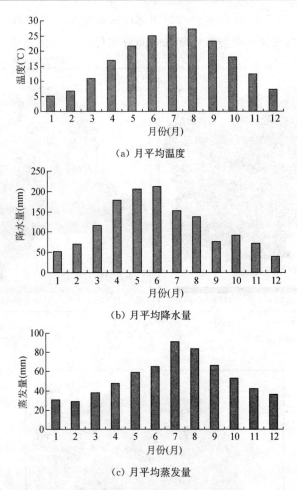

（a）月平均温度

（b）月平均降水量

（c）月平均蒸发量

图 2.4　气象要素时间分布图

2.4　河流水系

洞庭湖流域的水系主要包括湘江、资江、澧水、沅江等多条支流以及附属平原河网水道，于北面承接松滋口、太平口、藕池口、调弦口（1958 年冬封堵）四口分泄的长江洪水，于城陵矶与长江相联通。流域总面积 26.28 万 km^2，流域内多年平均径流量为 2 016 亿 m^3，约占长江流域地表水资源的 20% 以上，为长江流域地表水保有量之最。

2.4.1　"四水"水系

1）湘水

湘水又称湘江，是长江七大支流、洞庭湖水系四大河流之一，也是湖南省境内最大的一条河流。湘江发源于广西临桂县海洋坪的龙门界,流经广西兴安、全州,于东安县下江圩进入湖南境内,沿途经过永州市、衡阳市、株洲市、湘潭市和长沙市,至岳阳市湘阴县的濠河口进入洞庭湖,其间纳入了潇水、舂陵水、蒸水、耒水、洣水、渌水、涓水、涟水、浏阳河、捞刀河和沩水等支流。流域总面积 94 660 km²,其中湖南境内 85 383 km²,占 90.20%;干流全长 856 km,其中湖南境内长 670 km。河流平均坡降 0.013 4%。

2) 资水

资水为洞庭湖水系四大河流之一,邵阳县双江口以上分西、南两源,西源赧水流域面积 7 103 km²,较南源夫夷水大 56%,河长 188 km,较南源短 24.2%,习惯上以西源赧水作为资水主源。南源夫夷水发源于越城岭北麓,广西资源县境内,向北流经新宁、邵阳至双江口;西源赧水发源于城步县境雪峰山东麓,向东北流经武冈、隆回至邵阳双江口与南源夫夷水汇合,始称资水,经邵阳、冷水江、新化、安化、桃江、益阳等县市,至甘溪港汇入洞庭湖。沿途主要支流有蓼水、平溪、辰溪、邵水、石马江、大洋江、油溪、渠江、浔溪、沂溪、桃花江等。流域总面积 28 142 km²,其中湖南境内 26 738 km²,占 95.01%;干流全长 653 km,全部在湖南境内。

3) 沅水

沅水发源于贵州省东南部,有南、北二源,南源出自云雾山,称马尾河(或称龙头河);北源起于麻江和福泉间之大山,称重安江;两江流至汊河口汇合后始称清水江,沿程纳入巴拉河、南哨河、六洞河等支流,在托口纳入渠水,至黔城与潕水汇合,始称沅水。水流折向东南,至洪江纳巫水,再转向北流,经大江口、辰溪、泸溪、沅陵,先后汇入溆水、辰水、武水、酉水,又折向东北,至常德市德山注入洞庭湖。流域总面积 89 163 km²,其中湖南境内 51 066 km²,占 57.27%;干流全长 1 033 km,其中湖南境内 568 km。干流河流平均坡降 0.594‰。

4) 澧水

澧水有南、中、北三源,以北源为主源,发源于桑植县杉木界,中源源出湘鄂边境八大公山东麓,南源源出永顺龙头寨。三源在龙江口汇合后,经桑植、永顺、张家界、慈利、石门、临澧、澧县,至津市小渡口注入洞庭湖。沿程主要纳入大容溪、娄水、溇水、道水、涔水、澹水等支流。流域总面积 18 583 km²,其中湖南境内 15 505 km²,占 83.44%;干流全长 388 km,全部在湖南境内。干流河流平均坡降 0.078 8%。

5) 其他河流

除湘水、资水、沅水和澧水等四水以外,直接流入洞庭湖的河长 5 km 以上的河流共有 403 条,其中以汨罗江最长,新墙河次之。

汨罗江发源于江西省修水县梨树锅,流经修水县,于平江县长寿街入省境,经黄旗段、长乐街,至汨罗县磊石山注入东洞庭湖,干流长 233 km,流域总面积

5 543 km²,其中湖南境内 5 400 km²。河流平均坡降 0.046 0%。

新墙河发源平江县宝贝岭,流经平江县硬树坪、板江、洞口、岳阳县平头铺、中洲、王家台、宗湖祠、望云台、上大堤、晏岩村、王家方和何家段,于岳阳荣家湾入洞庭湖,流域总面积 2 370 km²,干流长 108 km。河流平均坡降 0.071 8%。

"四水"水系特征如表 2.3 所示。洞庭湖"四口"水系见图 2.5。

表 2.3　"四水"特征表

水　系	干流长 (km)	流域面积 (km²)	年径流量 (亿 m³)
湘江	856	94 660	643
资江	653	28 142	227
沅江	1 133	89 163	653
澧水	388	18 496	149

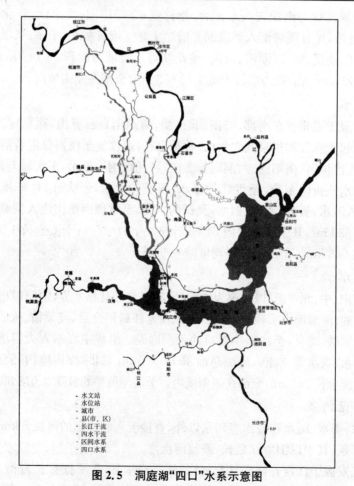

图 2.5　洞庭湖"四口"水系示意图

2.4.2 "三口"河系

1) 松滋河

松滋河为长江溃口形成的一条分泄长江来水入洞庭湖的河流。根据史料记载,1870年长江在黄家铺溃口后,堵口修筑不牢,1873年大水,黄家铺(今沙道观)复溃,同时冲开庞家湾(今新江口),以后再未堵口,形成现在的松滋河。其分支松滋西支从松滋口起经新江口、新垱、狮子口、甘家咀、郑家渡至杨家垱进入湖南境内,至瓦窑河与东支相汇后又分为东支(大湖口河)、中支(自治局河)、西支(官垸河)三支,三支均向南流,在张九台与五里河相汇后流经安乡、白蚌口、武圣宫,至肖家湾与澧水汇合。另一分支松滋东支从松滋口经沙道观、米积台、莆田咀,至中河口往东有一支流经黑狗垱与虎渡河连通;主流经南坪、沙窝、黄金堤,至甘家厂后进入湖南境内,在瓦窑河与松滋西支相汇合。

东支(大湖口河)从余家岗经王守寺、青石碑、马坡湖、香炉脚、大湖口、金龟堡,到小望角,全长42 km。左岸为安乡县安造垸,右岸为安乡县安澧垸。

中支(自治局河)从喻家岗经青龙窖、三汊脑、夹夹至张九台与五里河交汇,全长28.93 km。左岸为安乡县安澧垸,右岸为澧县西官垸。

西支(官垸河)从青龙窖经余家台、官垸码头、乐府拐、濠口、汇口入五里河,全长35.5 km。汇口至张九台一段称五里河。官垸河左岸为澧县西官垸、右岸为澧县澧松垸。

2) 虎渡河

虎渡河入口为太平口,从太平口分泄江水,经弥陀寺、黄金口至黑狗垱松滋东支河口汇入,再经黄山头南闸进入湖南境内。经大杨树,董家垱、陆家渡至小河口与松滋河汇合。在湖北境内从太平口至黄山头南闸全长90.6 km;在湖南省境内从南闸至新开口全长42.7 km,又称陆家渡河,左岸为安乡县安昌垸,右岸为安乡县安造垸。

3) 藕池河

藕池口位于长江干流新厂水位站下游约10 km,湖北省石首市和公安县交接的天心洲附近。藕池河1852年溃口未加修复,至1860年长江大水,溃口逐渐冲成大河,即成藕池河系。藕池河支流较多,入口为康家岗及管家铺二口,其下又分为若干支流。以其分合关系,习惯分东支、中支、西支三条支流。

藕池东支经管家铺、老山咀,黄金咀、江坡渡、梅田湖、扇子拐、南县城、九斤麻、罗文窖、北景港、文家铺、明山头、胡子口、复兴港、注滋口、刘家铺、新洲注入东洞庭湖,全长91 km。东支至华容县集成安合垸北端殷家洲分为两支,一支往东,经鲇鱼须、宋家咀、沙口、县河口至九斤麻,全长 26 km,称鲇鱼须河。主流与鲇鱼须河汇合后又一支往南,一支往东,形成 X 型。往南的称沱江(已经建闸控制),经乌咀、小北洲、中鱼口、沙港市、三仙湖、八百弓至茅草街东侧入南洞庭湖,沱江全长 39 km;往东自九斤麻以下称注滋口河,为藕池东支主流。藕池东支湖南境内左岸为华容县集成安合垸、护城垸、新生垸及钱粮湖垸、华容县团洲垸、右岸为华容县永固垸、南县育乐垸、大通湖垸、华容县隆西垸、团山垸、新洲垸,其中鲇鱼须河左岸为华容县护城垸,右岸有华容县集成安合垸;沱江左岸有大通湖垸,右岸有南县育乐垸。

藕池西支又称安乡河或官垱河,自康家岗沿荆江分洪区南堤经官垱、曹家铺、麻河口、鸿宝局、下柴市、厂窖、三岔河至下狗头洲,全长 86 km。藕池西支湖南境内左岸为安乡县文化垸、南县和康垸,右岸为安乡县安昌垸、南县南鸿垸。

藕池东支在黄金咀有一支流往南,称藕池中支。中支自黄金咀经团山寺至陈家岭分为东、西两支,西支称陈家岭河,东支称施家渡河,经过南鼎垸后,在华美垸尾端再次相汇后南下,经荷花咀、下游港,至下柴市与藕池西支相汇,又经三岔河,至茅草街西侧与澧水合流入目平湖。藕池中支进入湖南境内,左岸为右华容县永固垸、南县育乐垸,右岸有南县南鼎垸、和康垸;陈家岭河右岸为安乡县文化垸。

4）华容河

调弦口在湖北省石首市调关镇附近,江水进入口习惯称华容河,经焦山镇,至大王山进入湖南境内,经万庾、石山矶,至华容县城分南、北两支(其中间为华容县新华垸),至罐头尖再次汇合,于旗杆咀进入东洞庭湖。从调弦口至旗杆咀全长 60 km(含支流)。华容河进入湖南后,左岸为华容县人民垸、新泰垸及钱粮湖垸,右岸为华容县护城垸和钱粮湖垸。华容河于 1958 年冬在调弦口和旗杆咀建闸控制,其后一直未行洪。

2.5　社会经济

洞庭湖区涉及湖南省的岳阳、常德、益阳、长沙、湘潭、株洲等 6 市和湖北省的荆州市,共涉及 7 个市 42 个县(市、区)。其中,湖南省 6 市涉及 38 个县(市、区),湖北省荆州市涉及 4 个县(市、区)。洞庭湖湖区面积约 19 531 km²,其中湖南省 15 579 km²,占总面积的 79.4%;湖北省 3 952 km²,占总面积的 20.2%。

据 2010 年资料统计,洞庭湖湖区涉及的 7 市 42 县(市、区)耕地面积1 425.22

万亩,其中湖南省1 127.67万亩、湖北省297.55万亩。总人口1 301.26万人(常住人口),城镇人口692.22万人,总城镇化率53.20%。其中湖南省1 087.06万人,占全省总人口的16.0%,城镇化率56.78%;湖北省人口214.20万人,占全省总人口的3.8%,城镇化率35.48%。洞庭湖湖区人口稠密,近年来城镇化进程不断加快。2010年洞庭湖湖区平均人口密度666人/km²,其中湖北省4县(市、区)平均542人/km²;湖南省38县(市、区)平均698人/km²,远高于湖南省平均水平(323人/km²)。洞庭湖湖区城镇化平均水平较高且高于全国平均水平。

近年来,洞庭湖湖区呈现经济增长提速、经济实力增强、产业结构优化升级的良好势头。据统计,2010年洞庭湖湖区地区生产总值为5 597.04亿元,三大产业结构为6.36:48.77:44.87。其中,洞庭湖湖区属湖南省部分地区生产总值为5 410.47亿元,占湖南全省的33.4%。洞庭湖湖区是长江流域重要的商品粮、棉、油、鱼生产基地,2010年洞庭湖湖区粮食总产量484.20万t、棉花20.31万t、油料48.15万t、肉类64.51万t、水产品84.71万t,农林木渔业总产值507.61亿元。其中,洞庭湖湖区属湖南省6市的粮食、棉花、油料、肉类、水产品产量为404.62万t、14.94万t、33.87万t、55.29万t、57.69万t,分别占湖南省全省的13.6%、61.8%、23.7%、10.2%、32.3%。"十五"和"十一五"期间,年均增长速度都在9%以上,其中湖南省部分每个时期的增长速度都比全省高1个百分点以上。洞庭湖湖区产业结构正逐步进入较高层次,经济增长质量有了明显改善,第一产业比重下降,第二产业、第三产业比重上升。1992年开始,第二产业比重稳步超过第一产业,三次产业格局由"一、二、三"变为"二、三、一"。目前洞庭湖湖区总体产业结构为6.36:48.77:44.87,其中湖南省部分因集中了较多大中城市,城镇化水平高,产业结构更优,为5.67:49.24:45.09。洞庭湖湖区工业基础雄厚,已形成了门类齐全、较为完整的工业体系,正由传统工业向新型工业化转型。

洞庭湖区经济社会概况见表2.4。

表 2.4 洞庭湖区经济社会概况表

市	县(市、区)	国土面积(km²)	常住人口(万人)			城镇化率(%)	地区生产总值(亿元)	人均地区生产总值(元/人)	产业结构(亿元)			地方财政收入(亿元)	社会消费品零售总额(亿元)	耕地面积(万亩)
			总人口	城镇人口	农村人口				第一产业	第二产业	第三产业			
长沙市	芙蓉区	21.2	31.45	31.45	0.00	100.00	399.07	126 911	0.80	60.83	337.44	11.23	266.09	0.00
	天心区	22.09	19.00	18.89	0.11	99.41	223.63	117 671	0.38	81.79	141.46	8.09	129.59	0.00
	岳麓区	27.81	24.05	20.23	3.82	84.13	246.33	102 415	3.21	135.63	107.50	6.94	78.81	2.01
	开福区	28.05	11.34	11.09	0.25	97.84	263.26	232 171	0.59	59.47	203.20	9.76	225.33	4.58
	雨花区	28.55	21.71	21.51	0.21	99.05	610.52	281 196	0.66	350.71	259.15	14.26	275.29	0.00
	长沙县	299.57	20.09	12.92	7.17	64.29	387.31	192 785	6.34	268.18	112.79	17.30	112.23	0.00
	望城区	204.2	10.85	6.58	4.26	60.69	146.04	134 661	3.19	103.58	39.27	10.76	32.47	24.23
	宁乡县	290.59	23.95	13.26	10.69	55.37	198.59	82 922	6.16	128.80	63.63	4.55	69.87	15.64
	小计	922.06	162.44	135.93	26.51	83.68	2 474.75	152 352	21.32	1 188.99	1 264.44	82.90	1 189.68	46.46
株洲	荷塘区	15.22	6.18	5.83	0.35	94.28	81.78	132 287	0.26	46.70	34.83	1.74	22.91	3.50
	芦淞区	6.67	4.95	4.78	0.17	96.58	111.71	225 808	0.15	40.81	70.74	1.67	106.53	1.74
	石峰区	33.3	8.50	7.94	0.56	93.43	167.72	197 277	0.69	139.51	27.52	2.15	23.77	3.85
	天元区	22.5	4.31	3.79	0.52	87.98	90.17	209 072	0.47	41.96	47.74	9.32	27.25	5.76
	株洲县	138.13	7.70	3.14	4.56	40.78	41.02	53 279	1.92	21.64	17.46	2.32	20.29	8.15
	小计	215.82	31.64	25.48	6.16	80.54	492.41	155 614	3.50	290.62	198.29	17.20	200.75	23.00
湘潭	雨湖区	42.72	48.69	45.32	3.38	93.06	349.86	71 851	1.65	199.35	148.86	3.21	116.35	4.47
	岳塘区	251.30	18.27	7.14	11.12	39.11	78.62	43 035	4.43	38.05	36.13	5.42	30.96	57.33
	湘潭县	294.02	66.96	52.46	14.50	78.34	428.48	63 989	6.09	237.40	184.99	8.63	147.31	61.80

续表 2.4

市	县（市、区）	国土面积（km²）	常住人口（万人）			城镇化率（%）	地区生产总值（亿元）	人均地区生产总值（元/人）	产业结构（亿元）			地方财政收入（亿元）	社会消费品零售总额（亿元）	耕地面积（万亩）
			总人口	城镇人口	农村人口				第一产业	第二产业	第三产业			
岳阳市	岳阳楼区	19.97	8.17	7.06	1.11	86.41	33.40	40864	0.18	8.67	24.55	0.79	80.62	2.24
	云溪区	104.17	8.82	5.15	3.68	58.33	34.34	38934	1.45	20.44	12.46	0.95	4.99	12.71
	君山区	623.18	24.05	11.66	12.39	48.48	63.05	26217	15.76	27.15	20.14	0.80	8.09	37.38
	岳阳县	541.94	35.50	16.98	18.52	47.83	82.71	23299	6.53	43.50	32.67	1.68	33.98	31.16
	华容县	1 610.23	70.89	25.85	45.04	36.46	165.29	23316	40.37	79.44	45.48	2.61	47.39	95.88
	湘阴县	767.49	48.08	20.78	27.30	43.22	108.76	22622	16.87	56.73	35.16	1.99	24.69	57.18
	汨罗市	501.04	35.43	19.95	15.49	56.29	109.72	309 63	7.66	66.21	35.84	4.29	34.44	13.12
	临湘市	428.69	14.91	8.14	6.78	54.56	28.87	19364	4.82	15.58	8.47	0.56	8.33	35.38
	小计	4 596.71	245.85	115.56	130.29	47.00	626.14	25468	93.64	317.72	214.78	13.68	242.53	285.05
常德市	武陵区	237.99	58.97	49.34	9.64	83.66	505.76	85764	5.00	311.79	188.97	4.03	105.75	12.06
	鼎城区	735.4	43.62	23.01	20.61	52.76	87.99	20173	12.84	30.82	44.33	2.45	61.69	100.03
	安乡县	1 086.89	52.58	16.53	36.05	31.44	101.56	19315	26.96	27.92	46.68	1.57	29.43	69.69
	汉寿县	626.64	46.26	22.28	23.98	48.16	69.42	15006	10.04	21.18	38.20	1.40	26.35	88.05
	澧县	622.5	50.81	24.73	26.08	48.67	87.78	17276	13.08	31.92	42.78	2.45	40.51	68.69
	临澧县	240.69	16.30	8.62	7.69	52.85	36.28	22255	3.98	13.76	18.54	1.12	16.59	24.10
	桃源县	668.75	34.24	13.88	20.36	40.54	51.38	15004	7.96	19.25	24.17	1.45	33.92	31.41
	津市市	474.6	23.84	14.28	9.56	59.90	53.19	22312	8.97	21.94	22.28	2.25	25.60	27.38
	石门县	198.52	1.84	0.82	1.02	44.59	3.67	19952	1.61	1.38	0.68	0.12	1.36	5.73
	小计	4 891.98	328.46	173.48	154.98	52.82	997.03	30354	90.44	479.95	426.63	16.82	341.20	427.14

续表 2.4

市	县（市、区）	国土面积（km²）	常住人口（万人）			城镇化率（%）	地区生产总值（亿元）	人均地区生产总值（元/人）	产业结构（亿元）			地方财政收入（亿元）	社会消费品零售总额（亿元）	耕地面积（万亩）
			总人口	城镇人口	农村人口				第一产业	第二产业	第三产业			
益阳	资阳区	457.92	38.86	18.32	20.54	47.14	58.79	15 128	10.56	24.35	23.88	1.58	23.63	35.01
	赫山区	264.83	41.83	25.25	16.58	60.36	68.85	16 462	5.14	31.49	32.23	1.73	46.59	59.82
	南县	1 699.87	82.44	30.17	52.27	36.59	108.90	13 209.11	40.77	29.25	38.88	2.65	38.76	96.92
	桃江县	206.84	23.27	13.00	10.27	55.86	35.44	15 229	2.39	18.89	14.17	0.94	15.66	7.44
	沅江市	2 029.07	65.30	27.55	37.75	42.19	119.68	18 328	32.72	45.37	41.59	2.87	37.14	85.03
	小计	4 658.53	251.71	114.28	137.42	45.40	391.67	15 561	91.58	149.35	150.75	9.77	161.78	284.22
湖南省合计		15 242.72	1 087.06	617.20	469.86	56.78	5 410.47	4 9771	306.57	2 664.03	2 439.88	148.99	2 283.25	1 127.67
荆州	荆州区	166	8.7	2.65	6.05	30.47	12.06	13 861	3.15	4.75	4.16	0.28	7.79	56.65
	松滋市	676	50.7	22.82	27.89	45	40.35	7 959	6.31	13.74	20.29	1.28	33.65	166.42
	公安县	2 234	101.11	28.08	73.03	27.77	83.2	8 228	29.53	25.94	27.73	2.13	48.17	50.33
	石首市	876	53.69	21.47	32.21	40	50.96	9 492	10.64	21.14	19.18	1.64	33.39	24.16
湖北省合计		3 952	214.2	75.02	139.18	35.48	186.57	8710	49.63	65.58	71.36	5.33	123	297.55
总计		19 531.12	1 301.26	692.22	609.04	53.20	5 597.04	58 481.50	356.19	2 729.61	2 511.24	154.32	2 406.25	1 425.22

2.6　水资源利用现状

洞庭湖流域水资源主要来源于地表水,蓄水和地下水开采较少。目前洞庭湖流域水资源总量为 101.96 亿 m³,其中地表水水资源量为 99.74 亿 m³,占总量的 97.8%;地下水水资源量为 2.22 亿 m³,占水资源总量的 2.2%。地表水中蓄、引、提水工程提供的水资源量分别为 27.64 亿 m³、18.94 亿 m³ 和 53.16 亿 m³,分别占地表水水资源量的 27.7%、19% 和 53.3%。

洞庭湖湖区已建成大中小型水库 3 209 座,总库容 84 亿 m³;塘坝 12 万余座,总库 10.5 亿 m³;引水工程 1 448 处;提水工程 5 939 处。洞庭湖湖区现状总供水能力为 94.60 亿 m³,其中地表水供水能力为 87.55 亿 m³,地下水供水能力为 6.29 亿 m³。

洞庭湖湖区用水类型主要以农田灌溉为主,2010 年,湖区农田灌溉用水量 50.34 亿 m³,占总用水量的 57.4%;工业用水量 25.68 亿 m³,占总用水量的 29.3%;林牧渔用水量 0.72 亿 m³,占总水量的 0.8%;城镇生活用水量 5.46 亿 m³,占总用水量的 6.2%;农村生活用水量 4.77 亿 m³,占总用水量的 5.4%;河道外生态环境用水量 0.75 亿 m³,占总用水量的 0.9%。

湖区经济用水量呈波动变化。据统计,2001—2010 年间,年用水量在 2002 年达到最小值 86.70 亿 m³,在 2003 年达到最大值 92.44 亿 m³。2003—2006 年总用水量一直保持在 90 亿 m³ 以上。2006—2009 年总用水量呈减少趋势,2009 年已经减少到 87.4 亿 m³。2010 年用水总量有所增加,为 87.7 亿 m³,但是相较 2001 年用水量(89.4 亿 m³)及多年平均用水量(89.8 亿 m³)都有所下降。

以保证率 $P=50\%$、75% 和 90% 三种情况分析得出洞庭湖湖区基准年的需水量分别为 114.76 亿 m³、122.43 亿 m³ 和 131.05 亿 m³,可供水量分别为 111.59 亿 m³、98.66 亿 m³ 和 96.3 亿 m³,缺水量分别为 3.17 亿 m³、23.77 亿 m³ 和 34.75 亿 m³,缺水率分别为 2.8%、19.4% 和 26.5%。缺水比较严重的区域主要集中在洞庭湖腹地三口水系区域,缺水比较严重的县(市)主要包括湖南的安乡、华容、南县,湖北的松滋等,各地级行政区基准年供需分析成果详见表 2.5。

表 2.5　洞庭湖区基准年供需分析表

行政区	需水量(亿 m³)			供水量(亿 m³)			缺水量(亿 m³)			缺水率(%)		
	$P=50\%$	$P=75\%$	$P=90\%$	$P=50\%$	$P=75\%$	$P=90\%$	$P=50\%$	$P=75\%$	$P=90\%$	$P=50\%$	$P=75\%$	$P=90\%$
常德	35	36.84	39.42	33.84	28.2	27.51	1.17	8.64	11.91	3.3	23.5	30.2
益阳	19.65	21.39	22.98	18.92	15.76	15.38	0.73	5.63	7.6	3.7	26.3	33.1
岳阳	20.56	22	23.78	19.29	16.07	15.68	1.27	5.93	8.1	6.2	27	34.1

续表 2.5

行政区	需水量(亿 m³)			供水量(亿 m³)			缺水量(亿 m³)			缺水率(%)		
	P=50%	P=75%	P=90%	P=50%	P=75%	P=90%	P=50%	P=75%	P=90%	P=50%	P=75%	P=90%
长沙	12.19	12.57	12.85	12.19	12.52	12.21	0	0.05	0.64	0	0.4	5
株洲	3.86	3.96	4.07	3.86	3.96	3.91	0	0	0.16	0	0	4
湘潭	6.3	6.73	7.48	6.3	6.52	6.36	0	0.21	1.12	0	3.2	15
荆州	17.19	18.93	20.47	17.19	15.63	15.25	0	3.3	5.22	0	17.4	25.5
合计	114.76	122.43	131.05	111.59	98.66	96.3	3.17	23.77	34.75	2.8	19.4	26.5

　　综上所述,虽然湖区水资源总量丰富,但是存在着空间上局部缺水以及时间上非汛期缺水的现象。从缺水类型上看,主要以农业缺水为主,在枯水年、特枯水年局部地区存在工业、生活缺水现象。从缺水的空间分布上看,三口河系地区(包括南县西部、华容西部小部分、安乡等地区农业及渔业)缺水比较严重。

2.7　水资源利用存在的问题

　　洞庭湖流域虽然水资源比较丰富,但年内水量分布不均,流域内主要用水类型为农业灌溉,在目前水利工程尚不能满足对水资源的供需适量分配的情况下,洞庭湖流域季节性缺水及洪涝等问题依然存在,造成洪旱的主要原因有:

　　1) 湖区供水时空调配能力差,受径流、降雨时空分配影响较大

　　湖区为地势平坦的平原地区,湖区水利工程以引、提水工程为主,蓄水调节工程较少,加之水资源的时空调配能力差,受"三口四水"来水共同影响,不同年份不同月份来水差异大,丰水年、丰水季节湖区可能致涝,而枯水年枯水季节却常发生因流量过小导致难以满足已有引、提水设施取水要求,发生用水困难的问题。另外,湖区降雨时空分布与需水时空分布不一致,洞庭湖流域春季气温显著上升,蒸发加剧,而降雨却表现出下降趋势,来水减少,农业灌溉需水受当年河道来水与降雨时空限制,春灌缺水现象经常发生;伏旱期较长,农作物需水高峰时降雨往往偏少,因此农业用水得不到保障。

　　2) 水利工程调配能力差

　　洞庭湖流域属于东西南面环山,北面为平原区的盆地,其平原区由于自然条件的影响难以建设蓄水工程,主要供水来源是引提水。随着荆江裁弯、三峡水库运用等人类活动的影响,湖区水位逐渐偏低,尤其 2002 年以来下降尤为显著。而湖区灌溉工程大多建于 20 世纪 50～70 年代,湖区的水文情势发生变化后,当时的设计标准已经不再适用,存在着枯水年枯水季节河湖水位低于取水工程取水高程的现象,从而导致取水工程瘫痪。另外,湖区取、提水工程修建年代久远,加之管理不

善,工程老化损坏毁坏严重,工程效用大为降低。

从近年水资源利用的实际情况看,洞庭湖湖区的缺水特征主要表现为枯水年干旱季节工程性缺水、三口水系季节性资源性缺水;部分区域的农田灌溉缺水,局部区域城市的生产、生活缺水。近年表现尤为突出的是三口水系的春旱与秋旱;松滋市城区、华容县城区的居民饮水量不足。随着经济社会的快速发展,湖区水资源供需矛盾将更加突出,供水缺口将逐步加大,尤其是洞庭湖北部地区工程性缺水严重,致使农田干旱经常发生。干旱在洞庭湖湖区四季均有可能发生,尤以伏秋连旱影响最大、最为严重、持续时间最长,有的年份长达 100 多天。1970—2009 年,四口河系地区干旱年份有 1971 年、1972 年、1974 年、1975 年、1976 年、1978 年、1984年、1985 年、1986 年、1988 年、1990 年、1997 年、2001 年、2006 年、2009 年等,其中特大干旱年份有 1978、1984、1986、2001 和 2006 年等。据统计,1970—2009 年四口河系地区农作物受旱面积 1 555.7 万亩,年均 38.9 万亩。洞庭湖北部地区历年洪涝旱灾害情况统计见表 2.6。

表 2.6　洞庭湖北部地区历年洪涝旱灾害情况统计表　　　（单位:万亩）

年　份 (年)	洪　灾		涝　灾		旱　灾	
	受灾	成灾	受灾	成灾	受灾	成灾
1970			16.23	1.6	6.32	3.73
1971			4.73	1.6	102.04	20.54
1972			30.42	30.13	76.92	11.52
1973	1.53		155.71	57.47	4.84	2.45
1974			2.97	0.92	66.63	3.68
1975			31.97	11.67	57.42	5.5
1976			33.05	18.34	63.61	4.76
1977			100.62	54.37	0.5	2.26
1978			19.26	1.29	249.65	19.33
1979			62.64	32.4	57.06	5.57
1980	23.13		85.49	33.76	1.06	0.29
1981			22.93	15.58	42.86	8.4
1982			22.13	17.48	38.2	10.33
1983			85.09	29.27		
1984				1.41	82.7	38
1985				1.4	80.4	26.1
1986			17	0.12	125.23	18.67

年　份 （年）	洪　灾		涝　灾		旱　灾	
	受灾	成灾	受灾	成灾	受灾	成灾
1987			39	26.96		3.56
1988	0.82		109.7	43.91	30.18	20.4
1989			28.6			
1990			30.5	6.5	60	
1991			37	10		
1996	80	70.6	75			
1997					36.1	
1998	72	62.45	106.98	66.8		
2001			40		102.7	
2002			114	91.2		
2003			52	42.3		
2004			35	11		
2005					40	
2006					139	
2008			53.2			
2009			83.2		50	
合计	177.48	133.05	1 494.42	565.18	1 555.72	205.09

近年来，洞庭湖流域经济快速发展，流域水资源承载力与区域经济发展格局不协调，就湖区水量在时间上的变化情况而言，湖泊在衰减，表现为萎缩趋势。据统计分析，三口四水入湖水量急剧减少，湖泊水位、水量也随之下降，由此引发的水源型缺水问题严重，尤其是湖区北部的四水水系区，非汛期水量大量减少，大部分河流出现断流现象，部分河道断流时间大于全年时间的 2/3，其区域内取水保证率低下。由于湖区外河外湖水量受三口四水直接补给，受来水影响湖区内外湖水位水量也明显下降，加之湖区一直存在泥沙淤积趋势，枯水期部分河湖基本干涸，西、南洞庭湖湖泊基本消失，呈现出河流形态，东洞庭湖水面面积不足自然状态的 1/3。可见洞庭湖区的水源性缺水、水质性缺水以及工程性缺水问题较为严重。

1）水源性缺水

三峡水库运用以来，洞庭湖湖区出现了一系列的水情变化，其中最为明显的是"三口"河系分流减少，断流时间增加，由此湖区北部水源性缺水问题严重；而"三口"分流减少直接导致入湖水量减少，湖区水位下降，水源性缺水向纯湖区蔓延，以饮用水不安全为代表的水资源利用问题不断凸显，且随着清水冲刷、长江干流不断下切的趋势加剧,据调查,常德、益阳、岳阳三市湖区乡镇和村民约200万人饮水无安全保障。2011年华容县春夏连旱,旱情特别严重,除了农田受旱面积达34万亩外,县城14万人饮水困难。

2) 水质性缺水

受枯水期断流的影响,"三口"河系地区堤垸蓄水以及湖泊蓄水量大幅度减少,水环境容量降低,加之湖区经济发展较快,洞庭湖及河系是其污染物的主要受纳水体,入河湖污染负荷有增无减,水质变差。目前湖区主要的污染原因为氟、砷超标,苦咸水。部分地区因地质原因,造成滨湖地下水铁锰超标;在饮用水运输过程中,因流经花岗岩地质区,造成水体辐射污染,形成水体二次污染。

目前造纸行业已成为洞庭湖最大的污染源。除个别企业拥有较为完善的污水处理设施外,其余造纸企业的废水大多直接排入洞庭湖。这些造纸企业排污口的废水中,化学需氧量、生化需氧量、悬浮物等指标都大大超过排放标准。水质恶化使不少地方居民守着水源无水喝、无水用。

除此之外,随着枯水期"三口"水位下降,湖区淤积,洲滩众多,研究区域内沟港洼地增多,给钉螺繁殖提供了适宜的环境,水利血防问题依然严峻。目前血吸虫病主要集中在湖南、湖北、江西等7个长江下游省份,7省市共有钉螺面积37.2亿 m^2,其中湖南占总面积的47.52%,血吸虫病人约12万人。结合水利工程有效治理血防问题依然是当前任务之一。

3) 工程性缺水

湖区取、引、提水工程主要修建于20世纪50～70年代,设计标准偏低,施工质量差,老化损坏严重,工程效益难以正常发挥,枯水期更是难以保障社会生活用水。加之三峡水库运用以来,三口断流加剧,非汛期湖区水位大幅度下降,众多取、用水水利设施瘫痪,严重影响湖区粮食安全和群众生活用水需求,水资源得不到合理的开发利用。

湖区这三方面的缺水问题大体可以归结为水位和水量的问题。因此,研究洞庭湖水资源利用与保护,尤其是研究当前中低水位下湖区的缺水问题,探究能够满足湖区水量与水位的问题,尤为重要。

通过选取气象、水文干旱指标进行分析,以SPI、CI干旱指数对湖区和洞庭湖流域进行分析,得出三口河系区中度以上干旱发生频率并不是最高;但针对干旱发生天数分析可得,三口河系区为干旱程度最为严重的地区。由此可见,三口河系地区之所以干旱有相当大的原因是降雨造成的气象干旱引起的。

选定SPI、CI以及Z指数,借助模糊物元理论,建立干旱指标评价体系,目的在于其能够根据容易获取的资料准确的预估出湖区发生干旱的起始时间、空间位置以及干旱强度等信息,以便于及时做出干旱防范措施。以1992年10月数据进行了验证,结果表明该干旱识别模型能够较准确的识别出区域干旱。

同时,研究分析了湖区发生干旱的统计特性以及干旱的演变趋势。以 SPI-3 和 SPI-6 数据作为输入,运用 PCA 分析方法进行湖区干旱空间分析,发现第一主成分(方差贡献率分别为 77.38% 和 83.78%)均以南洞庭湖为中心区域向四周递减,表明南洞庭湖区受干旱影响较大。以 SPI-3 的 PCA 分析为基础对洞庭湖流域干旱影响分别进行分析,发现流域内干旱多属于轻度干旱,而且影响范围较大,基本覆盖全流域;中度和重度干旱发生次数较少,一般不会造成全流域的干旱。根据分析可基本确定洞庭湖区域不同程度干旱引发的缺水时空分布特征,为后期"健康洞庭湖"的保护和治理提供基础依据,而且影响范围较小。运用 Morlet 小波对流域干旱序列进行分析发现,洞庭湖流域年代际以 21.44 年周期最为清晰,以 4.13 年周期最为显著;春夏秋冬四季干旱主周期分别为 2.92 年、3.19 年、5.84 年、2.25 年,其中秋季干旱次数较多,冬季干旱呈波动变化,大面积干旱循环出现。

旱情计算统计结果显示,从计算流域内 50% 以上台站发生轻度以上干旱等级出现的年份来看,季节连旱现象较明显。从计算流域内 90% 以上台站发生轻度以上干旱等级出现的年份来看,洞庭湖地区秋季、冬季发生大范围干旱年份较多,秋季大范围干旱主要出现在 1985 年以后,尤其 2004 年以来干旱次数偏多;冬季大范围干旱则主要出现在 2002 年以前。

另外,运用谐波分析法对洞庭湖流域进行季节性周期识别,通过主震荡周期可以预测:未来澧水春季将处于一个由偏枯逐渐向偏丰转变的阶段,沅江春季将由正常逐渐向洪旱转变。澧水夏季将由正常逐渐向洪旱转变,沅江夏季将由正常逐渐向偏丰转变。湘江冬季将由正常逐渐向洪旱转变。

3 洞庭湖流域径流演变

3.1 径流组成

洞庭湖南接湘水、资水、沅水、澧水四大水系,北纳长江松滋口、太平口、藕池口、调弦口四口分流,区间还有汩罗江、新墙河等支流入汇。

根据洞庭湖流域 1956—2009 水文资料,统计分析洞庭湖流域四水、四口和洞庭湖出口各控制站多年平均流量,可得洞庭湖区各河流径流组成见表 3.1。从表中数据可以看出,流域年均流量 8 837 m³/s,年径流量 2 786.9 亿 m³,其中四水年径流量 1 651.3 亿 m³,占洞庭湖总径流量的 59.3%;四口年径流量 853.1 亿 m³,占洞庭湖总径流量的 30.6%;区间年径流量 282.5 亿 m³,占洞庭湖总径流量的 10.1%。

表 3.1　洞庭湖流域多年平均径流量组成

水系	河流	控制站	集雨面积 (km²)	年平均流量 (m³/s)	年径流量 (亿 m³)	年径流深 (mm)
四口	松滋河	新江口		938	295.7	
		沙道观		338	106.4	
	虎渡河	弥驼侍		486	153.1	
	藕池河	康家岗		59	18.7	
		管家铺		885	279.2	
四水	湘水	湘潭	81 638	2 060	649.7	795
	资水	桃江	26 704	713	224.7	841
	沅水	桃源	85.223	2 003	631.5	741
	澧水	石门	15 242	461	145.4	954
四口四水小计				7 943	2 504.4	
区间			31 843	894	282.5	887
洞庭湖出口	城陵矶			8 837	2 786.9	

在四口年径流量中,松滋口年径流量 402.1 亿 m³,占四口总径流量的 47.1%;太平口年径流量 153.1 亿 m³,占四口总径流量的 18.0%;藕池口年径流量 297.9

亿 m³,占四口总径流量的 34.9%(调弦口处有闸控制,无径流)。

在四水年径流量中,湘水年径流量 649.7 亿 m³,占四水总径流量的 39.3%;资水年径流量 224.7 亿 m³,占四水总径流量的 13.6%;沅水年径流量 631.5 亿 m³,占四水总径流量的 38.2%;澧水年径流量 145.4 亿 m³,占四水总径流量的 8.8%。

3.2　水文特征

根据洞庭湖流域各河流主要控制站自建站至 2010 年水文资料统计,各站历史最高洪水位、最大流量等主要水文特征见表 3.2。从表中数据可以看出,洞庭湖湖区各站历史最高水位大多出现于 1998 年,部分出现于 1996 年。各站历年最高水位大多出现于 6～8 月,其中湘水出现时间较早,出现在 5～6 月,最早时出现在 3 月份;资水和沅水出现在 6～7 月;澧水大多在 7～8 月出现洪水,且往往和长江洪水遭遇。

洞庭湖流域多年平均入湖水量为 2 786.9 亿 m³,径流量多年平均为 2 940.3 亿 m³,其中四水多年平均入湖径流量约为 1 651.3 亿 m³,湘水、沅水、资水以及澧水分别为 649.7 亿 m³、631.5 亿 m³、224.7 亿 m³、145.4 亿 m³。长江三口入湖年径流总量为 967.6 亿 m³。区间年径流量 283.7 亿 m³。但洞庭湖各支流径流年内分配不均,入湖水量主要集中在汛期的 5～10 月,汛期多年平均入湖水量 2 166 亿 m³,占全年 73.7%,其中四口汛期入湖水量 909 亿 m³,四水汛期入湖水量 1 089.3 亿 m³,区间汛期入湖水量 170.9 亿 m³。湘水和资水 5 月径流量最大,沅水 6 月径流量最大,澧水 7 月径流量最大;且资水流域因为水库的调节作用,11 月平均流量也出现峰值。受荆江裁弯、葛洲坝蓄水、三峡蓄水等因素影响,各时期径流的年内分配也有小幅变化。洞庭湖出口控制站城陵矶(七里山)站多年平均出湖流量 8 837 m³/s,多年平均出湖水量 2 786.9 亿 m³,该站最大年出湖水量 5 267 亿 m³,最小年出湖量 1 990 亿 m³,出湖平均流量以 7 月最大、1 月最小,7 月和 1 月出湖平均流量分别占洞庭湖全年流量的 16.7% 和 2.5%。自洞庭湖四口水系形成,分流长江洪量以来,洞庭湖主要泥沙来源于长江。据统计,1951—2005 年长江分向洞庭湖的多年平均悬移质沙量约为 1.41 亿 t,相应于枝城的分沙比为 27.5%。受自然演变规律及荆江裁湾等人类活动的影响,洞庭湖常年淤积,并且随年内时间的推移表现出"汛期淤积,枯水期冲刷"的现象。三峡水库运用之后,荆江及洞庭湖区水沙条件发生改变,洞庭湖含沙量大幅度下降,其淤积趋势也大幅度降低。

表 3.2　主要水文（位）站主要特征值统计表

水系	河流	控制站	最高水位		最低水位		多年平均水位（冻洁:m）	最大流量		最小流量		多年平均流量（kg/s）
			水位（冻洁:m）	出现时间	水位（冻洁:m）	出现时间		流量（m³/s）	出现时间	流量（m³/s）	出现时间	
四水	湘水	湘潭	41.95	94.6	26.46	09.11	30.80	20 800	94.6	100	66.7	2 067
	资水	桃江	44.44	96.7	32.00	08.10	35.13	15 300	55.8	15.5	64.9	713
	沅水	桃源	46.90	96.7	30.52	08.1	33.33	29 100	96.7	93.8	08.1	2 005
	澧水	石门	62.68	98.7	48.67	90.12	51.00	19 900	98.7	1	96.1	462
三口	松滋	新江口	46.18	98.8	34.05	79.4	37.15	7 910	81.7	0	79.4	944
	松滋	沙道观	45.52	98.8	33.98	74.4	36.92	3 730	54.8	0	70.4	320
	太平	弥驼寺	44.90	98.8	31.57	78.4	35.95	3 210	62.7	0	54.2	482
	藕池	康家岗	40.44	98.8	32.38	53.11		2 890	54.7	0	51.1	58
	藕池	管家铺	40.28	98.8	28.64	88.5	32.39	11 900	54.7	0	51.1	877
洞庭湖区		安乡	40.44	98.7	28.07	72.2	31.64	7 270	98.7	0	88.5	1 191
		南嘴	37.62	96.7	27.69	92.12	30.13	19 000	03.7	27	79.3	2 035
		小河咀	37.57	96.7	27.81	92.12	30.03	22 500	99.7	34.6	55.2	2 333
		城陵矶	35.94	98.8	17.27	60.2	24.77	43 900	96.7	377	75.10	8 838

3.3　径流演变特征

3.3.1　径流年际变化

1) 总径流量

20 世纪 50 年代以来,由于江湖关系的变化,加上下荆江裁弯,荆江四口分流径流量总体呈减小趋势。为便于分析研究四口分流变化的规律及成因,划分为五个时间段。第一阶段:1956—1966 年,下荆江裁弯以前;第二阶段:1967—1972 年,下荆江中洲子、上车湾、沙滩子裁弯期;第三阶段:1973—1980 年,裁弯后至葛洲坝截流之前;第四阶段:1981—2002 年,葛洲坝截流至三峡工程蓄水前(含 1981—1998 年和1999—2002 年);第五阶段:三峡水库蓄水运行后的 2003—2009 年。

不同时期洞庭湖总径流量的变化情况如表 3.3 所示。从表中数据可以看出,洞庭湖径流量总体上处于减少的趋势,由 1956—1966 年的 3 123.2 亿 m³ 减少到2003—2009 年的 2 253.6 亿 m³,减少了 869.6 亿 m³,衰减幅度为 27.8%。

表 3.3　荆江四口分时段多年平均径流量表　　　　　　（单位:亿 m³）

时　段 (起止年份)	枝　城	新江口	沙道观	弥陀寺	康家岗	管家铺	四口合计	城陵矶
1956—1966	4 478.6	322.6	162.4	209.6	48.8	587.7	1 331.0	3 123.2
1967—1972	4 213.1	321.5	123.8	185.6	21.4	368.2	1 020.5	2 979.6
1973—1980	4 355.2	322.3	104.7	159.8	11.3	235.7	833.9	2 787.8
1981—1998	4 393.4	286.5	96.3	133.3	10.3	178.1	704.7	2 715.4
1999—2002	4 449.4	277.3	67.1	125.6	8.6	145.9	624.5	2 826.4
2003—2009	4 053.9	235.3	54.2	95.7	4.6	103.4	493.2	2 253.6
1956—2009	4 345.2	298.5	101.7	152.8	18.7	279.2	850.7	2 786.9

2) 四口径流量

由表 3.3 也可统计得出不同时期四口年径流量变化情况,1956—2009 年长江干流年径流量无明显变化趋势,但四口年均径流量由 1956—1966 年的 1 331.1 亿 m³ 减少到 2003—2009 年的 493.2 亿 m³,减少了 837.9 亿 m³,衰减幅度达62.9%;四口中,藕池口减少量和减少幅度最大,由 1956—1966 年的 636.5 亿 m³ 减少到 2003—2009年的 108.0 亿 m³,减少了 528.5 亿 m³,衰减幅度为 83.0%;松滋口减少量和减少幅度最小,由 1956—1966 年的 485.0 亿 m³ 减少到 2003—2009 年的 289.5 亿 m³,减少了195.5 亿 m³,衰减幅度为 40.3%。四口年径流量的减少值和洞庭湖总径流量的减少值基本相当,说明洞庭湖的年径流量减少主要由四口径流量的减少所至。洞庭湖流域城陵矶出口及四口径流变化趋势见图3.1、图3.2。

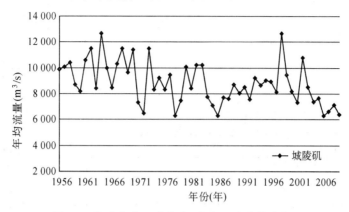

图 3.1　洞庭湖出口城陵矶历年年平均流量趋势图

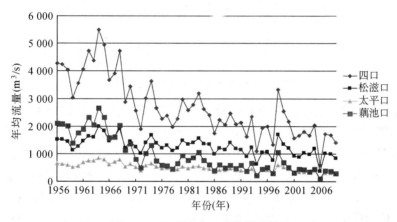

图 3.2　四口历年年平均流量趋势图

3) 四水和区间径流量

与四口径流变化特性相对应,仍然按上述五个时间段划分,对湘水、资水、沅水和澧水等四水的年径流量进行分析,由出口总径流减去四口和四水径流得区间径流,统计结果见表3.4和图3.3。

表 3.4　四水分时段多年平均径流量表　　　　　　　　　　　　　　　　（单位:亿 m³）

时　段 (起止年份)	湘水	资水	沅水	澧水	四水合计	区间
1956—1966	583.1	202.5	588.0	149.3	1 523.0	269.2
1967—1972	630.2	237.4	705.9	153.5	1 727.0	232.1
1973—1980	668.2	224.6	660.7	144.8	1 698.2	255.7

时　段	湘水	资水	沅水	澧水	四水合计	区间
1981—1998	686.1	238.7	630.4	147.6	1 702.8	307.9
1999—2002	752.9	246.1	682.8	131.9	1 813.6	388.2
2003—2009	597.4	200.7	576.7	135.3	1 510.1	250.3
1956—2009	649.7	224.7	631.5	145.4	1 651.3	284.9

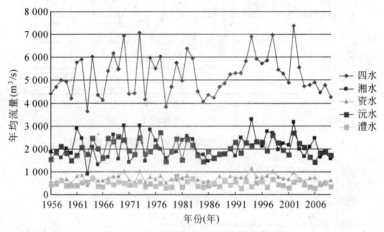

图 3.3　四水历年年平均流量趋势图

从表中数据可以看出,不同时段四水多年平均年径流量为 1 651.3 亿 m³,分时段最大年径流量为 1 813.6 亿 m³,最小年径流量为 1 510.1 亿 m³,最大值为最小值的 1.2 倍,最大值为多年平均值的 1.1 倍,最小值为多年平均值的 0.9 倍,各时段的年均径流量均有一定的差异,但总体上无明显趋势性变化。不同时段区间多年平均年径流量为 284.9 亿 m³,分时段最大年径流量为 388.2 亿 m³,最小年径流量为 232.1 亿 m³,最大值为最小值的 1.67 倍,最大值为多年平均值的 1.35 倍,最小值为多年平均值的 0.81 倍,各时段的年均径流量倍比关系均有一定的差异,但其总量只占全洞庭湖区径流量较小的部分,对岳阳综合枢纽坝址总的径流量影响不大。

3.3.2　径流年内分配

为分析洞庭湖区年径流量的年内分配,统计洞庭湖区出口和四口、四水年总径流及分月径流量情况见表 3.5,月平均流量分配分别见图 3.5～图 3.7。从表中数据可以看出:

(1)洞庭湖区多年平均径流量为 2 775.6 亿 m³,其中 5～9 月径流量 1 811.0 亿 m³,占年总径流量的 65.2%,其他 7 个月的径流量仅占 34.8%。在月径流中,7 月份月径流量 463.2 亿 m³,占年总径流量的 16.7%,为月径流量最高的月份;1 月份月径流量 69.3 亿 m³,占年总径流量的 2.5%,为月径流量最低的月份。

表 3.5 洞庭湖流域主要河流月径流量统计表

河流	项目	月份（月）												全年
		1	2	3	4	5	6	7	8	9	10	11	12	
城陵矶	月平均径流（亿 m³）	69.3	85.3	147.2	226.4	325.9	360.7	463.2	363.8	297.4	218.0	138.1	80.3	2 775.6
	占百分比（%）	2.5	3.1	5.3	8.2	11.7	13.0	16.7	13.1	10.7	7.9	5.0	2.9	100.0
四口	月平均径流（亿 m³）	1.1	0.5	1.8	10.3	43.7	96.1	218.3	191.1	163.0	91.4	27.3	5.7	850.3
	占百分比（%）	0.1	0.1	0.2	1.2	5.1	11.3	25.7	22.5	19.2	10.7	3.2	0.7	100.0
四水	月平均径流（亿 m³）	56.6	74.7	127.8	201.0	274.5	273.0	210.0	136.8	89.2	76.7	76.8	54.6	1 651.6
	占百分比（%）	3.4	4.5	7.7	12.2	16.6	16.5	12.7	8.3	5.4	4.6	4.6	3.3	100.0

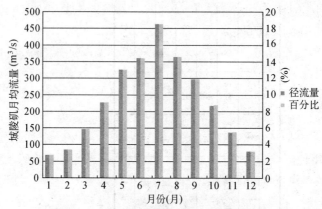

图 3.5 城陵矶站月平均流量分配过程图

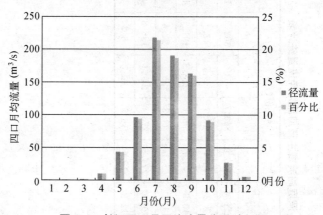

图 3.6 长江四口月平均流量分配过程图

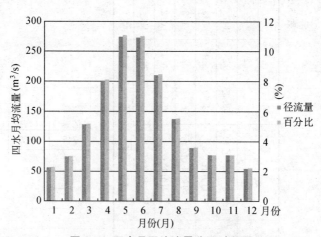

图 3.7 四水月平均流量分配过程图

（2）四口年径流量为 850.3 亿 m³,占洞庭湖湖区多年平均径流量 2 775.6 亿 m³ 的 30.6%,其中 6～10 月的径流量为 759.9 亿 m³,占四口年径流量的 89.4%,其他 7 个月的径流量仅占 10.6%,主要是由于枯水季节四口基本处于断流状态,仅松滋河西支以很小的流量维持通流。随着江湖关系的变化和三峡水库的运行,四口的断流时间有更进一步延长的趋势。在月径流中,7 月份月径流量为 218.3 亿 m³,占年总径流量的 25.7%,为月径流量最高的月份,占全洞庭湖湖区当月径流量的 47.1%;2 月份月径流量为 0.5 亿 m³,为月径流量最少的月份,占年径流量的 0.1%。

（3）四水年径流量为 1 651.6 亿 m³,占洞庭湖湖区多年平均径流量的 59.5%,其中 4～7 月的径流量为 958.5 亿 m³,占四水年径流量的 58.0%,其他 8 个月的径流量仅占 42.0%。在月径流中,5 月份月径流量为 274.5 亿 m³,占四水年径流量的 16.6%,为月径流量最高的月份,占全洞庭湖湖区当月径流量的 84.2%;12 月份月径流量为 54.6 亿 m³,为月径流量最少的月份,占年径流量的 3.3%。

3.3.3　枯季径流变化

洞庭湖北部地区连接长江和西、南、东洞庭湖,其水文变化特性受长江和洞庭湖水文变化的共同影响,以长江为主。不同时期长江干流枝城站和松滋、太平、藕池三口年均径流和枯季(10 月～次年 3 月)径流变化统计见表 3.5、表 3.6。由表中数据可以看出,长江干流枝城站年均径流量 4 384 亿 m³,沿时程变化不大;三口年均径流量由 1953—1958 年的 1 479 亿 m³ 减少到 2003—2008 年的 496 亿 m³,减少了 983 亿 m³,衰减幅度达 66.5%。三峡蓄水后,2003—2008 年三口径流量为 496 亿 m³,分流比为 12.2%,其中 2006 年由于水量总体偏枯,水位较低,三口径流量仅为 183 亿 m³ 分流比为 6.2%,历年最小。长江干流枝城站年均枯季径流量 1 228 亿 m³;三口年均枯季径流量由 1953—1958 年的 234 亿 m³ 减少到 2003—2008 年的 52 亿 m³,减少了 182 亿 m³,衰减幅度达 77.8%。

表 3.6　长江干流和三口各站年径流与三口分流比

时　段 (起止年份)	枝城年径流量 (亿 m³)	松滋口		太平口		藕池口		合　计	
		径流量 (亿 m³)	分流比 (%)	径流量 (亿 m³)	分流比 (%)	径流量 (亿 m³)	分流比 (%)	径流量 (亿 m³)	分流比 (%)
1953—1958	4 651	526	11.3	208	4.5	745	16.0	1 479	31.8
1959—1966	4 524	490	10.8	215	4.8	630	13.9	1 336	29.5
1967—1972	4216	445	10.6	186	4.4	390	9.3	1 022	24.2
1973—1980	4 357	427	9.8	160	3.7	247	5.7	834	19.1
1981—2002	4 403	371	8.4	132	3.0	182	4.1	685	15.6
2003—2008	4 063	294	7.2	91	2.2	110	2.7	496	12.2
1953—2008	4 384	412	9.4	157	3.6	331	7.6	900	20.5

表 3.7　长江干流和三口各站枯季径流与三口分流比

时　段 (起止年份)	枝城枯季 径流量 (亿 m³)	松滋口		太平口		藕池口		合　计	
		枯季径流量 (亿 m³)	分流比 (%)	枯季径流量 (亿 m³)	分流比 (%)	枯季径流量 (亿 m³)	分流比 (%)	枯季径流量 (亿 m³)	分流比 (%)
1953—1958	1 236	96	7.8	37	3.0	101	8.2	234	18.9
1959—1966	1 301	101	7.8	45	3.5	111	8.5	257	19.8
1967—1972	1 232	87	7.1	38	3.1	54	4.4	179	14.5
1973—1980	1 225	76	6.2	26	2.1	28	2.3	130	10.6
1981—2002	1 218	54	4.4	17	1.4	14	1.1	84	6.9
2003—2008	1 161	37	3.2	8	0.7	7	0.6	52	4.5
1953—2008	1 228	70	5.7	26	2.1	42	3.4	138	11.2

统计分析松滋、太平和藕池三口 1953—2008 年年径流量和枯季(10 月~次年 3 月)径流量的演变过程如图 3.2。从图中可以看出,三口均呈现较为一致的变化趋势,1954 年的最大值以后开始下降,1959 年达到最低值,又于 1959~1964 年呈现增大趋势,1964 年达到极值后,除松滋口变化过程稍微平缓外,太平口和藕池口开始比较显著的减少趋势。其中藕池口变化最为剧烈,年径流量从 1954 年的 1 156 亿 m³ 减少到 1959 年的 439 亿 m³,1964 年又增大到 837 亿 m³,再减少到 2008 年的 117 亿 m³。藕池河西支本身径流量小,从 80 年代中期开始其年径流量已小于 10 亿 m³(除 1996 年、1998 年和 1999 年等大水年外),濒临于消亡。

对松滋、太平和藕池三口 1953—2008 年年径流量和枯季(10 月~次年 3 月)径流量进行 Mann-Kendall 法分析,其 UF_K 和 UB_K 的变化过程如图 3.8~图 3.11。从图中可以看出,三口年径流量在 1960 年左右和 80 年代后均呈现了较明显的下降趋势。松滋口在 1958—1963 年和 1975—2008 年 UF_K 均小于−1.96,即松滋口的年径流分别在 1958—1963 年和 1975—2008 年出现显著减少的趋势;太平口在 1958—1961 年和 1977—2008 年 UF_K 均小于−1.96,即太平口的年径流分别在 1958—1961 年和 1977—2008 年出现显著减少的趋势;藕池口在 1959—1962 年和 1969—2008 年 UF_K 均小于 1.96,即藕池口的年径流分别在在 1959—1962 年和 1969—2008 年出现显著减少的趋势,可见三口在 1958—1961 年和 1971—2008 年 UF_K 均小于−1.96,即三口总年径流分别在 1958—1961 年和 1971—2008 年出现显著减少的趋势。

对松滋、太平和藕池三口 1953—2008 年枯季(10 月~次年 3 月)径流量进行 Mann-Kendall 法分析,UF_K 和 UB_K 的变化过程见图 3.12~图 3.15。从图中可以看出,三口枯季径流量在 1960 年左右和 80 年代后均呈现了较明显的下降趋势。松滋口在 1958—1960 年和 1976—2008 年 UF_K 均小于−1.96,即松滋口的枯季径流量分别在 1958—1960 年和 1976—2008 年出现显著减少的趋势;太平口在

1956—1960 年和 1977—2008 年 UF_K 均小于−1.96,即太平口的枯季径流量分别在 1956—1960 年和 1977—2008 年出现显著减少的趋势;藕池口在 1958—1961 年和 1971—2008 年 UF_K 均小于−1.96,即藕池口的枯季径流量分别在 1958—1961年和 1971—2008 年出现显著减少的趋势,可见三口合计在 1956—1961 年和1973—2008 年 UF_K 均小于−1.96,即三口枯季径流量分别在 1956—1961 年和1973—2008 年出现显著减少的趋势。

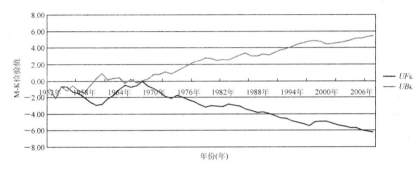

图 3.8 松滋口年径流量 M‐K 检验图

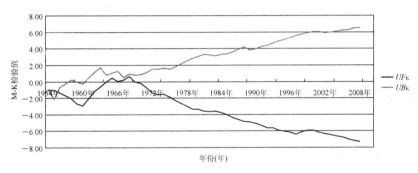

图 3.9 太平口年径流量 M‐K 检验图

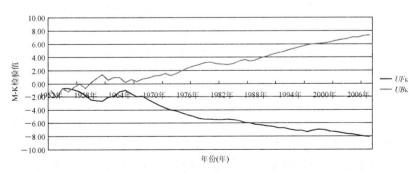

图 3.10 藕池口年径流量 M‐K 检验图

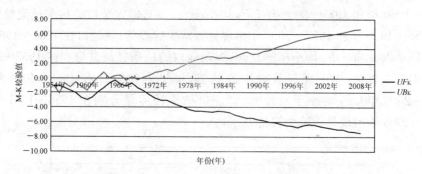

图 3.11　三口年径流量 M‑K 检验图

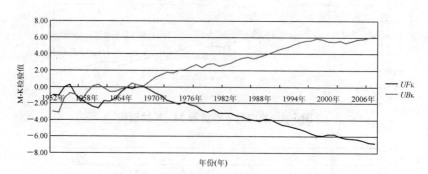

图 3.12　松滋口枯季径流量 M‑K 检验图

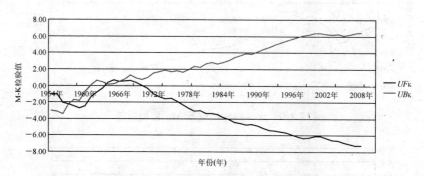

图 3.13　太平口枯季径流量 M‑K 检验图

3.3.4　三口断流特征

　　由于长江和洞庭湖水位流量关系变化以及三口洪道、三口口门段淤积萎缩等，长江三口控制站沙道观、弥陀侍、康家岗、管家铺四站连续多年出现断流，且年断流天数呈逐年增加的趋势，特别是枯水年份（例如 2006 年），沙道观、康家岗、管家铺站断流时间长达半年以上，其中康家岗站甚至断流长达 336 天。沙道观、弥陀侍、康家岗、管家铺四站各时段年均断流天数及断流时长江干流枝城站相应流量见表 3.7。

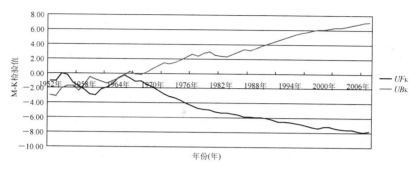

图 3.14　藕池口枯季径流量 M‑K 检验图

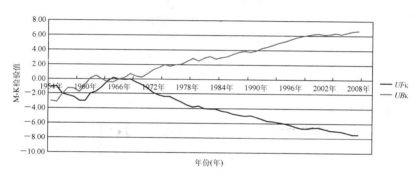

图 3.15　三口枯季径流量 M‑K 检验图

沙道观、弥陀侍、康家岗、管家铺四站历年断流天数和断流时长江干流枝城站相应流量变化趋势见图 3.16、图 3.17。从图中可以看出,康家岗自 1951 年就开始出现断流,且在四个站中每年断流时间最长,除极个别年份以外,断流时间维持在 200 天以上,至 70 年代以后在 250 天左右,2006 年更是高达 336 天;沙道观站 70 年代初以前没有出现断流,自 1974 年出现断流开始,断流时间增长速度明显高于其他各控制站,由 1973—1980 年的年均 71 天猛增到 2003—2008 年的 199 天,2006 年断流时间达 269 天,仅次于康家岗立第二位。弥陀侍站断流开始时间和沙道观站相差无几,但其增长速度明显缓于沙道观站。管家铺站在 50～60 年代仅断断续续出现断流,至 70 年代才每年出现断流,每年断流时间增长速度缓于沙道观站,但比弥陀侍站要快。

各站断流时间增加的同时,断流时枝城站的流量也都在增加。沙道观站在 1973—1980 年当枝城站流量小于 6 580 m³/s 时才断流,而 2003—2008 年枝城站流量在 10 512 m³/s 时就出现断流,流量增加了 3 932 m³/s;弥陀侍站在 1973—1980 年当枝城站流量小于 4 797 m³/s 时才断流,而 2003—2008 年枝城站流量在 6 998 m³/s 时就出现断流,流量增加了 2 201 m³/s;康家岗站在 1951—1958 年当枝城站流量小于 10 475 m³/s 时出现断流,1967—1972 年当枝城站流量小于 14 200 m³/s 时出现断流,1981—1980 年枝城站流量在 15 800 m³/s 时就出现断流,不同时段流量分别增加了 3 725 m³/s 和 1 600 m³/s;管家铺站 1951—1958 年当枝城站流量小于 4 040 m³/s 时出现断流,到 1967—1972 年当枝城站流量小于 4 625 m³/s 时出现断流,到 1981—2002 年枝城站流量在 8 399 m³/s 时就出现断流,不同时段流量分别增加了 585 m³/s 和 3 774 m³/s。

　　由于沙道观、弥陀侍、康家岗、管家铺四站断流时枝城站流量增加,导致在枝城站来流基本相同的情况下,各站断流时间明显提前,相应断流持续时间延长(表 3.8、图 3.16、图 3.17)。

表 3.8　三口控制站断流特征表

时　段 （起止年份）	年均断流天数(天)				各站断流时枝城站流量(m³/s)			
	沙道观	弥驼侍	康家岗	管家铺	沙道观	弥驼侍	康家岗	管家铺
1951—1958			195	23			10 475	4 040
1959—1966			212	26			11 925	3 618
1967—1972			241	80			14 200	4 625
1973—1980	71	69	258	145	6 580	4 974	16 000	7 661
1981—2002	172	154	252	166	8 155	7 342	15 800	8 399
2003—2008	199	146	257	186	10 512	6 998	14 700	8 317

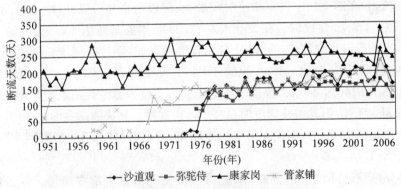

图 3.16　三口控制站历年断流天数变化趋势

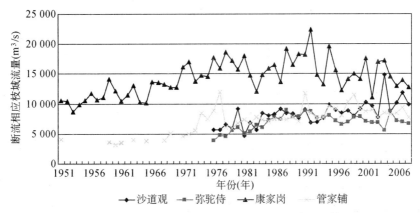

图 3.17 三口控制站断流相应枝城站流量变化趋势

3.4 水位演变趋势

3.4.1 长江干流水位演变趋势

统计长江干流枝城、螺山站和洞庭湖出口城陵矶 1961—2008 年月平均水位的演变过程,长江干流水位以城陵矶(莲花塘)站为代表站,多年平均水位为22.77 m,月平均水位以 7 月最高,为 28.00 m,2 月最低,为 17.96 m。

从统计结果可以看出,城陵矶与螺山的水位变化过程基本一致,与上游枝城的水位落差维持在 15~20 m。经相关分析,城陵矶站与枝城站月平均水位的相关系数为 0.925 5,而城陵矶站与螺山站的相关系数则高达 0.999 4,可见洞庭湖出口水位主要受长江干流顶托影响,与荆江末段水位的演变趋势基本一致。

2003 年三峡工程开始蓄水后,对长江干流的水位过程产生了一定的影响。统计枝城等三站在三峡运行后(2003—2008 年)较运行前(1961—2002 年)多年平均月均水位的变化情况,结果表明,在 10 月份三峡开始蓄水后,城陵矶、螺山和枝城站的水位均有显著下降,下降幅度分别为 1.60 m、1.67 m 和 1.92 m。三峡在枯水期的补水造成了 1~3 月城陵矶与螺山水位的上升,但补水无法影响到 4~5 月,这与三峡的实际调度及洞庭湖湖区频发干旱的实际情况是相吻合的。而上游的枝城站水位全年均呈现下降的趋势,且明显强于螺山站及城陵矶站,1~3 月水位不仅没有因三峡补水而上升,反而下降了 0.02~0.21 m,9 月、10 月、11 月、12 月则分别下降了 0.90 m、1.92 m、0.95 m 和 0.56 m。

研究表明,河道比较稳定的上荆江段受三峡清水下泄的影响较大,河床冲刷程度较下游更为严重,全年水位均呈下降趋势;下荆江河道蜿蜒曲折,素有"九曲回肠"之称,所受影响较小,1～3月水位因三峡的调蓄而有所上升。从水资源开发利用的角度来看,枯水期水位的下降已导致部分引、提水泵站取水困难,严重影响到洞庭湖区的生产、生活正常用水。

3.4.2　洞庭湖区水位演变特征

洞庭湖由西、南、东洞庭湖组成,洞庭湖水位始涨于每年的4月,7～8月最高,11月～次年3月为枯水期,多年最大水位变幅岳阳达18.77 m。根据城陵矶(七里山)站水位资料统计,多年平均水位22.86 m,平均水位以7月最高,月平均水位为28.22 m;1月最低,月平均水位为18.06 m。东洞庭湖鹿角站多年平均水位为23.80 m,南洞庭湖东南湖站多年平均水位为27.83 m,西洞庭湖南嘴站多年平均水位为28.32 m。洞庭湖区代表站多年月平均水位见表3.9。

表 3.9　洞庭湖区主要控制站多年月平均水位统计表　(单位:85 高程.m)

月　份	南嘴	东南湖	鹿角	岳阳	城陵矶(七)	城陵矶(莲)
1 月	26.59	26.41	19.61	18.03	18.06	18.00
2 月	26.70	26.52	20.20	18.04	18.14	17.96
3 月	27.15	26.90	21.40	19.29	19.26	19.18
4 月	27.86	27.48	23.03	21.43	21.39	21.30
5 月	28.84	28.28	24.91	24.11	24.01	23.95
6 月	29.47	28.82	26.17	25.70	25.67	25.53
7 月	30.64	29.87	28.39	28.22	28.22	28.00
8 月	29.92	29.14	27.39	27.27	27.23	27.08
9 月	29.51	28.74	26.71	26.58	26.45	26.42
10 月	28.57	27.87	24.83	24.63	24.51	24.51
11 月	27.69	27.24	22.44	21.77	21.87	21.78
12 月	26.86	26.61	20.31	19.25	19.25	19.22
年平均	28.32	27.83	23.80	22.89	22.86	22.77

1) 最枯水位的年内分布

统计洞庭湖湖区长沙、益阳、常德和津市以及长江干流枝城站、洞庭湖出口城陵矶站1951—2009年历年最枯水位出现时间见表3.9。从统计数据可以看出:①除5～6月以外,洞庭湖来水均出现过最枯水位,其中湘水出现在10月～次年2月,资水出现在10月～次年4月,沅水出现在8月～次年3月,主要出现在11月～次年2月,澧水在7月曾出现过一次最枯水位(1952年),其余年份出现在11月～次年3月,主要出现在12月～次年3月;②长江枯水出现在12月～次年4月,主要出现在1月～3月;③洞庭湖出口城陵矶站历年最枯水位一般出现在12月～次年3月。

表 3.10   洞庭湖主要控制站历年最枯水位出现月份统计表

控制站	各月出现次数(次)											
	1月	2月	3月	4月	5月	6月	7月	8月	9月	10月	11月	12月
长沙	20	7								2	8	22
益阳	20	7	3	1						4	3	21
常德	19	8	5			1	1		1	2	22
津市	16	14	11				1				1	16
枝城	8	28	21	1								1
城陵矶	14	23	8									14

2) 城陵矶站枯水位的变化趋势

从多年情况看,城陵矶年最低平均水位升高趋势比较明显。分6个时段统计,各时期城陵矶枯水期各月最低水位结果见表 3.10。对枯水期各月和年最低水位及出现时间进行统计,得出历年不同时段枯水位变化趋势如图 3.18 及表 3.11、表 3.12所示。

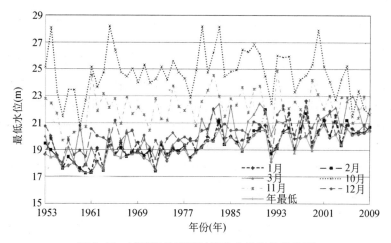

图 3.18   城陵矶站不同时段枯水位变化趋势图

表 3.11   城陵矶站分段月最低平均水位和年最低平均水位表 (单位:85 高程. m)

时 段 (起止年份)	1月	2月	3月	10月	11月	12月	年最低
1953—1959	16.33	16.43	17.08	21.73	19.10	17.27	16.10
1960—1969	16.76	16.38	16.87	23.08	20.36	17.95	16.29
1970—1979	16.88	16.80	17.16	22.60	19.92	17.66	16.54
1980—1989	17.99	17.81	19.04	24.18	20.97	18.77	17.71
1990—1999	18.43	18.24	18.96	22.90	20.43	18.67	17.69
2000—2009	18.60	18.54	19.79	21.86	20.16	18.84	18.26

表 3.12　城陵矶(七)站月最低和年最低水位极值年份表（单位:85 高程.m）

月　份	最低值	出现年份	最高值	出现年份
1 月	15.42	1961 年	20.73	1998 年
2 月	15.33	1960 年	20.07	1991 年
3 月	15.70	1963 年	21.08	2006 年
10 月	18.80	1959 年	26.26	1980 年
11 月	17.32	1992 年	22.93	1993 年
12 月	16.11	1956 年	20.33	1994 年
年最低	15.33	1960 年	18.91	2001 年

①从表 3.11 中可得枯水期(12 月及次年)1 月、2 月、3 月,以及年最低平均水位随时间呈升高趋势:1953—1959 年、1960—1969 年、1970—1979 年三个时段最低水位波动较小,增幅为－0.1~0.4 m;1980—1989 年与 1970—1979 年相比,水位升幅达1 m;2000—2009 年与 1953—1959 年相比,水位升高达 2.1 m。10 月、11 月最低平均水位波动幅度较大,在 1980—1989 年间出现一个高值,近几年有下降趋势。

②由表 3.12 可见,枯水期(12 月及次年)1 月、2 月、3 月,以及年最低水位的最小值出现在 20 世纪 50 年代末和 60 年代初,而最大值出现在 20 世纪 90 年代末和本世纪初,这也体现出枯水期的最低水位随时间推移有升高的趋势。

三峡工程运用后,由于水库淤积、出库沙量变化,以及沿程河床不同的组成,坝下游各段河床冲刷在时间和空间上均有较大的差异,使宜昌至武汉段各站的水位流量关系随着水库运用时期不同而出现相应的变化,各站同流量的水位呈下降趋势。

4 干旱指标

4.1 干旱研究

干旱一般定义为由于某一地区内长期无雨或高温少雨,导致空气及土壤水分亏缺的现象。干旱灾害给社会各个层面造成一系列复杂的影响,特别是对农业和经济的危害使其波及的范围并非仅仅局限于受灾的区域。在众多自然灾害当中,旱灾影响范围之广、破坏性之巨大、发生频率之频繁,是其他灾害所不能"企及"的,因此对干旱事件进行理论研究,探寻干旱事件的本质以及对干旱事件进行实时监控显得尤为迫切。近年来,国内外相关学者已对区域干旱状况进行了较为深入的分析研究。

决策部门关注更多的是干旱的操作性定义,以能够清楚地确定干旱的开始和结束时间、程度及覆盖范围等。不同学科、部门关注的对象不同,导致对干旱的定义及用以监测评价干旱等级的指标亦不尽相同。目前,大家较为熟知的四大类干旱:气象干旱、水文干旱、农业干旱以及社会经济干旱,分别以降水、径流和湖泊水库水位、土壤水分或农作物指标,以及社会经济损失作为各自评价的对象。另外,Mishra引入地下水干旱的概念,通过分析地下水水位、地下水补给量与排泄量以及地下水储藏量的变化来研究干旱对地下水的影响。针对以上不同的干旱类型,尽管专家学者们提出了诸多指标来进行监测评价,但由于各类指标本身的局限性,难以全面反映干旱的不同类型及特征。鉴于此,实际应用当中大多都是根据需要将多个指标综合起来,采用不同途径从不同时空尺度对干旱进行描述。

干旱不同于洪涝,我们往往不能准确的定义干旱的起始和结束时间,甚至不能准确、权威的定义一个地区的干旱程度。影响干旱的驱动因子很多,目前一般是利用其中的某一个因素通过计算干旱指数来研究,这往往具有"片面"性,即使将此干旱指标标准化,也仅仅只能反映某地区的某一或某几个干旱因子的变化情况,不能从整体上客观全面地反映该地区的干旱状况。当前对干旱的研究尚有如下不足之处:① 对干旱事件的研究大多简单的借助于对一种或几种干旱指数的分析,对于干旱指数的择取以及干旱指数内在的机理是否适用于该区域等问题尚需要进一步详细的分析。② 对于干旱的研究大多仅局限于站点分析,对于区域干旱的研究大多采用站点插值的方法。而站点插值是在假设干旱空间变化的渐变性以及评估干旱的站点足够多能够代表该区域内的空间变化的情况下建立的。③ 目前较为成熟的干旱指数大多是基于月、旬、周尺度，只有较少的指数是基于日尺度模式计算的。④ 目前仅仅是通过干旱指数来评估地区或流域干旱情况，干旱对于流域内水资源量的影响变化尚需要建立一种更为直接的联系，以便将干旱情况下流域内的水资源状况定量化。

　　自三峡水库运用以来，汛期荆江洪峰流量被大量削减，三口断流加剧，洞庭湖湖区的主要问题已经由汛期分流荆江水量而引发的防洪问题转变为新的情形下维持洞庭湖湖泊健康，满足社会、农业、经济、生活等用水的问题。建立干旱识别体系，对评估洞庭湖中低水位下的湖泊干旱情况，提高水资源承载力，建立干旱情况下的水安全保障体系，以及重旱等极端干旱情况下的流域水资源应急调配方案具有重要参考价值。本章主要从干旱的三个最基本的方面入手，结合洞庭湖流域的气候、地理环境条件选取合适的气象、水文、农业干旱指标，建立一种可客观全面评估洞庭湖干旱的识别指标，客观分析流域的干旱特征，为干旱特征分析以及干旱预警模型的建立提供参考依据。

4.2　气象干旱指数

　　气象干旱是指由降雨和蒸发等气象因素引起的因水汽收支不平衡造成的异常水分短缺现象。根据水汽循环理论以及实际经验，气象干旱往往最能反映出某一地区的干旱起始状况，加之气象数据相对水文、土壤等其他数据容易获得，为研究提供了很大的便利，因此对气象干旱的研究最为成熟。Palmer 利用降水与气温资料，采用 Thornthwaite 方法估算蒸散发能力，并基于双层土壤模型的假设进行简单的水量平衡计算，提出"对当前情况气候上适宜的降水"，即 Climatically Appropriate For Existing Condition(CAFEC)，此概念认为，当某地区实际的水分供给持续少于当地气候适宜的水分供给时，由水分亏缺导致的干旱将会出现。Palmer 干旱程度指标(Palmer Drought Severity Index, PDSI)是经过权重修正的无量纲指标，在时间和空间上都具有可比性，因此得到了广泛的应用。然而 PDSI 不足之处也随其广泛应用日益突显，主要包括：PDSI 只考虑降雨而忽略其他形式的水分供给(如降雪)，对于冬季和高纬度地区及干旱气候区来说有欠周全；在描述干旱发展和结束的时候反应偏慢，对双层土壤模型的假设往往导致以此为基础的水量平衡计算过于粗糙，从而也就决定了 PDSI 指数应用的局限性。

　　与 PDSI 这种简单机理性的干旱指标不同，标准化降水指标(Standardized Precipitation Index, SPI)是完全基于数理统计的。其基本原理为：将长期的降雨记录拟合到某种概率分布，再转换到正态分布，进而得到指标值。SPI 的优势在于具有多时间尺度分析的能力,既可用来评价对降雨反应较快的浅层土壤水分以监测农业生产,也可用来评价对降雨响应相对较慢的径流、湖泊水库水位及地下水补给,因此广泛应用到区域干旱的时空分析中。然而,SPI 指数应用要求有较长时段的降雨记录,而降水序列中存在过多的零值常常会导致拟合的概率分布出现较大的误差,这种情况在干旱气候区的应用中尤为明显,使 SPI 指数应用存在一定的缺陷。

Z 指数是由我国学者建立的较有代表性的气象干旱指标,该指标基于月、季降水量服从 Pearson-Ⅲ型分布的假设,对降水量进行标准化处理,转换成服从标准正态分布的变量 Z,用以划分旱涝等级,在我国大部分地区有广泛的适用性。

CI 指数是由我国国家气候中心于 2006 年组织编写的气象干旱指数。该指数克服了干旱指数由于以月为尺度导致的反旱情滞后,以及由于单纯考虑降雨而忽略影响旱情的另一主要因素蒸发的缺点。该指数有效综合了 SPI 干旱指数和 MI 干旱指数,采用近 30 天和近 90 天滚动累加计算当天旱情情况,将反映干旱的尺度降低为天。但在实际应用中存在着不合理旱情加剧、不合理震荡以及不合理跳跃点数偏多等问题,2010 年 8 月,国家气候中心对其进行了改进,提出了更加符合实际情况的综合气象干旱指数——NCC2CI 指数。

4.3 基于 SPI 的干旱统计

洞庭湖流域虽然雨量充沛,但由于降雨时空分布不均,导致春秋易干旱,夏季易发生干旱洪涝,而 SPI 干旱指数恰好能够较好地反映出由于降雨的不均匀性发生的干旱洪涝状况。SPI 指数中不同的时间尺度对降水量有不同的敏感性,时间尺度越小,则一次降雨的变化越显著,其值会发生较大变化。相反,时间尺度越大,则对于一次降水的反映并不显著,只有持续的多次降水才会使之发生波动。因此 SPI 可以有效地区分土壤水分亏缺和用于补给的水分亏缺这两类洪旱,且 SPI 的计算仅需降雨量作为输入项,因而得到广泛应用。其基本原理如下:

假设某一时段的降水量 x,则其 Γ 分布的概率密度函数为:

$$g(x) = \frac{1}{\beta \Gamma(\alpha)} x^{\alpha-1} e^{-x/\beta} \quad (x > 0) \tag{4.1}$$

$$\Gamma(\alpha) = \int_0^\infty x^{\alpha-1} e^{-x} dx \tag{4.2}$$

式中:α——形状参数;

β——尺度参数;

x——降雨量;

$\Gamma(\alpha)$——gamma 函数。

最佳的 α、β 估计值可采用极大似然估计方法求得，即

$$\bar{\alpha} = \frac{1 + \sqrt{1 + 4A/3}}{4A} \tag{4.3}$$

$$\bar{\beta} = \frac{\bar{x}}{\bar{\alpha}} \tag{4.4}$$

$$A = \ln(\bar{x}) - \frac{\sum \ln(x)}{n} \tag{4.5}$$

式中：n——计算序列的长度。

在计算得到累积概率密度函数 $G(x)$ 后，由于 gamma 函数不包含 $x = 0$ 的情况，而实际降雨量可以为 0，所以累积概率为：

$$H(x) = q + (1 - q)G(x) \tag{4.6}$$

式中：q——降雨序列中 0 值出现的频率。

累积概率 $H(x)$ 可以通过式（4.7）～式（4.10）转换为标准正态分布函数。

当 $0 < H(x) \leqslant 0.5$ 时，

$$Z = SPI = -\left(t - \frac{c_0 + c_1 t + c_2 t^2}{1 + d_1 t + d_2 t^2 + d_3 t^3} \right) \tag{4.7}$$

$$t = \sqrt{\ln\left[\frac{1}{H(x)^2} \right]} \tag{4.8}$$

当 $0.5 < H(x) < 1$ 时，

$$Z = SPI = t - \frac{c_0 + c_1 t + c_2 t^2}{1 + d_1 t + d_2 t^2 + d_3 t^3} \tag{4.9}$$

$$t = \sqrt{\ln\left\{ \frac{1}{[1 + H(x)]^2} \right\}} \tag{4.10}$$

式中，$c_0 = 2.515\,517$；$c_1 = 0.802\,853$；$c_2 = 0.010\,328$；$d_1 = 1.432\,788$；$d_2 = 0.189\,269$；$d_3 = 0.001\,308$。

据此求得 SPI 值，洪旱等级划分如表 4.1。

根据 SPI 值划分洪旱等级标准，分析计算出洞庭湖流域内不同洪旱等级发生的频率，可得洞庭湖湖区内不同等级下干旱发生频率的空间分布如图 4.1，流域内不同等级洪旱发生频率的空间分布如图 4.2 所示。

表 4.1　SPI 洪旱等级划分

SPI 值	洪旱等级
$SPI \leqslant -2$	重度干旱
$-2 < SPI \leqslant -1.5$	中度干旱
$-1.5 < SPI \leqslant -1$	轻度干旱
$-1 < SPI \leqslant 1$	正常
$1 < SPI \leqslant 1.5$	轻度洪涝
$1.5 < SPI \leqslant 2$	中度洪涝
$SPI > 2$	重度洪涝

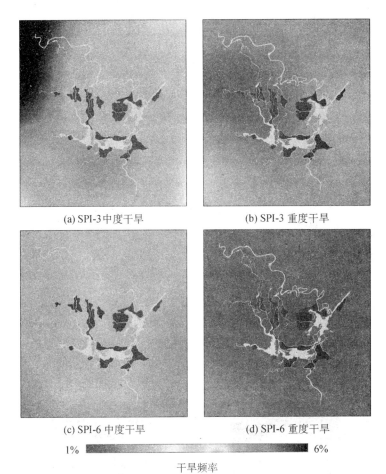

(a) SPI-3 中度干旱　　　　　　　　　(b) SPI-3 重度干旱

(c) SPI-6 中度干旱　　　　　　　　　(d) SPI-6 重度干旱

1%　　　　　　　　　　　　　　　　　　　　　6%

干旱频率

图 4.1(彩插 2)　洞庭湖湖区干旱灾害图

由图 4.1SPI-3 的空间分布结果图表明:长江上游宜昌地区、东洞庭湖小部、西洞庭湖小部以及南洞庭湖大部分地区易发生中度干旱,而大通湖大圈、护城大圈等湖区中部垸坑发生中度干旱的频率较小;重度干旱的发生频率情况则是大体以澧水为中心向纯湖区递增,其中以资水、沅水上游和东洞庭湖小部以及东部发生频率较高。

SPI-6 的空间分布结果表明:中度干旱发生频率以藕池口下游水系区为中心,以三口水系区为范围,向四周依次升高,总体上表现为南部高于北部。重度干旱与中度干旱空间分布类似,也是藕池口下游水系区发生频率最低,但是湖区西南和东部发生频率较高,就区整体情况而言,空间差异不大,基本都维持在 1%～3%。

对比图 4.1 中(d)图,SPI-6 与 SPI-3 指数的发生频率虽然整体上相差不大,但是 SPI-3 要高于 SPI-6 表征的干旱发生频率,并且空间差异性较大。从不同的干旱等级来看,重度干旱发生频率要明显低于中度干旱。

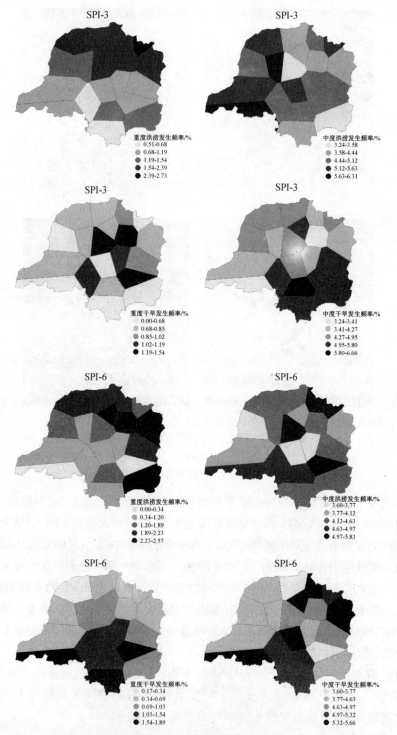

图 4.2(彩插 3)　洞庭湖流域干旱灾害图

图 4.2 中 SPI-3 降水频率空间分布结果表明:洞庭湖流域重度洪涝主要集中在长江与洞庭湖流域的交界处(城陵矶站)附近,零陵、道县附近地区重度洪涝发生频率小;中度洪涝易发生区主要集中在通道、沅陵控制站附近;其余大部分地区处于平均水平,发生洪涝频率低。重度干旱和中度干旱发生频率在洞庭湖流域分布均匀,只有在少数测站的控制区内发生频率较高。重度干旱主要发生在沅江、安化、衡阳的控制区内,中度干旱主要集中于零陵控制区内。

SPI-6 降水频率空间分布结果表明:重度洪涝发生频率较大值主要集中在常德、沅江、平江控制区内,桑植、石门、南县、岳阳控制区重度洪涝发生频率仅次于常德、沅江、平江控制区;中度洪涝主要集中于岳阳和南县控制区。重度干旱发生频率较大值集中在通道、道县、衡阳,影响范围较小,洞庭湖流域内大部分地区不易发生重度干旱;中度干旱覆盖面积大于重度干旱覆盖面积,但大部分地区呈现中度干旱发生频率较低的现象。洞庭湖流域发生重度、中度洪涝的区域面积要大于重度、中度干旱的区域面积。SPI-3 与 SPI-6 监测空间分布面积基本一致。

4.4　基于 CI 与 NCC2CI 指数的干旱统计

由于 CI 指数综合了标准化降雨指数 SPI 和相对湿润度指数 M 两类干旱指标的优点,计算稳定、适用性强,既能够监测月尺度干旱,又能够监测季节性干旱,故具有较好的区域性,能够监测区域性干旱状况。

综合气象干旱指数的计算公式为:

$$CI = \kappa Z_{30} + \lambda Z_{90} + \mu M_{30} \tag{4.11}$$

式中:Z_{30}、Z_{90}——近 30 天和近 90 天的标准化降水指数 SPI;

$\quad$ M_{30}——近 30 天相对湿润度指数;

$\quad$ κ——近 30 天标准降水指数系数,由达轻旱级别以上的 Z_{30} 的平均值除以历史最小 Z_{30} 值而得,平均取值为 0.4;

$\quad$ λ——近 90 天标准降水指数系数,由达轻旱级别以上的 Z_{90} 的平均值除以历史最小 Z_{90} 值而得,平均取值为 0.4;

$\quad$ μ——近 30 天相对湿润系数,由达轻旱级别以上的 M_{30} 的平均值除以历史最小 M_{30} 值而得,一般取值为 0.8。

综合气象干旱指数的干旱等级划分,如表 4.2。

其中,相对湿润度指数 M 的计算公式如下:

$$M = \frac{P - PE}{PE} \qquad (4.12)$$

式中:P——某时段的降水量(mm);

PE——某时段的蒸发潜力(mm)。

标准化降水指数的计算原理为:计算出某时段的降水的 Γ 分布概率后,再进行标准化处理,最终用标准化降水累计频率分布来描述干旱等级。具体计算如下:

表 4.2	综合气象干旱等级划分	
类型	干旱等级	CI 值
1	无旱	$-0.6 < CI$
2	轻旱	$-1.2 < CI \leqslant -0.6$
3	中旱	$-1.8 < CI \leqslant -1.2$
4	重旱	$-2.4 < CI \leqslant -1.8$
5	特旱	$CI \leqslant -2.4$

$$SPI = Z = \varphi^{-1}(H(x)) \qquad (4.13)$$

$$\varphi(Z) = \frac{1}{2\pi} \int_{-\infty}^{Z} e^{-\frac{t^2}{2}} dt \qquad (4.14)$$

$$H(x) = q + (1-q)G(x) \qquad (4.15)$$

$$G(x) = \int_0^x \frac{1}{\beta \Gamma(x)} x^{\gamma-1} e^{-\frac{x}{\beta}} dx (x > 0) \qquad (4.16)$$

$$q = \frac{m}{n} \qquad (4.17)$$

式中:x——某段时间的降雨量;

m——降雨量小于 0 的天数;

n——某段时间的总天数;

q——降雨量等于 0 的概率;

γ——Γ 函数的形状参数;

β——Γ 函数的尺度参数。

当综合气象干旱指数 CI 连续 10 天为轻旱以上等级,则确定为发生了 1 次干旱过程。干旱过程的开始日为第 1 天 CI 指数达轻旱以上等级的日期。在干旱发生期,当 CI 指数连续 10 天为无旱等级时干旱解除,同时干旱过程结束,结束日期为最后 1 次 CI 指数达无旱等级的日期。干旱过程开始到结束期间的时间为干旱持续时间。干旱过程内所有 CI 指数为轻旱以上日的干旱等级之和,表示干旱过程强度,其值越小,干旱过程越强。当某一时段内至少出现 1 次干旱过程,并且累积干旱持续时间超过所评价时段的 1/4 时,则认为该时段发生干旱事件。

然而,CI 指数在实际应用中也有许多缺点。其中最显著的就是 a、b、c 三系数的计算上,例如,对于 a、c,假定当日前 30 天的降雨和当日前 1 天的降雨对当日的 CI 指数贡献率是一样的,这显然是不合理的。另外,CI 指数在描述干旱过程动态方面,存在着不合理旱情加剧的情况。根据谢五三等的研究,当大的降雨过程溢出30天或90天的监测时段时,常出现干旱突然发生或发展剧烈变化的情况,这与干旱的发生机制是不相符的。

针对以上情况,国家气候中心2010年8月提出了降雨量按线性递减权重计算的改进CI方法——NCC2CI计算方法。NCC2CI干旱指数在继承了传统CI指数统计特性的基础上,克服了传统CI指数中不合理旱情加剧、不合理跳跃点增多等缺点,具有比传统CI更加合理的适用性,因此本文选用NCC2CI指数作为干旱指标之一,进一步分析洞庭湖流域的干旱频率及干旱发生历时等干旱特征。

4.4.1 干旱发生频率

干旱频率运用式(4.18)进行计算:

$$P = \frac{n}{N} \times 100\% \tag{4.18}$$

式中:n——实际有干旱事件发生的年数;

N——资料年代序列数。

虽然有1961—2009年共49年数据,但由于CI指数的计算是向后滚动的,带入资料计算所得的CI值是从1962年开始,所以N取48。

干旱覆盖范围为每年有干旱事件发生的站点数量除以总站点数。本书中的站点总数为19。

图4.3为湖区干旱发生频率的空间分布图。由图中可以看出,湖区年尺度下的干旱发生频率、秋季和冬季的干旱发生频率较高,在50%~75%,夏季次之,春季干旱发生频率最低。

从图4.3(a)可以看出,湖区干旱高发区依然是以藕池口下游水系为中心的三口水系区,发生频率以此为中心向四周递减,而湖区西南部干旱发生频率最低。

图4.3(b)~图4.3(e)为四个季度干旱发生频率空间分布图。其中,春季干旱发生频率空间上以藕池河水系区、南洞庭湖、东洞庭湖以及荆江水围城的区域为中心形成了一个干旱频率的高值区;夏季干旱发生频率的空间分布形成了城陵矶地区和资水、沅水上游区的两个干旱频率的低值区;秋季干旱发生频率的空间分布形成了由西部低值区向东部高值区过渡;冬季干旱发生频率则是形成了以石门地区为中心的高值区。

图4.4为年、季度干旱发生频率空间分布图。由年干旱发生频率分布(图4.4(a))可以看出,洞庭湖流域干旱发生频率在空间上有较明显的差异。洞庭湖流域的东北部(石门、南县以北)、中部偏南(邵阳、零陵、郴州一带)发生干旱的频率较高,有的地区甚至达到了80%。其次是洞庭湖流域的西部(芷江地区),其干旱发

生频率超过了 70%,这与左利芳的研究完全吻合,左利芳分析指出,芷江一带因山多溪多,范围较小,旱情并不严重。南岳的东南部的干旱发生频率最低,一般保持在 20%~30%,其他地区基本保持在 40%~60%。

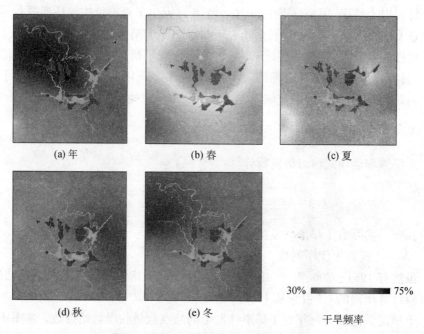

(a) 年　　　　　　　(b) 春　　　　　　　(c) 夏

(d) 秋　　　　　　　(e) 冬

30% ▓▓▓▓▓ 75%

干旱频率

图 4.3(彩插 4)　年、季节干旱发生频率

　　图 4.4 为四季干旱发生频率,由图可见,四季的干旱发生频率与年尺度的干旱发生频率有差异,但是南岳衡阳东南部地区的低旱趋势却贯穿四季。整体上看,干旱发生强度为秋季>冬季>夏季>春季。四季干旱范围有较明显的季节波动,冬季和春季空间变化较小,干旱的高发区一般集中在洞庭湖流域的北部,干旱范围从冬季到夏季有减少的趋势。冬季,以南县、桑植、吉首、芷江为界,北方表现为干旱的多发区,流域的中部大部分地区集中在 50%~60%。春季,则整个流域干旱发生频率都普遍低于 50%,可见春季干旱发生频率最小。夏季干旱范围则转移到了双峰、岳阳、衡阳以及零陵的交界地区,干旱发生频率以双峰发生最高,达到了 73%;流域北部干旱减弱,干旱整体上向南移动。秋季,干旱范围向西南方向移动,并缩小到了衡阳附近,在衡阳西南部达到高值 80%,然后四周急剧下降,到邵阳时干旱频率已经降到了 50%。在芷江、通道、吉首一带的西部地区,干旱频率也达到了高值区 80%,其干旱频率的强度表现是从边界向芷江一带有减缓的趋势。

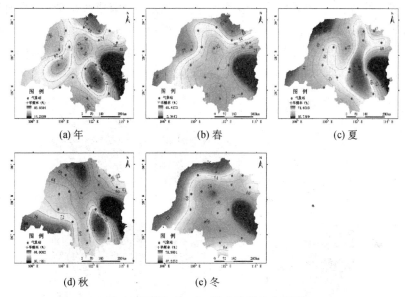

(a) 年   (b) 春   (c) 夏

(d) 秋   (e) 冬

图4.4(彩插5) 年、季节干旱发生频率

4.4.2 不同等级的干旱空间分布

图4.5为年尺度下不同干旱等级干旱历时空间分布图。由图可以看出,轻旱等级的干旱天数最多,其次为中旱,重、特旱干旱天数最少。其中,轻旱发生天数依然是以湖区北部三口水系区为最多,另外还包括湖区西北部地区。中旱天数下降到10~20天,且干旱天数高值区向三口水系区及东洞庭湖北部区收敛,未延伸到南洞庭湖区。重、特旱天数再次下降,整个湖区最多的仅为6天,高值区依然是藕池口、松滋口、太平口三口下游河系区,范围再次收缩。

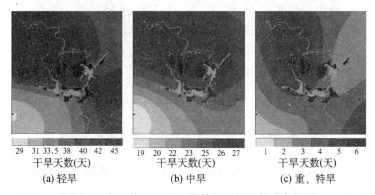

29 31 33.5 38 40 42 45	19 20 22 23 25 26 27	1 2 3 4 5 6
干旱天数(天)	干旱天数(天)	干旱天数(天)
(a) 轻旱	(b) 中旱	(c) 重、特旱

图4.5 年尺度下不同干旱等级干旱空间分布特征

图4.6为季节尺度下不同干旱等级区干旱日数的空间分布图。就轻旱而言,

干旱天数空间分布上差异较大。春季干旱天数由北向南依次减少；夏季则是以西北—东南一带为最多，并向东北—西南递减；秋季干旱天数较多，大体以松滋口下游河系、大通湖大圈及东洞庭湖为界，自东北向西南递减；冬季干旱天数也较多，与秋季空间分布不同，形成了比较标准的由北向南递减的变化格局。

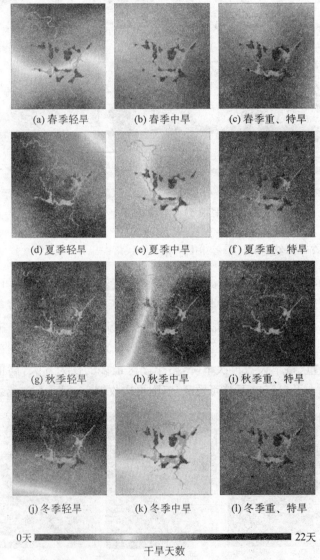

(a) 春季轻旱　　　　(b) 春季中旱　　　　(c) 春季重、特旱

(d) 夏季轻旱　　　　(e) 夏季中旱　　　　(f) 夏季重、特旱

(g) 秋季轻旱　　　　(h) 秋季中旱　　　　(i) 秋季重、特旱

(j) 冬季轻旱　　　　(k) 冬季中旱　　　　(l) 冬季重、特旱

0天 ▨▨▨▨▨▨▨▨▨▨▨▨▨▨▨▨▨▨▨ 22天
干旱天数

4.6(彩插6)　季节尺度下不同干旱等级干旱空间分布特征

就中旱而言，空间差异相较轻旱较小，干旱天数也相对减少。春季干旱天数分布较为平均，有以石门地区为中心向四周较轻微波动递减的趋势；夏季干旱天数有

所增加,但是空间差异依然不大,以护城大圈、钱粮湖大圈为中心的地区干旱天数略微偏多;秋季干旱则呈现出东西差异,东部区以东洞庭湖为中心向四周递减,西部区则以石门地区为中心向四周逐渐递增;冬季干旱空间差异较秋季波动小,其高值区为石门地区。

重、特旱干旱天数最少,空间差异也最小。春季以南洞庭湖及南部为中心向四周递减;夏季与春季刚好相反,以南洞庭湖及南部为中心向北部递增;秋季干旱天数空间分布比较均匀;冬季干旱空间分布依然比较均匀,但由北向南具有轻微递减的趋势。

如图 4.7 所示,总体上衡阳、零陵、衡阳一带,通道、芷江以北一带以及石门、桑

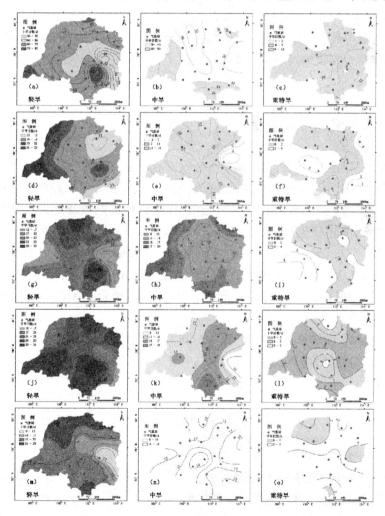

图 4.7(彩插 7)　不同尺度下不同干旱等级的干旱空间分布图

植一带干旱发生天数较多,南岳以东、平江以南干旱发生日数较少。年干旱可以从图 4.7(a)～(c)看出,发生"轻旱"等级的日数较多,最大值达到 80 天,最小值也有 40 天,但整个区域"轻旱"持续日数达 70 天的仅仅出现在衡阳附近、流域西部的小部以及石门北部的小部,区域大部持续天数在 50～70 天。"中旱"等级的天数较"轻旱"等级的减少 20～30 天,空间分布表现出从中部向流域南部、西部递减。"重、特旱"等级的天数最少,为 4～12 天。

由图 4.7 可以看出四季干旱天数、地区分布各不相同,研究区域发生"轻旱"等级的天数大部分在 100 天以上,除冬季以外衡阳、零陵一带持续时间最长。四季中以秋季干旱持续时间最长,历年干旱持续天数为 28～31 天。夏秋两季道县及其南部均会发生中旱,夏季历年干旱天数为 17～20 天。整个流域夏季中旱天数波动较大,最长天数与最小天数之差为 12 天,冬季流域上波动较小,其波动幅度为 4 天。重、特旱持续天数较短,秋季持续天数达到了 6 天,其余三季持续天数均未超过 4 天。

4.5　水文干旱指数

水文干旱是由于地表、地下水等水分收支不平衡引起的江河、湖泊等水量异常偏少以及地下水水位异常偏低的现象。一般水文干旱选用水文站的径流量作为检测对象,常用的干旱指数有径流异常指数、标准化径流指数及地表水供水指数等等。其中,标准化径流指标(Standardized Runoff Index, SRI)和径流干旱指标(Streamflow Drought Index, SDI)采用与 SPI 相似的计算原理,具有所需资料易于获取、能用以确定干旱导致的径流的季节性损失、和 SPI 一样具有多时间尺度、本身为无量纲指标便于不同区域干旱情况的对比、适合于多时间尺度的分析等优点。

Z 指数以径流量作为输入项,Z 指标作为水文指标的代表。径流量变化遵循皮尔逊Ⅲ型分布,因而可通过对径流量进行正态化处理来确定径流量洪旱指数,其基本原理为:

$$Z_i = \frac{6}{C_s}\left(\frac{C_s}{2}J_i + 1\right)^{\frac{1}{3}} - \frac{6}{C_s} + \frac{C_s}{6} \tag{4.19}$$

式中:C_s——偏态系数;

J_i——径流量的标准化变量。

二者均可由径流量资料序列计算得出:

$$C_s = \frac{\sum\limits_{i=1}^{n}(X_i - \overline{X})^3}{nS^3} \tag{4.20}$$

$$J_i = \frac{X_i - \overline{X}}{S} \tag{4.21}$$

式中，$S = \sqrt{\dfrac{1}{n}\sum\limits_{i=1}^{n}(X_i - \overline{X})}$ 为均方差。

依据 Z 指标洪旱等级（表 4.3），统计不同洪旱等级下流域各水文站洪旱发生频率见图 4.8。近 50 年间，石门站多次发生中度干旱，重度干旱只一次，易发生轻度洪涝，重度和中度洪涝发生较少；桃江站位于资江，干旱情况相比较而言较轻，发生较高级别干旱的次数较少；桃源站与桃江站多年干旱发生情况相似，主要集中于中度干旱和轻度洪涝；湘潭站发生重度干旱两次，重度洪涝一次，多集中于轻度干旱和中度洪涝；城陵矶作为长江入水口，发生洪涝的次数明显多于干旱的次数。

表 4.3　Z 指数洪旱等级划分

Z 值	洪旱等级
$Z \leqslant -1.96$	重度干旱
$-1.96 < Z \leqslant -1.44$	中度干旱
$-1.44 < Z \leqslant -0.84$	轻度干旱
$-0.84 < Z \leqslant 0.84$	正常
$0.84 < Z \leqslant 1.44$	轻度洪涝
$1.44 < Z \leqslant 1.96$	中度洪涝
$Z > 1.96$	重度洪涝

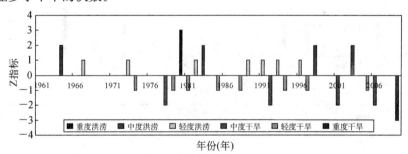

（a）石门站洪旱指标年变化频率图

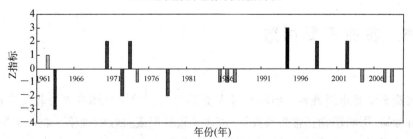

（b）桃江站洪旱指标年变化频率图

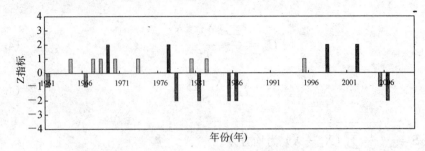

(c) 桃源站洪旱指标年变化频率图

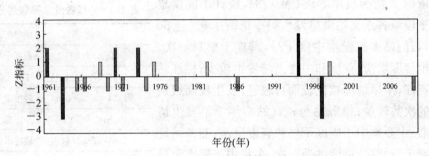

(d) 湘潭站洪旱指标年变化频率图

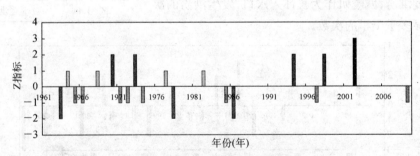

(e) 城陵矶站洪旱指标年变化频率图

图 4.8　水文干旱指标年变化频率图

4.6　农业干旱指数

　　农业干旱是指因外界环境因素或人类活动引起的作物体内水分收支失衡,发生水分亏缺,影响作物正常生长发育,进而导致减产或失收的现象。农业干旱一般分为土壤干旱、作物干旱以及大气干旱。土壤干旱是指土壤中的水分含量减小到凋萎含水量以下,土壤孔隙对水分的吸附能力大于植物根系对水分的吸附能力,从而导致植物失水的现象;作物干旱是指由于气象、土壤质地等条件引起的作物体内水分收支失衡,引起作物正常生长的现象;大气干旱是指由于大气中温度过高,空气湿度过小,使得作物蒸散发消耗的水量大于作物体内水分的补给,引起作物体内水分亏缺的现象。

由于作物干旱一般是以具体的作物为研究对象,不同的作物及植被由于自身对水分的需求程度不同,表征的干旱强度有所差别,加之流域尺度上不同作物反映的地区旱情的差别较大,对资料的要求非常高,因此一般是以土壤含水量或土壤湿度等来研究某一地区的农业干旱情况。但是大多数地区获得较长时间序列的土壤含水量情况比较难,所以避开求解该地区的土壤含水量或者通过其他资料间接求出土壤含水量是解决此种难题常采用的方法。结合当前对农业干旱指标的研究和现有的资料情况,选取 Palmer 异常指数(Palmer - Z 指数)作为识别农业干旱的指标。

Palmer - Z 指标具有考虑了多种因素(降水、气温等)、对土壤含水量的变化很敏感等诸多优点,其基本计算步骤如下:

1) 根据各种气象资料,计算可能蒸散量、可能水分供给量、可能径流量、土壤可能水分损失量

由 FAO Penman-Monteith 计算该地区的可能蒸散量 PE:

$$PE = \frac{0.408\Delta(R_n - G) + \gamma \dfrac{900}{T_{mean} + 273} u_2 (e_s - e_a)}{\Delta + \gamma(1 + 0.34 u_2)} \tag{4.22}$$

时段内的可能水分供给量 PR:

$$PR = AWC - (S_s - S_u) \tag{4.23}$$

时段内可能径流量 PRO:

$$PRO = AWC - PR = S_s + S_u \tag{4.24}$$

时段内土壤可能水分损失量 PL:

$$PL = \begin{cases} S_s, & PE \leqslant S_s \\ S_s + (PE - S_s)\dfrac{S_u}{AWC}, & PE > S_s \end{cases} \tag{4.25}$$

式中:R_n——地表净辐射(MJ/(m·天));

G——土壤热通量(MJ/(m²·天));

T_{mean}——日平均气温(℃);

u_2——2 米高处的风速(m/s);

e_s——饱和水汽压(kPa);

e_a——实际水汽压(kPa);

Δ——饱和水汽压曲线斜率(kPa/℃);

γ——干湿表常数(kPa/℃);

AWC——整层土壤田间有效含水量(mm);

S_s——初始上层土壤有效含水量(mm);

S_u——初始下层土壤有效含水量(mm)。

2) 计算实际水文参数值

实际蒸散量 ET:

$$ET = \begin{cases} PE, PE \leqslant P \\ P-(\Delta S_s + \Delta S_u), PE > P \end{cases} \tag{4.26}$$

实际径流量 RO:

$$RO = \begin{cases} 0, P-ET \leqslant AWC \\ P-ET-AWC, P-ET > AWC \end{cases} \tag{4.27}$$

实际水分供给量 R:

$$R = \begin{cases} \Delta S_s + \Delta S_u, \Delta S_s > 0, \Delta S_u > 0 \\ 0, \Delta S_s \leqslant 0, \Delta S_s \leqslant 0 \end{cases} \tag{4.28}$$

土壤失水量 L:

$$L = L_s + L_u \tag{4.29}$$

$$\begin{cases} L_s = \min(S_s', PE-P) \\ L_u = (PE-P-L_s)\dfrac{S_u'}{AWC}, L_u \leqslant S_u' \end{cases} \tag{4.30}$$

式中:L_s——上层土壤水分散失量(mm);

L_u——下层土壤水分散失量(mm);

S_s'——时段开始时贮存的上层土壤有效含水量(mm);

S_u'——时段开始时贮存的下层有效含水量(mm);

ΔS_u——上层土壤水分变化量(mm);

ΔS_u——下层土壤水分变化量(mm)。

3) 计算气候系数

$$\alpha = \frac{\overline{ET}}{\overline{PE}} \tag{4.31}$$

$$\beta = \frac{\overline{R}}{\overline{PR}} \tag{4.32}$$

$$\gamma = \frac{\overline{RO}}{\overline{PRO}} \tag{4.33}$$

$$\delta = \frac{\overline{L}}{\overline{PL}} \tag{4.34}$$

式中，$\overline{ET}$、$\overline{PE}$、$\overline{R}$、$\overline{PR}$、$\overline{RO}$、$\overline{PRO}$、$\overline{L}$、$\overline{PL}$代表时段内各要素的均值。

4）计算气候适宜降水量$\hat{P}$

$$\hat{P} = \alpha PE + \beta PR + \gamma PRO - \delta PL \tag{4.35}$$

5）计算水分异常指数Z

$$Z = dK \tag{4.36}$$

$$d = P - \hat{P} \tag{4.37}$$

$$K_i = \left[\frac{16.84}{\sum\limits_{j=1}^{12} \overline{D_j} K_j'} \right] K_i' \tag{4.38}$$

$$K_i' = 1.6\log_{10}\left[\frac{\left(\dfrac{\overline{PE_i} + \overline{R_i} + \overline{RO_i}}{\overline{P_i} + \overline{L_i}} \right)}{\overline{D_i}} \right] + 0.4 \tag{4.39}$$

式中：d——实际降雨与气候适宜降水量的差（mm）；

　　　K——该地区年内指定时间段内的气候权重系数；

　　　K_i——气候特征系数或权重因子；

　　　K_i'——气候特征系数的第二近似值；

　　　$\overline{D}$——d 的绝对平均值（mm）。

《气象干旱等级》根据中国气候和地区的特点对 Palmer 干旱指数的气候特征系数（K_i、K_i'）进行了修正，式(4.38)和式(4.39)使用了修正后的系数。Palmer – Z 干旱等级划分标准如表 4.4 所示。

表 4.4　Palmer – Z 干旱等级划分标准

干旱等级	极端干旱	重　旱	轻　旱	无　旱
Palmer – Z	$Z \leqslant -2.75$	$-2.75 < Z \leqslant -2$	$-2 < Z \leqslant -1.25$	$Z > -1.25$

5 干旱识别方法

5.1 干旱识别的确定性方法

  干旱指标在现时的干旱评价和监测中得到了广泛的应用,但由于它们最初都是基于站点观测资料设计的,空间分辨率低且可比性差,仅凭这种"点干旱"还不足以描述区域干旱的时空变化特征。为此,国内外许多专家学者分别从确定性和不确定性的角度提出许多方法,分析干旱时空特征以及不同干旱类型之间的关系。

  根据流域水循环理论构建起来的水文模型,特别是其中的分布式水文模型能够在充分利用流域下垫面信息的前提下,描述植被蒸散发、土壤下渗、流域汇流过程等在不同气象条件下的响应方式。采用确定性方法的学者正是利用水文模型的这一优势,探讨不同水文气象要素在干旱这种异常条件下的变化规律,进而全面分析干旱的各种特征。土壤水分含量是评价干旱最为客观的指标,却由于观测的投资大、难度高,导致观测资料最为短缺。这时具备土壤水分运移模拟能力的水文模型的优势再次突显,下面介绍到的例子大部分都利用了模型模拟的土壤水分含量作为识别和追踪干旱的重要依据。

  Narasimhan 利用以 Soil and Water Assessment Tool(SWAT)模拟的土壤水分和蒸散发量为基础的干旱指标,在较高的空间分辨率下监测农业干旱状况,分析结果说明极不均匀的降水导致的干旱程度存在较大的空间差异。Andreadis 利用考虑陆面过程的 Variable Infiltration Capacity(VIC)模拟了 1920—2003 年 1/2°空间分辨率下美国的土壤水分与径流量,当它们低于一定的水平(如 20%)时即认为干旱事件发生,随后采用简单的聚类算法识别出不同干旱事件的位置、历时、影响范围及相应的干旱程度,以此为基础构建 Drought Severity-Area-Duration(SAD)曲线,并据此分析美国干旱特征的历史变化趋势,为未来应对干旱提供决策上的支持。Sheffield 采用 SAD 曲线分析 20 个世纪下半叶全球范围内大尺度干旱事件及其特征,并据此探索这些大尺度干旱的发生与 ENSO 的关系。SAD 曲线为我们研究干旱现象与气候变化甚至人类活动之间的关系提供了有力的工具,是利用水文模型进行区域干旱分析的代表性成果。Tallaksen 等分别利用降水、Soil-Water-Atmosphere-Plant(SWAP)模型模拟的地下水补给量和 MODFLOW 模拟的地下水头及地下水排泄量,根据截断水平原则确定了英国 Pang 流域干旱事件的历时、覆盖范围及其干旱程度,比较了不同水文气象要素描述流域尺度的干旱事件及其特征时的不同表现。

　　为了分析植被蒸散、土壤水分传输以及径流等水文过程在干旱评价中的作用,国内不少水文水资源方面的专家开展了针对性的研究。研究途径是通过土壤水分模型或者流域水文模型(如新安江模型)模拟出土壤水分的时空分布情况,分析其能否反映出全面而准确的干旱信息。许继军等依循 PDSI 的设计思路,利用大尺度分布式水文模型 GBHM 具有的物理机制的山坡水文模拟计算方法取代 PDSI 简单双层土壤水分平衡模型,构建了基于网格的月尺度的 GBHM-PDSI 干旱指标评价模式,充分考虑了水文过程及下垫面空间分布特征对区域干旱演变的影响。

5.2　干旱识别的不确定性方法

　　自 20 世纪末期,有不少学者从不确定性理论的角度探索干旱特征的时空关系。1998 年,Dai 将经验正交函数(Empirical Orthogonal Function,EOF)引入到全球尺度下的干旱时空分析中,分析发现 PDSI 与 ENSO 的关系异常密切。Santos 等同时运用主成分分析法(Principal Component Analysis,PCA)和 K-均值聚类算法(K-means clustering,KMC)对葡萄牙不同时间尺度下干旱的空间分布特征进行分析,结果显示两种方法根据 SPI 得出的干旱空间聚类结果基本一致。

　　Henriques 首先使用多元回归模型得出的 Drought Severity-Area-Frequency (SAF)曲线对葡萄牙的 Guadiana 流域进行区域干旱分析,通过 SAF 曲线即能根据不同干旱程度及影响范围计算出相应的干旱重现期。其后 Hisdal 等人对丹麦的干旱事件也进行了类似的研究,不同之处在于他们是先利用 EOF 提取降水和径流序列的振幅函数,再进行 Monte Carlo 模拟,最后生成 SAF 曲线。SAF 曲线为区域干旱的风险管理提供了最为全面和客观的信息,成为流域干旱期间应对工程运行的重要依据。

　　Nalbantis 和 Tsakiris 探讨了以相似方式构建的气象和水文干旱指标的相关关系,利用气象干旱预测预报水文干旱,在希腊 Evinos 流域取得了良好的效果。Tabrizi 等运用 Wilcoxon-Mann-Whitney 非参数检验方法探索气象干旱与水文干旱的内在关联,实际上是判断 SPI 和水文干旱指标两个样本是否独立的过程,结果显示它们具有较好的一致性(显著水平达 5%),也说明通过一类干旱的出现来推算另一类干旱发生的可能性也越来越大。

　　另外,Shiau 利用 Copula 函数各单因子变量的边缘分布可以采用任何形式,变量之间可以具有各种相关关系的特点,建立了干旱历时与干旱程度的联合分布,借助重现期研究区域的干旱特征,为区域干旱分析提供了一种新的途径。

5.3　区域干旱评价

5.3.1　评价模型

干旱指数一般是根据某一个气象站或者水文站的数据来进行分析的,因此一般是对"点"的估计,但是在实际应用中我们最关心的是某一个区域内的干湿状态以及相应的等级。为了能够将现在已经应用成熟的点干旱估计应用于某区域,本书采用识别点干旱级别的范围的方法来确定区域干旱。

引入一指示函数识别区域干旱事件的开始、持续和结束时间,本书在只考虑中等及以上干旱的情况下,定义以下指示函数:

$$1\{X_{i,t} \geqslant 2\} \tag{5.1}$$

式中:$X_{i,t}$为第 i 站在时间 t 的干旱等级。

若满足条件 $X_{i,t} \geqslant 2$,则 $x < -0.98$ 代表地区处于干旱状态(1),否则代表无干旱(0)。干旱状态由式(5.2)计算:

$$\max\{X_{i,t} \geqslant 2\} \quad i = 2,2,\cdots,k \tag{5.2}$$

公式(5.2)中 k 为站点总数。公式的意义为当一个以上站点处于干旱状态则认为该区域处于干旱状态。因此,区域的干旱事件为由连续处于干旱状态的时段构成,其长度即为干旱历时 $L_T[j]$,而其影响范围可通过式(5.3)计算:

$$A_T[j] = \frac{\sum_{t=1}^{L_T[j]} \sum_{i=1}^{k} u_i (1\{X_{i,t} \geqslant 2\})}{L_T[j]} \tag{5.3}$$

式中:$A_T[j]$——第 j 次干旱事件的影响范围(%);

$u[i]$——第 i 个站点代表地区面积所占比例(%)。

公式(5.3)中的 $u[i]$ 可通过水文学上常用的方法进行计算,如等雨量线法、天然流域划分法和泰森多边形划分。

区域的平均干旱程度可通过各站面积权重按式(5.4)、式(5.5)计算:

$$S_T[j] = \frac{\sum_{t=1}^{L_T[j]} \sum_{i=1}^{k} S_{i,t}}{L_T[j]} \tag{5.4}$$

$$S_{i,t} = \begin{cases} u_i D_{i,t}, & X_{i,t} \geqslant 2 \\ 0 & X_{i,t} < 2 \end{cases} \tag{5.5}$$

式中:$S_T[j]$——第 j 次干旱事件的平均干旱程度

$\quad D_{i,t}$——第 i 个站点在时间 t 的干旱指标值

灾害的发生是多种灾害类型共同作用的结果,就单一灾害类型进行分析是不完整的,多种灾害类型的权重是模糊的。因此,本书研究采取模糊物元理论对单个灾害类型进行综合考虑,得出相对应的灾害判别等级,进行综合洪旱评价。基本原理为:

1) 模糊物元

物元包括对象的名称、指标和量值。记 m 个评价对象、n 个指标的复合模糊评价物元 $\boldsymbol{R}$,即

$$\boldsymbol{R} = \begin{bmatrix} & M_1 & \cdots & M_n \\ C_1 & x_{11} & \cdots & x_{1n} \\ \vdots & \vdots & & \vdots \\ C_m & X_{m1} & \cdots & x_{mn} \end{bmatrix} \quad (5.6)$$

式中:$\boldsymbol{R}$——m 个评估对象 n 个指标的复合物元;

$\quad C_i(i=1,2,\cdots,m)$——第 i 个评价对象;

$\quad M_j(j=1,2,\cdots,n)$——第 j 个指标;

$\quad x_{ij}$——第 i 个评价对象第 j 个指标对应的模糊量值。

2) 从优隶属度

各指标的模糊量值对标准方案最优指标对应的模糊量值的隶属程度,称为从优隶属度。各评价指标对于不同的方案评价来说,有的是越大越优,有的是越小越优,因此,对不同的从优隶属度分别采用不同的计算公式。

(1) 越大越优型

$$\mu_{ij} = \frac{x_{ij} - \min\{x_{ij}\}}{\max\{x_{ij}\} - \min\{x_{ij}\}} \quad (5.7)$$

(2) 越小越优型

$$\mu_{ij} = \frac{\max\{x_{ij}\} - x_{ij}}{\max\{x_{ij}\} - \min\{x_{ij}\}} \quad (5.8)$$

式中:μ_{ij}——从优隶属度;

$\quad \max\{x_{ij}\}$ 和 $\min\{x_{ij}\}$——分别表示在第 j 项指标下,m 个评价对象对应的指标值的最大值和最小值。

由此可以建立从优隶属度矩阵 $\boldsymbol{R}_{mn}$:

$$\boldsymbol{R}_{mn} = (\mu_{ij})_{m \times n} = \begin{bmatrix} \mu_{11} & \cdots & \mu_{1n} \\ \cdots & & \cdots \\ \mu_{m1} & \cdots & \mu_{mn} \end{bmatrix} \quad (5.9)$$

3) 差平方矩阵

标准模糊物元 R_{on} 是指从优隶属度模糊物元 R_{mn} 中各评价指标的从优隶属度的最大值或最小值。本文以最大值表示最优，即各指标从优隶属度均为 1。若以 Δ_{ij} $(i=1,\cdots,m;j=1,\cdots,n)$ 表示标准模糊物元 R_{on} 与从优隶属度矩阵 R_{mn} 中元素差的平方，则组成差平方矩阵 R_Δ：

$$\Delta_{ij}=(\mu_{oj}-\mu_{ij})^2 \tag{5.10}$$

$$R_\Delta=\begin{bmatrix}\Delta_{11} & \cdots & \Delta_{1n} \\ \cdots & & \cdots \\ \Delta_{m1} & \cdots & \Delta_{mn}\end{bmatrix} \tag{5.11}$$

4) 熵值法确立权重

熵值可以反映系统的无序程度，量化已知的有用信息。熵值法是用由评价指标值构成的判断矩阵来确定各个指标权重的一种方法，它能尽量消除各指标权重的主观性，使评价结果更符合实际，其评价指标的熵值计算步骤如下：

（1）构建 m 个评价对象和 n 个指标的判断矩阵 H：

$$H=(h_{ij})_{mn}=\begin{bmatrix}h_{11} & h_{12} & \cdots & h_{1n} \\ h_{21} & h_{22} & \cdots & h_{2n} \\ \cdots & \cdots & \cdots & \cdots \\ h_{m1} & h_{m2} & \cdots & h_{mn}\end{bmatrix}(i=1,2,\cdots,m;j=1,2,\cdots,n) \tag{5.12}$$

（2）将判断矩阵 H 归一化处理

以 l_{ij} 表示在第 j 项指标上第 i 个评价对象的标准化数值，根据标准化定义则有 $l_{ij}\in[0,1]$。根据式(5.7)、式(5.8)可计算得到归一化矩阵 L，即

$$L=(l_{ij})_{mn}=\begin{bmatrix}l_{11} & l_{12} & \cdots & l_{1n} \\ l_{21} & l_{22} & \cdots & l_{2n} \\ \cdots & \cdots & \cdots & \cdots \\ l_{m1} & l_{m2} & \cdots & l_{mn}\end{bmatrix}(i=1,2,\cdots,m;j=1,2,\cdots,n) \tag{5.13}$$

（3）计算指标熵值

以 p_{ij} 表示第 j 项指标上第 i 个评价对象的比重，有：

$$p_{ij}=\frac{1+l_{ij}}{\sum_{i=1}^{m}(1+l_{ij})}\ (i=1,2,\cdots,m;j=1,2,\cdots,n) \tag{5.14}$$

以 e_j 表示第 j 项指标的熵值，根据熵的定义有：

$$e_j = -\frac{1}{\ln(m)} \left(\sum_{i=1}^{m} p_{ij} \ln p_{ij} \right) (j = 1, 2, \cdots, n) \tag{5.15}$$

当 $p_{ij} = 0$ 时，$p_{ij} \ln p_{ij} = 0$。

（4）计算权重 W

在熵值计算结果的基础上，根据式(5.15)可计算各指标的权重：

$$W = (w_j)_{1 \times n}, \text{ 其中 } w_j = \frac{1 - e_j}{\sum_{j=1}^{n}(1 - e_j)} \tag{5.16}$$

显然，有 $0 \leqslant w_j \leqslant 1$，且 $\sum_{j=1}^{n} w_j = 1$。

（5）洪旱评价贴近度

贴近度是指被评价样本与标准样本之间互相接近的程度，贴近度越大，表示两者越接近，反之则相离越远。因此，可以根据贴近度的大小对各方案进行优劣排序，也可以根据与标准值的贴近度进行类别划分。可以用模糊算子来计算和构建贴近度模糊物元矩阵 $\boldsymbol{R}_{\rho H}$：

$$\boldsymbol{R}_{\rho H} = \begin{bmatrix} & M_1 & \cdots & M_n \\ \rho H_j & \rho H_1 & \cdots & \rho H_n \end{bmatrix} \tag{5.17}$$

式中，ρH_j 为贴近度模糊物元矩阵 $\boldsymbol{R}_{\rho H}$ 中的第 j 个贴近度，有：

$$\rho H_j = 1 - \sqrt{\sum_{i=1}^{m} w_i \Delta_{ij}} \tag{5.18}$$

通过 ρH_j 之间的欧式距离来判断评价事物隶属的标准。

5.3.2　模型验证

根据岳阳站 1992 年 10 月的实测降雨资料和城陵矶站的径流资料得到 SPI-3、SPI-6 和 Z 指标，利用这三个指标进行洪旱评价，见表 5.1。

表 5.1　洞庭湖流域 1992 年 10 月洪旱评价指标值

评价对象及标准	SPI-3	SPI-6	Z 指标
洞庭湖流域	−1.985 34	−0.797 33	−1.125 94
重度洪涝	2	2	2
中度洪涝	1.5	1.5	1.5
轻度洪涝	0.5	0.5	0.5
正常	0	0	0
轻度干旱	−0.5	−0.5	−0.5
中度干旱	−1.5	−1.5	−1.5
重度干旱	−2	−2	−2

对指标进行归一化处理，得到从优隶属度矩阵：

$$
R_{mn} = \begin{bmatrix}
0.004 & 0.301 & 0.219 \\
1 & 1 & 1 \\
0.875 & 0.875 & 0.875 \\
0.625 & 0.625 & 0.625 \\
0.5 & 0.5 & 0.5 \\
0.375 & 0.375 & 0.375 \\
0.125 & 0.125 & 0.125 \\
0 & 0 & 0
\end{bmatrix}
$$

差平方矩阵：

$$
R_{\Delta} = \begin{bmatrix}
0.993 & 0.489 & 0.611 \\
0 & 0 & 0 \\
0.016 & 0.016 & 0.016 \\
0.141 & 0.141 & 0.141 \\
0.25 & 0.25 & 0.25 \\
0.391 & 0.391 & 0.391 \\
0.766 & 0.766 & 0.766 \\
1 & 1 & 1
\end{bmatrix}
$$

评价指标权重：

$$
W = \begin{bmatrix} 0.384 & 0.300 & 0.316 \end{bmatrix}
$$

评价贴近度：

$$
W = \begin{bmatrix}
\text{洞庭湖流域} & \text{重度洪涝} & \text{中度洪涝} & \text{轻度洪涝} & \text{正常} & \text{轻度干旱} & \text{中度干旱} & \text{重度干旱} \\
0.151 & 1 & 0.875 & 0.625 & 0.5 & 0.375 & 0.125 & 0
\end{bmatrix}
$$

洞庭湖流域 1992 年 10 月的洪旱状况与中度干旱的欧式距离为 0.026，与重度干旱的欧式距离为 0.151，故评价洞庭湖流域 1992 年 10 月为中度干旱月。根据洞庭湖流域水资源记载，1992 年 10 月持续高温少雨，同时径流偏少，水资源严重不足。运用模糊物元模型评价所得的洪旱情况与洞庭湖流域的实际洪旱情况相吻合，表明计算结果合理。

5.3.3　干旱特征提取

洞庭湖流域涉及范围大，洪旱事件的识别应充分考虑流域下垫面和水文气象条件的空间变异性,因此需要对研究区域进行洪旱分区。本书采用主成分分析法对洞庭湖流域进行洪旱分区。主成分分析法的本质是对高维变量进行降维处理,用较少的几个综合指标来代替原来较多的变量指标,简化计算,同时各综合指标之间又相互独立。其具有以下优势:① 分析变量之间没有相互依赖性;② 对正态性有要求但并不严格;③ 只有存在过多的零值才会影响分析结果。其原理就是通过线性组合的方式对处于时间 i 的 p 个原始变量 $X_{i,1}, X_{i,2}, \cdots, X_{i,p}$ 生成 p 个主成分 $Y_{i,1}, Y_{i,2}, \cdots, Y_{i,p}$,构成以下方程组:

$$\begin{cases} Y_{i,1} = a_{11}X_{i,1} + a_{12}X_{i,2} + \cdots + a_{1p}X_{i,p} \\ Y_{i,2} = a_{21}X_{i,1} + a_{22}X_{i,2} + \cdots + a_{2p}X_{i,p} \\ \cdots \\ Y_{i,p} = a_{p1}X_{i,1} + a_{p2}X_{i,2} + \cdots + a_{pp}X_{i,p} \end{cases} \quad (5.19)$$

式中:Y——变量之间具有正交且互不相关的特性;

$\quad Y_{i,1}$——解释原始变量总方差的主要部分;

$\quad Y_{i,2}$——解释剩余方差的主要部分。

线性方程组里的系数为主成分与变量之间的相关系数。

(1) 由于 SPI 的计算过程包含标准化,故可直接采用 SPI 序列进行主成分提取。

(2) 主成分可以通过方差、协方差、相关系数矩阵进行提取,本研究采用相关系数矩阵 $\boldsymbol{R} = (r_{ij})_{p \times p}$,其中:

$$r_{ij} = \frac{\sum\limits_{k=1}^{n}(x_{ki} - \overline{x}_i)(x_{kj} - \overline{x}_j)}{\sqrt{\sum\limits_{k=1}^{n}(x_{ki} - \overline{x}_i)^2 \sum\limits_{k=1}^{n}(x_{kj} - \overline{x}_j)^2}} \quad (5.20)$$

(3) 根据特征方程 $|\lambda I - R| = 0$ 计算特征值并按大小顺序排列 $\lambda_1 \geqslant \lambda_2 \geqslant \cdots, \geqslant \lambda_p \geqslant 0$,然后求出相应的特征向量。

(4) 计算贡献率及累积贡献率。

贡献率 e_m 为:

$$e_m = \frac{\lambda_i}{\sum\limits_{k=1}^{p}\lambda_k}, i = 1, 2, \cdots, p \quad (5.21)$$

累计贡献率 E_m 为:

$$E_m = \frac{\sum\limits_{k=1}^{i} \lambda_k}{\sum\limits_{k=1}^{p} \lambda_k}, i = 1, 2, \cdots, p \tag{5.22}$$

取累计贡献率达 70% 的作为主成分。

（5）计算主成分载荷。

$$l_{ij} = p(z_i, x_j) = \sqrt{\lambda_i} e_{ij}, \ i, j = 1, 2, \cdots, p \tag{5.23}$$

（6）为了更清楚的展现各主成分与原始变量之间的关系,采用最大变异法进行因子旋转。该方法使因素轴间夹角保持 90°（即两因素间不相关）,通过 V 最大化来实现：

$$V = \sum \sqrt{\sigma} \tag{5.24}$$

式中：σ——每个主成分对应载荷的标准差。

旋转后的主成分与原始变量之间有更高的相关系数,使聚类后的原始变量具有最相似的时变特征。

对于不同尺度的气象指标 SPI,采用上述方法分别提取各自的主成分。对洞庭湖流域进行主成分分析,累积方差贡献率均可达到 80%,其中 SPI - 6 累积方差贡献率达到 83.78%,见图 5.1(a)。选取湖区的气象站资料进行主成分分析(图 5.1(b)),第一主成分方差贡献率均达到了 70%,累计方差贡献率维持在 90% 左右。

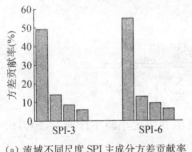

（a）流域不同尺度 SPI 主成分方差贡献率

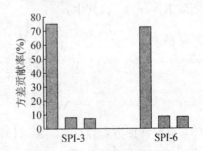

（b）湖区不同尺度 SPI 主成分方差贡献率

图 5.1　流域和湖区不同尺度 SPI 主成分方差贡献率

载荷表示各主成分与原始变量的相关系数,与同一主成分相关系数高的变量得以聚类,因此采用因子载荷来划分洞庭湖流域气象洪旱空间分布。图 5.2 表明：各站点与其主成分间相关关系显著,并能客观地反映出洞庭湖流域洪旱空间分布格局,表明通过 SPI 进行洪旱分区具有可行性图中颜色越深的区域代表对流域影响越大。

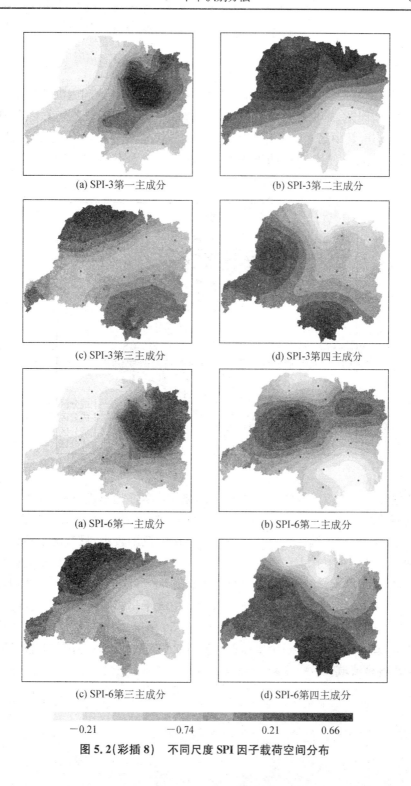

(a) SPI-3第一主成分

(b) SPI-3第二主成分

(c) SPI-3第三主成分

(d) SPI-3第四主成分

(a) SPI-6第一主成分

(b) SPI-6第二主成分

(c) SPI-6第三主成分

(d) SPI-6第四主成分

−0.21   −0.74   0.21   0.66

图 5.2(彩插 8) 不同尺度 SPI 因子载荷空间分布

5.3.4　干旱影响评价

洞庭湖流域主要来水是降雨,降雨的时空分布不均导致洞庭湖流域季节性缺水时有发生,因此,本书通过主成分分析法提取出洞庭湖流域各气象站点 SPI-3 的四个主成分,其中第一主成分代表澧水的洪旱状况,第二主成分代表沅江的洪旱状况,第三主成分代表资江的洪旱状况,第四主成分代表湘江的洪旱状况,见图 5.3。

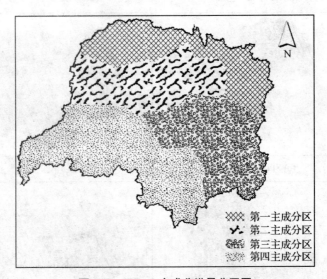

图 5.3　SPI-3 主成分洪旱分区图

依据各主成分范围内的气象站点分布,采用泰森多边形进行划分,得到各气象站点的面积权重,统计各主成分区干旱事件的影响范围。洞庭湖流域第一主成分区轻度干旱的影响范围达到 100%,重度干旱影响范围较小,只有两年的影响范围达到 90% 以上,中度干旱影响范围达到 60% 以上;第二主成分区轻度干旱影响范围最大,中度干旱次之,重度干旱影响范围不到 50%;第三主成分区中度和重度干旱影响范围均较小,不到 50%;第四主成分区中度干旱影响范围较大,轻度干旱和重度干旱影响范围较小。总之,洞庭湖流域近 50 年里,多发生轻度干旱,而且影响范围较大,基本覆盖全流域;中度和重度干旱发生次数较少,而且影响范围较小,一般不会影响全流域。

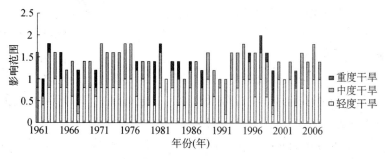

（a）第一主成分区影响范围（干旱）

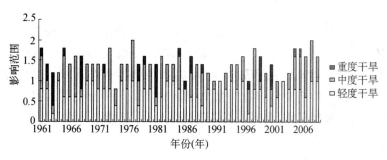

（b）第二主成分区影响范围（干旱）

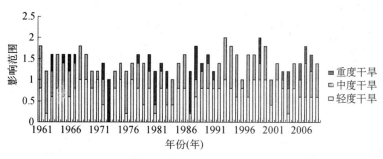

（c）第三主成分区影响范围（干旱）

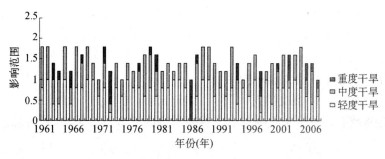

（d）第四主成分区影响范围（干旱）

图 5.4 各分区洪旱影响范围变化情况

　　通过流域洪旱影响范围统计,可以从宏观上得出历年洪旱的影响面积,其中,第一主成分区在 1968 年、1981 年、2001 年发生重度干旱,影响范围之大基本覆盖整个流域,在 2000 年发生重度洪涝,影响面积达到 80%以上,这四年洪旱对第一主成分区造成了巨大经济损失。第二主成分区在 1968 年、1981 年、2001 年发生重度干旱,覆盖面积明显小于第一主成分区。第三主成分区在 1972 年发生重度干旱,影响范围基本达到 100%。第四主成分区在 1987 年发生跟第三主成分区类似的重度干旱,影响范围也达 100%。第二主成分区受中度洪涝影响较大,历年中度洪涝影响范围基本覆盖整个第二主成分区。第三主成分区历年均会发生重度洪涝,但影响范围较小。第四主成分区影响范围最大的是轻度洪涝,所以在流域发生洪涝时,第四主成分区基本不受影响;重度洪涝时有发生,但影响范围较少,基本未达到 20%,只有 1975 年、1978 年和 1984 年洪涝影响范围较大,达到 50%以上。

　　流域洪旱演变对流域的经济、社会和自然环境均会产生影响,通过分析不同级别洪旱对流域的影响范围可以适时估算流域的经济损失及受灾面积,有利于流域合理进行防治和救援工作,将经济损失降到最低,为流域水资源可持续利用提供参考依据。

5.3.5　干旱覆盖范围

　　本书采用复 Morlet 小波对流域干旱序列进行小波分析。复 Morlet 小波的连续小波变换为:

$$W_f(a,b) = \frac{1}{\sqrt{a}} \int_{-\infty}^{\infty} f(t) \overline{\varphi}\left(\frac{t-b}{a}\right) \mathrm{d}t \tag{5.25}$$

$$\varphi(t) = \frac{1}{\sqrt{\pi f_b}} \mathrm{e}^{2\mathrm{i}\pi f_c t} \mathrm{e}^{-\frac{t^2}{f_b}} \tag{5.26}$$

式中:a——尺度伸缩因子;

　　　b——时间平移因子;

　　　f_b——带宽;

　　　f_c——中心频率;

　　　$\overline{\varphi}(t)$——$\varphi(t)$ 的复共轭函数;

　　　$W_f(a,b)$——小波变换系数,表示该部分信号与小波的近似程度。

　　将时间域上的关于 a 的所有小波变换系数的平方进行平均,即为总体小波功率谱 E_a:

$$E_a = \frac{1}{N} \sum_{b=1}^{N} |W_f(a,b)|^2 \tag{5.27}$$

总体小波功率谱表征不同尺度 a 对应的能量密度。它反映了波动的能量随尺度的分布。通过总体小波功率谱图,可以确定一个序列的主要时间尺度或者主周期。

根据 Torrence 导出的关系,复 Morlet 小波变换尺度 a 与周期 T 具有如下关系:

$$T=\frac{4\pi}{w_0+\sqrt{2+w_0^2}}\approx1.033a \tag{5.28}$$

小波功率谱是否显著用红噪声或者白噪声标准谱进行检验。如果原资料序列滞后1的自相关系数 $r>0.1$,则用红噪声谱检验;如果 $r\leqslant0.1$,则令 $r=0$,用白噪声谱进行检验。根据 Torrence 的文献,小波功率谱服从 χ^2 分布特征。当某尺度的小波功率谱大于理论谱 P 时,说明这种尺度对应的周期是显著的。具体检验公式如下:

$$P=\sigma^2 P_a \frac{x_v^2}{v} \tag{5.29}$$

式中:σ——原资料序列的方差;

x_v^2——自由度为 v 的卡方在显著性 $\alpha=0.05/0.10$ 的值;

P_a——红噪声或者白噪声谱。

$$P_a=\frac{1-r^2}{1-2r\cos\left(\frac{2\pi\delta t}{1.033a}\right)+r^2} \tag{5.30}$$

式中:r——原资料序列滞后1的自相关系数;

δt——资料序列的时间间隔。

图 5.5 为洞庭湖流域年、季度干旱覆盖范围时间演变图,为较准确的描述其时间特性,这里采用小波进行辅助分析。图 5.6 为年、季度干旱覆盖范围的小波分析图。

小波方差图可以确定一个序列的主要尺度周期。从近 49 年干旱范围序列小波方差图(图 5.6a)可以看出,洞庭湖流域存在的年际尺度为 2.68 年、4.13 年、6.96 年、21.44 年,主周期为 4.13 年,但是均未通过置信水平为 0.1 的检验。小波变换的时频变化图能够反映出年干旱范围的时间尺度变化、位相结构。图 5.6(b)给出了年干旱覆盖范围 Morlet 小波变换系数的实部的时频分布,图中正值用实线表示,为干旱范围时间上偏多;负值用虚线表示,为干旱范围时间上偏少。其中小波能谱密度最大的以 4 年左右为中心的 2～5 年的周期主要发生在 1985—2008 年;小波能谱密度最大的以 2.6 年左右为中心的 1～3 年的周期主要发生在 1975 年以前;以 7 年为中心的 5～10 年在 1986 年以前突然出现,在 1986 年之后逐渐变为 8～12 年的周期;15～27 年的周期贯穿始终,其中心尺度为 21.44 年。

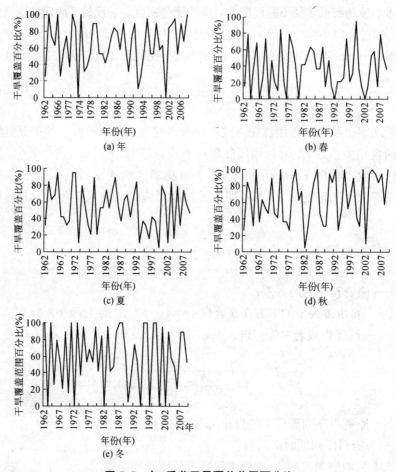

图 5.5　年、季节干旱覆盖范围百分比

另外,由图 5.6(a)还可以看出,洞庭湖流域年干旱覆盖范围呈波动变化趋势,在这 49 年中,呈 13 峰 13 谷,20 世纪 60、70 年代干旱覆盖范围较广,80 年代干旱趋势有所减少,90 年代、21 世纪初干旱范围又有所增加。其中干旱覆盖面积达到90%以上的有 7 年。

图 5.6(b)～图(e)为季节干旱覆盖范围百分比。春季,整体呈现出较明显的2.92 年、10.72 年、25.49 年的周期变化趋势,其中,2.92 年为主周期,且通过了置信水平为 0.05 的显著性检验。整体来看,20 世纪 60 年代、70 年代周期变化趋势明显,1977 年—1984 年、1990 年—1996 年周期性较弱,历年来仅 1999 年超过 90%的覆盖面积。夏季,整体上存在着周期为 3.19 年、9.01 年和 21.44 年的变化趋势,其中主周期为 3.19 年,并且通过了置信水平为 0.1 的显著性检验,1966—1972 年干旱周期变化较弱,干旱发生较春季稍偏多,干旱较强的年份均在 20 世纪 60、70

年代,21世纪初期干旱虽出现较频繁,但是干旱覆盖百分比几乎均小于80%。秋季干旱明显偏多,90%以上的干旱覆盖百分比在20世纪60、70年代以及90年代平均4~5年就出现一次,而进入21世纪,则几乎每隔2年就发生一次。2003—2005年则出现连续三年干旱范围百分比超过90%。干旱面积比达100%有9年。干旱周期主周期为5.84年(已通过置信水平为0.05的显著性检验),其次为2.68年。冬季,干旱发生波动剧烈,大面积干旱循环出现,干旱覆盖百分比达到100%的年份有10年,干旱覆盖面积比为0的有7年。20世纪60、70年代干旱周期为2年。1992年—2003年干旱发生波动剧烈,"大范围干旱"和"无旱"以为周期3年交替出现。整体上,2.25年周期变化显著(通过了置信水平为0.05的显著性检验),其次为10.72年变化周期。

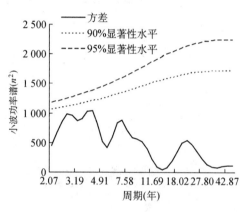

(a) 年干旱范围小波方差图

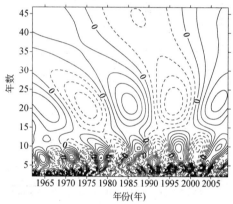

(b) 年干旱范围小波变换系数图

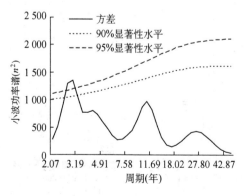

(c) 春干旱范围小波方差图

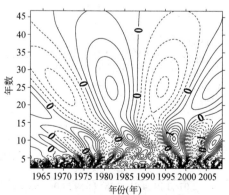

(d) 春干旱范围小波变换系数图

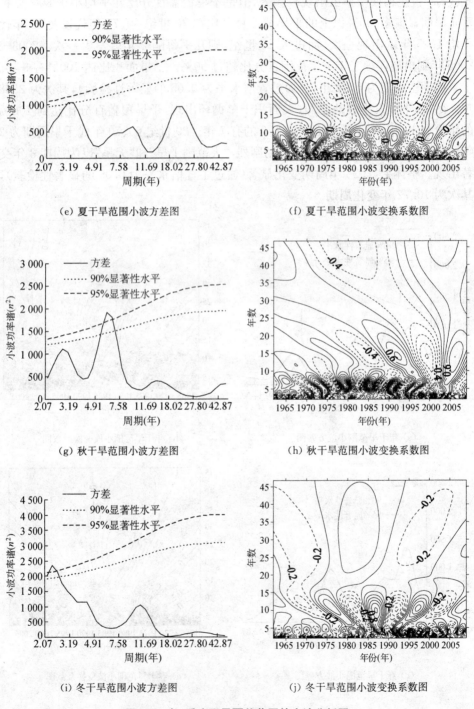

(e) 夏干旱范围小波方差图　　　　　　(f) 夏干旱范围小波变换系数图

(g) 秋干旱范围小波方差图　　　　　　(h) 秋干旱范围小波变换系数图

(i) 冬干旱范围小波方差图　　　　　　(j) 冬干旱范围小波变换系数图

图 5.6　年、季度干旱覆盖范围的小波分析图

从计算流域内 50% 以上台站发生轻度以上干旱等级的年份来看,季节连旱现象较明显。发生三季连旱的共有 12 年,其中春夏秋连旱的有 5 年,夏秋冬连旱的有 7 年;发生四季连旱的有 4 年,其中 2007 年和 2008 年为连续两年干旱。但是,从计算流域内 90% 以上台站发生轻度以上等级干旱出现的年份来看,洞庭湖地区秋季、冬季发生大范围干旱年份较多。秋季大范围干旱主要出现在 1985 年以后,尤其 2004 年以来,干旱次数偏多。冬季大范围干旱则主要出现在 2002 年以前。

5.4　干旱演变趋势

5.4.1　干旱重现期

进一步利用谐波分析对洞庭湖流域气象指标 SPI - 3 进行季节性周期识别,以诊断洞庭湖流域季节性洪旱特征。对于一个水文时间序列 $x_t(t=1,2,\cdots,n)$,当它满足一定条件时,可以进行傅立叶级数展开,有:

$$x_t = a_0 + \sum_{i=1}^{l} (a_i\cos\omega_i t + b_i\sin\omega_i t) \tag{5.31}$$

或

$$x_t = a_0 + \sum_{i=1}^{l} A_i\cos(\omega_i t + \theta_i) \tag{5.32}$$

式中:i——通常称为波数;

l——谐波的总个数$\left(n\text{ 为偶数时},l=\dfrac{n}{2};n\text{ 为奇数时},l=\dfrac{n-1}{2}\right)$;

角频率 ω_i——$\omega_i=\dfrac{2\pi}{n}i\left(\dfrac{2\pi}{n}\text{ 为基本角频率}\right)$;

谐波振幅 A_i——$A_i=\sqrt{a_i^2+b_i^2}$,描述了谐波的振幅随频率变化的情况(即 A_i 与 ω_i 相对应);

相位 θ_i——$\theta_i=\arctan\left(-\dfrac{b_i}{a_i}\right)(a_0,a_i,b_i$ 为各谐波分量的振幅(即傅里叶系数))。

利用最小二乘法可求得:

$$\begin{cases} a_0 = \dfrac{1}{n}\sum_{t=1}^{n} x_t \cdot \\[2mm] a_i = \dfrac{2}{n}\sum_{t=1}^{n} x_t \cos\omega_i t \\[2mm] a_i = \dfrac{2}{n}\sum_{t=1}^{n} x_t \sin\omega_i t \end{cases} \tag{5.33}$$

序列 x_t 的第 i 个谐波可表示成:

$$a_i \cos\omega_i t + b_i \sin\omega_i t = A_i \cos(\omega_i t + \theta_i) \tag{5.34}$$

它的频谱值为:

$$S_i^2 = \frac{1}{2}(a_i^2 + b_i^2) \tag{5.35}$$

利用谐波分析进行周期识别,在识别过程中要确定周期的显著性水平。进行周期显著性检验的方法较多,本书采用根据振幅来识别频谱周期的显著性水平,具体方法如下:

在显著水平是 0.05 时,序列 x_t 的响应振幅为 $A_{0.05}$,则有:

$$A_{0.05}^2 = \frac{4\sigma^2 \ln(20l)}{n} \tag{5.36}$$

式中: n——样本长度;

l——频谱的总个数;

σ^2——序列的方差。

将 l 个谐波的振幅进行排序,如果振幅最大值满足 $A_i^2 > A_{0.05}^2$,则该周期通过显著性水平检验,周期为 $T = n/i$。采用谐波分析法得到各主成分的周期项,第一主成分区春季具有 9.4 年的波动周期,即平均每 9.4 年就会经历一次春季洪旱转变过程,夏季具有 15.7 年的波动周期,即平均每 15.7 年就会经历一次夏季洪旱转变过程,秋冬两季变化无序,无明显周期波动;第二主成分区春夏秋冬四季变化无序,均无明显的周期波动;第三主成分区春季和夏季具有 23.5 年的波动周期,即均表现出平均每 23.5 年经历一次春、夏洪旱转变过程,秋冬变化无序,无明显的周期变化;第四主成分区只在冬季具有 23.5 年波动周期,即表现出平均每 23.5 年的波动周期,春夏秋三季变化无序,无明显的波动周期。

通过分析主震荡周期可以预测:洞庭湖流域范围内,澧水春季未来将处于一个由偏枯逐渐向偏丰转变的阶段,沅江春季将处于一个由正常逐渐向洪旱转变的阶段,澧水夏季未来将处于一个由正常逐渐向洪旱转变的阶段,沅江夏季将处于一个由正常逐渐向偏丰转变的阶段。湘江冬季未来将处于一个由正常逐渐向洪旱转变的阶段(见图5.7)。

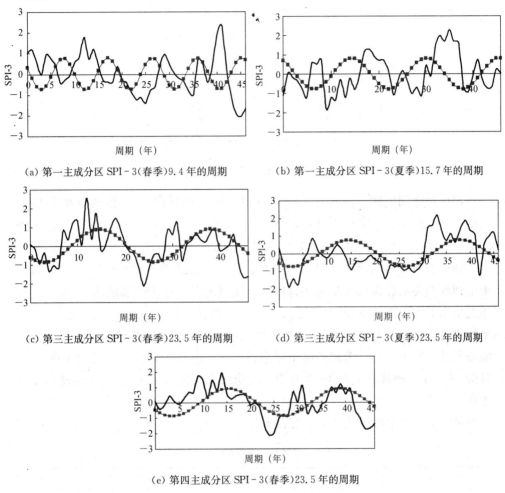

(a) 第一主成分区 SPI-3(春季)9.4年的周期 (b) 第一主成分区 SPI-3(夏季)15.7年的周期

(c) 第三主成分区 SPI-3(春季)23.5年的周期 (d) 第三主成分区 SPI-3(夏季)23.5年的周期

(e) 第四主成分区 SPI-3(春季)23.5年的周期

图5.7 SPI-3主成分周期性分析

5.4.2 干旱历时及干旱劣度

根据游程理论,设定洪旱阈值 R_0、R_1、R_2,当指标值小于或等于 R_0 时发生洪旱。当两次洪旱事件(洪旱历时和洪旱烈度分别为 d_1,d_2 和 s_1,s_2)之间只有1个时段的洪旱指标大于 R_0 但小于 R_2,认为这两次洪旱是从属洪旱,可合并为一次洪旱事件,合并后的洪旱历时 $D=d_1+d_2+1$,洪旱烈度 $S=s_1+s_2$。对于历时只有1个时段的洪旱事件,其指标值小于 R_1 才被确定为1次洪旱事件,反之计为小洪旱事件,忽略不计。图5.8中共显示两场洪旱事件,洪旱历时为 D,洪旱烈度为 S,洪旱

间隔事件为 L。

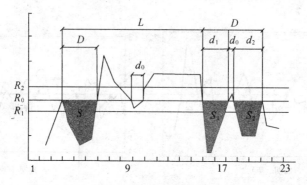

图 5.8 游程理论示意图

根据洞庭湖流域城陵矶站 1961—2009 年的 Z 指标序列,选取阈值水平 $R_0 = 0, R_1 = -1, R_2 = 1$ 对洪旱事件进行提取,城陵矶站 1961—2009 年期间发生过 89 场干旱事件,平均每年发生 1.8 次干旱,累积干旱月数 113 个月,占统计月数($12 \times 49 = 588$)的 19.21%,平均干旱历时和干旱烈度为 1.27 个月和 -1.14,干旱历时和干旱烈度相关系数为 0.988,相关性较高。流域内发生过 152 场洪涝事件,平均每年发生 3.1 次洪涝,累积洪涝月数 260 个月,占统计月数($12 \times 49 = 588$)的 44.2%,平均洪涝历时和洪涝烈度为 1.41 个月和 1.78。由城陵矶站洪旱特征统计结果知,城陵矶站易发生中度洪涝和轻度干旱事件。城陵矶站主要洪涝事件发生在 6~8 月份,主要干旱事件发生在 1~3 月份。洪涝最大历时为 3 个月;最大洪涝烈度发生在 1995 年 4 月,历时 3 个月,最大干旱烈度发生 1966 年 1 月,历时 1 个月。洞庭湖城陵矶站洪旱特征统计结果见表 5.2。

表 5.2 城陵矶站洪旱特征统计结果

类 型	场 次	平均历时	最大历时	平均烈度	最大烈度
洪涝	152	1.41	3	1.78	2.939 3
干旱	89	1.27	1	-1.14	-1.525 2

通过洪旱历时和洪旱烈度来描述洪旱事件,分析洪旱频率时,需要计算两者的联合概率分布函数,Copula 函数是实现这种相关性分析的有效方法,其中最常用的函数有 Gumbel-Hougaard、Clayton 和 Frank Copula。令 $u = F_D(d)$,$v = F_S(s)$,则三者表示为:

$$F_{DS}(d,s) = \exp\left\{-\left[(-\ln u)^\theta + (-\ln v)^\theta\right]^{\frac{1}{\theta}}\right\} \tag{5.37}$$

$$F_{DS}(d,s) = (u^{-\theta} + v^{-\theta} - 1)^{-\frac{1}{\theta}} \tag{5.38}$$

$$F_{DS}(d,s) = -\frac{1}{\theta}\ln\left[1 + \frac{(e^{-\theta u}-1)(e^{-\theta v}-1)}{(e^{-\theta}-1)}\right] \tag{5.39}$$

本书采用相关指标法进行 Copula 函数参数估计,见表 5.3。

表 5.3　Copula 函数相关指标法参数估计

连接函数	θ 与 τ 的关系	适用范围
Gumbel Hougaard	$\tau = 1 - \dfrac{1}{\theta}$	变量正相关
Clayton Copula	$\tau = \dfrac{\theta}{2+\theta}$	变量正相关
Frank Copula	$\tau = 1 + \dfrac{4}{\theta}\left(\dfrac{1}{\theta}\int_0^\theta \dfrac{t}{e^t-1}dt - 1\right)$	变量正/负相关

注:表中 τ 为 Kendall 相关系数。

二维 Copula 函数经验频率计算公式如下:

$$P_o(i) = \frac{(m_i - 0.44)}{(n + 0.12)} \tag{5.40}$$

式中:m_i——联合观测样本中满足条件 $D \leqslant d_i$ 且 $S \leqslant s_i$ 的观测个数;

n——样本容量。

采用均方根误差评定各种 Copula 函数拟合结果为:

$$R_{RMSE} = \sqrt{\frac{1}{n}\sum_{i=1}^{n}\left[P_c(i) - P_o(i)\right]^2} \tag{5.41}$$

式中:$P_c(i)$——理论联合频率值;

$P_o(i)$——经验联合频率值。

根据重现期来描述洪旱事件的严重性,洪旱历时与洪旱烈度联合分布的重现期包括 $D>d$ 或 $S>s$ 和 $D>d$ 且 $S>s$ 两种情况:

$$T_{DS} = \frac{E(L)}{P[D>d \bigcap S>s]} \tag{5.42}$$
$$= \frac{E(L)}{1 - F_D(d) - F_S(s) + F_{DS}(d,s)}$$

$$T'_{DS} = \frac{E(L)}{P[D>d \bigcup S>s]} = \frac{E(L)}{1 - F_{DS}(d,s)} \tag{5.43}$$

式中:T_{DS}——洪旱事件的同现重现期($D>d$ 且 $S>s$);

T'_{DS}——洪旱事件的联合重现期($D>d$ 或 $S>s$);

$E(L)$——洪旱间隔的期望值。

以城陵矶站为例,对干旱历时和干旱烈度进行频率分析,通过经验频率估算理论频率。假定干旱历时与干旱烈度分别服从指数分布和 Gamma 分布,应用极大似然法进行参数估计,同时采用 Kolmogorov Smirnov 进行检验,干旱历时和干旱烈度的 K-S 统计检验值分别为 0.071 7 和 0.103 3,显著水平 0.05 对应的临界值是 0.142 0,检验结果均 0,通过检验,可认为干旱历时和干旱烈度分别服从指数分布和 Gamma 分布,见图 5.9。

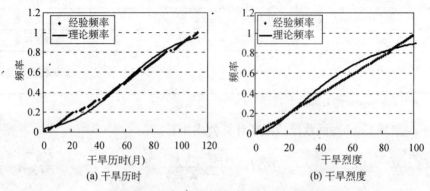

图 5.9　城陵矶站干旱历时和干旱烈度概率分布

采用上述三种 Copula 函数建立干旱历时与干旱烈度之间的联合分布,分别运用相关指标法估计 Copula 函数参数,并采用均方根误差评定三种 Copula 函数拟合结果,结果表明城陵矶站适合运用 Frank Copula 进行洪旱特征分析,拟合误差仅为 0.151 3,结果见表 5.4。

表 5.4　城陵矶站各 Copula 函数参数估计及拟合结果

类型	Gumbel Copula	Frank Copula	Clayton Copula
Copula 参数	5.875 4	27.265 0	3.854 4
拟合误差	0.155 2	0.151 3	0.268 5

选取不同的边缘分布重现期得到联合分布重现期。边缘分布的重现期介于 T'_{DS} 与 T_{DS} 之间, 联合分布的两种重现期可以看作边缘分布的两种极端情况。可以根据联合分布的重现期作实际干旱重现期的区间估计,当边缘分布的重现期为 2 年时,城陵矶站实际发生干旱的重现期为 1.3~2.7 年,当边缘分布的重现期为 100 年时,城陵矶站实际发生干旱的重现期在 74.6~142.3 年之间,见表 5.5。

表 5.5 城陵矶站不同重现期下的干旱历时与干旱烈度

重现期(年)	干旱历时(月)	干旱烈度	T'_{DS}	T_{DS}
2	3.1	14.7	1.3	2.7
5	4.5	23.6	3.6	7.0
10	6.7	43	7.5	14.2
20	8.3	51.4	15.1	28.3
50	10.3	62.3	36.9	73.2
100	12.1	73.8	74.6	142.3

同时,采用谐波周期法对洞庭湖流域主要代表水文站的 Z 指标值进行周期识别,可以发现城陵矶站有 17.3 年的丰枯演变周期。通过各站主震荡周期可以预测出未来一段时期内洞庭湖流域径流量将处在一个由偏枯逐渐向偏丰转变的阶段。各站点演变周期能够为未来洞庭湖流域的洪旱预测提供重要的参考价值。

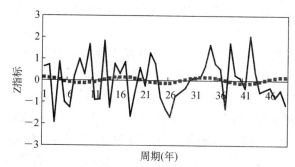

图 5.10 流域主要代表水文站城陵矶站 Z 指标演变周期分析

5.5 小结

本章对洞庭湖流域的气象水文洪旱特征及演变规律进行了分析。通过选取气象、水文干旱指标,以 SPI、CI 干旱指数对湖区和洞庭湖流域进行分析,得出三口河系区中度以上等级干旱发生频率并不是最高的,但针对干旱发生天数分析可得,三口河系区为干旱程度最为严重的地区。由此可见,三口河系地区干旱有相当大的原因是降雨不足造成的和气象干旱引起的。

选定 SPI、CI 以及 Z 指数,借助模糊物理元理论建立干旱指标评价体系,目的在于根据容易获取的资料准确的预估出湖区发生干旱的起始时间、空间位置以及干旱强度等信息,便于及时做出干旱防范措施。以 1992 年 10 月数据进行验证,结果表明干旱识别模型能够较准确的识别出区域干旱。

同时,本章还分析了湖区发生干旱的统计特性以及干旱的演变趋势。以 SPI-3 和 SPI-6 数据作为输入,运用 PCA 分析方法进行湖区干旱空间分析,发现第一主成分(方差贡献率分别为 77.38% 和 83.78%)均以南洞庭湖为中心区域向四周递减,表明南洞庭湖区受干旱影响较大。以 SPI-3 的 PCA 分析为基础,对洞庭湖流域干旱影响分别进行分析,发现流域内多发生轻度干旱,而且影响范围较大,基本覆盖全流域,中度和重度干旱发生次数较少,而且影响范围较小。运用复 Morlet 小波对流域干旱序列进行分析,洞庭湖流域年代际以 21.44 年周期最为清晰,以 4.13 年周期最为显著;春、夏、秋、冬四季干旱主周期分别为 2.92 年、3.19 年、5.84 年、2.25 年,其中秋季干旱次数较多,冬季干旱发生呈波动变化,大面积干旱循环出现。

旱情计算统计结果显示,从计算流域内 50% 以上台站发生轻度等级以上干旱等级的年份来看,季节连旱现象较明显。从计算流域内 90% 以上台站发生轻度等级以上干旱出现的年份来看,洞庭湖地区秋季、冬季发生大范围干旱年份较多。秋季大范围干旱主要出现在 1985 年以后,尤其 2004 年以来干旱次数偏多。冬季大范围干旱则主要出现在 2002 年以前。

运用三阈值游程理论对城陵矶站点的洪旱事件进行提取,通过 Copula 函数建立了干旱历时与干旱烈度的联合分布,得到各场干旱事件的联合重现期和同现重现期,当边缘分布的重现期为 2 年时,城陵矶站发生干旱的重现期为 1.3~2.7 年,当边缘分布的重现期为 100 年时,城陵矶站实际发生干旱的重现期为 74.6~142.3 年。同样,运用谐波分析法对洞庭湖流域进行季节性周期识别,通过主震荡周期可以预测:澧水春季未来将处于一个由偏枯逐渐向偏丰转变的阶段,沅江春季由正常逐渐向洪旱转变。澧水夏季未来将由正常逐渐向洪旱转变,沅江夏季将由正常逐渐向偏丰。湘江冬季未来将由正常逐渐向洪旱转变。洞庭湖流域近 50 年里,多发生轻度干旱,而且影响范围较大,基本覆盖全流域,中度和重度干旱发生次数较少,而且影响范围较小,一般不会造成全流域的干旱。根据分析可基本确定洞庭湖区域不同程度干旱引发的缺水的时空分布特征,为后期"健康洞庭湖"的保护和治理提供基础依据。

6 干旱指数的尺度转换及改进

6.1 干旱指数的尺度问题

目前众多的干旱指数（SPI、SDI、SRI 等）是基于月尺度的分析，这表示只有当这个月结束之后我们才能判断这个月干旱与否，这给干旱的监测带来了极大的不便。因此，一些学者设计出了以旬、周为评判尺度的干旱指数，如 Palmer、CMI 等指标。尺度的缩小，已经给监测干旱带来了便利，但是随着目前经济和社会的发展，人们对干旱起始时段以及干旱强度的精准要求越来越高，单纯的以周为监测时间尺度的干旱体系，仍然会给农业、社会、经济等带来极大的损失。为更好地适应对干旱的监测要求，尽量为预防旱灾争取有效的时间，一些以天为尺度的干旱指标应运而生，如 EDI、CI 等指标。

对以日为尺度的指标研究仍处于薄弱期，一些理论尚需实践的验证。但是对以月为尺度的干旱指标的研究已经比较成熟，如何有效的将以月为基本尺度的干旱指标应用到以日为基本尺度的干旱指标是本书的重点。综合气象干旱指数（CI）的成功应用为我们提供了一个比较好的解决思路——将日尺度的气象水文等信息向前滚动累加，从而达到月或年的尺度以便应用。EDI（Effective Drought Index）也是基于此思路计算一段时间内干旱的平均效应的。EDI 与 CI 的不同之处在于：① 降雨蒸发等向前累加的权重，EDI 假定 n 天前对当天的降雨影响为 $1/n$，并且认为降雨的一般周期为一年，即一场降雨在 365 天之后其影响才完全消除；② EDI 是对上述计算的有效降雨离差（EDP）进行处理分析，而 CI 中的 Z_{30}、Z_{90} 则是对累加后的降雨进行正态转化处理。

为能够找出一种更加合理有效的尺度转换形式，针对 CI 和 EDI 进行转换分析。

6.2 气象干旱指数尺度转换

6.2.1 传统 CI 指数转换依据

定义初始建立的综合气象干旱指数为 CI_{old}（为区别后两种形式，将最初的综合气象干旱指数标记为 CI_{old}，称作传统 CI）。传统 CI 指数计算时，对降雨和蒸发采取的是等权重向前滚动累加的形式，这会造成其中的某一天的干湿程度受前 30 天或前 90 天降雨的影响程度和受前 1 天降雨的影响程度相同的情况。当 CI_{old} 的值表征正常或偏湿润的状况时，累计时段内（30d 或 90d）除累计前期大雨外，还存在与其级别相符或级别相差不大的降雨时，那么这场大雨对当天的 CI_{old} 值不会产生太大影响。然而，当 CI_{old} 表征干旱状态时，累计时段内除了累计前期的大雨之外，再无其他降雨或降雨量微小的时候，该场降雨对当天的 CI_{old} 值则会产生较大影响。除此之外，当该场大雨移出累计时段时，CI_{old} 值还会表现出"陡降"的现象。根据干旱发生发展的干旱机理可知，干旱发生发展是一个极其缓慢的过程，这种概化存在一定程度的不合理现象，且随着 CI_{old} 在实际生产中的应用，还出现了表征干旱程度偏低，服务针对性不强的缺点。

因此，为解决综合气象干旱指数中的这些缺点，许多专家学者对其进行了分析研究。一种思路是采用设计 CI 的思想重新设计 CI 的组成，闫桂霞等将 SPI 与 PDSI 耦合，提出新的综合气象干旱指数 DI 并取得了较好的效果。一种思路是在原 CI 的结构基础上优化单个干旱指数，一般是针对累计降水的权重进行分析研究。赵海燕等在西南地区采用降水量赋值经验系数累加降水量，得出修正后的综合气象干旱指数，减少了发展过程中的不连续加重现象，并且与同期的土壤湿度相比具有较好的相关性。2010 年国家气象局则采用赋值降水量线性递减权重累加计算降水量，提出一种 CI 指数的改进——NCC2CI 指数。杨丽慧在福建省针对 NCC2CI 进行了适用性分析，结果表明 NCC2CI 能有效地克服原干旱指数的不合理旱情加剧等缺点，而且相较原干旱指数具有更好的敏感性。茅海洋在淮河流域对 NCC2CI 与传统 CI 和 MI 指数等进行了分析，结果表明 NCC2CI 相较其他指数能够较好的反映干旱的发生发展情况。

另外，王春林等结合上边两种思路，修正累计降水的权重，并且重新调整了综合气象干旱指数的组合项，提出 CI_{new} 指数。这种方法是以统计意义上的随机变量的标准差、均值等最优提出来的，并将对整体 CI 指标统计特性影响较大的 30 天 SPI 项（Z_{30}）延长到 90 天。相对等权重累加降雨蒸发，对其进行统计时段内的线性累加，势必会放大某一时段内的降雨蒸发，进而影响总体的分布效果；而延长统计时段又势必会使某一天的降雨蒸发等变量偏离统计规律的误差相互抵消，统计规律趋于明显，所以 CI_{new} 指标取得了相对较好的结果，但是在实践中的应用还需要进一步的分析研究。

综上所述，目前的综合气象干旱指数主要有三种代表性形式：① 2006 年《气象干旱等级》中规定的最初始的形式——CI_{old}；② 2010 年 8 月国家气候中心提出的 CI 的改进形式——NCC2CI；③ 王春林等对 CI 的组成项进行了组合修正，提出了

CI 的新的改进形式——CI$_{new}$。

6.2.2 尺度转换合理性分析

1)尺度转换后 SPI 的假设检验

由于 NCC2CI 和 CI$_{new}$ 中均对累加降雨的时段权重进行了修改,修改后仍然服从 gamma 分布假设是尺度转换后符合 SPI 方法应用的前提,因此,这里选取按线性累加求和的 30 天和 90 天降雨以及等权重累加求和的降雨(分别记为 SUMP30_line、SUMP90_line、SUMP30_equ、SUMP90_equ)进行分析。取洞庭湖 36 个气象站点相应历年每一天的线性递减滚动累加的降雨数据进行 Kolmogorov-Smirnov 检验,将服从 gamma 分布的天数与检验总天数的比例定义为发生服从 gamma 分布的概率,统计结果如表 6.1。SUMP90 服从 gamma 分布的概率高于 SUMP30,说明随着求和时段的延长,累加值服从分布规律越明显;丰水期服从 gamma 分布的概率均高于枯水期,则说明降雨高值的累加求和的分布规律要比低值求和的明显;但等权重累加的降雨服从 gamma 分布的概率却出现了小于线性权重累加降雨的现象,进一步研究发现,等权重的不服从概率均发生在枯水期,并且均是降雨零值较多的时期,这说明相对线性权重,等权重更容易使得枯期的累加降雨偏离原来的统计规律,即线性权重的累加方式能够改善枯水季节累加降雨的分布规律,使其服从 gamma 分布的概率更高。

表 6.1 洞庭湖流域 SUMP30 和 SUMP90 服从 gamma 分布的概率　　　(单位:%)

项　目	枯水期	丰水期	总　和
SUMP30_equ	99.92	100	99.92
SUMP90_equ	99.96	100	99.96
SUMP30_line	99.95	99.98	99.93
SUMP90_line	99.97	100.00	99.97

2)月尺度 SPI 值的分析

由于 SPI 是综合气象干旱指数的重要组成部分,较合理的统计尺度是尺度由月转换为日,且具有适用性和物理意义的先决条件,因此这里对月尺度的 SPI 值进行分析,以期能找到一个更加合理的统计尺度。

首先,以洞庭湖流域面平均雨量为输入,计算 SPI 值,结果如图 6.1。

根据图 6.1 可知,其中 SPI−1 波动最为剧烈:在 1962—11、1979—8、1986—3 均出现了当月 SPI 值低于−2.5(极旱)而前一个月 SPI 值大于 0 的现象;个别月份(如 1991—2)还出现了当月 SPI 值(−1.2)显示为一般干旱而前一个月 SPI 值(1.936)却显示为严重洪涝的不合理现象。

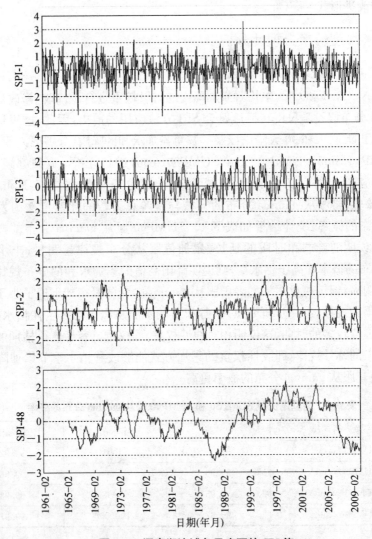

图 6.1　洞庭湖流域各尺度下的 SPI 值

　　另外,SPI 月值还表现出尺度不均一带来的评估旱情结果不一致的情况,如 1971 年 5 月,SPI - 1 显示当月为极端干旱,SPI - 3 显示为一般干旱,SPI - 12 和 SPI - 48 显示为正常,SPI - 24 却显示为一般洪涝。

　　统计 SPI 各尺度下的不合理跳跃点数如图 6.2 所示。由图可见,随着尺度的增大,不合理跳跃点数迅速减少,呈现出了类似指数形式的递减规律。这可以从理论上得到解释:SPI 指数比较的是历年同时期的分布规律,对于尺度为 1 个月的 SPI - 1 而言,一年中各月份的降雨是相互独立的,当月的干旱情况与前一个月或几个月"无关";随着尺度的增加,SPI 由于降雨向前滚动累加而出现了关联,从而使得 SPI 更接近于平滑。

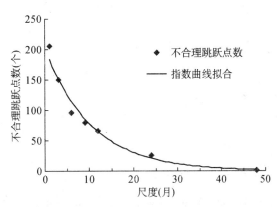

图 6.2 SPI 各尺度下的不合理跳跃点数统计

图 6.2 显示的不合理跳跃点数指数的递减规律,说明尺度加大对改善指标序列具有很大的作用。事实上多尺度的 SPI 值代表的是该尺度内的平均情况,一方面尺度的加大使得累加后的降雨分布规律更加明显,另一方面尺度加大后的 SPI 值代表的是该时段内水资源量变化的平均水平,由于地表水库的储水以及江河湖泊的调蓄,尺度加大后的 SPI 值与水资源总量变化情况的相关性趋于明显。随着尺度的加大,我们判断某一区域某段时间水资源量的标准会更加明确,也是由于滚动累加的计算方式使得 SPI 值在时间上具有"承接"作用。但是,单纯的增加尺度并不能使得指标序列一直趋向最优。尺度加大后会面临着遗漏小尺度干旱的情况,如 1974 年 1 月 SPI-48 显示正常情况,但是 SPI-1 却显示此月正处于极端干旱。在实际应用中,我们期望能够实时的监测干旱的发生发展情况,最为关心的首先是干旱对当前时期的影响,因此不能容忍尺度增大后对小尺度干旱的遗漏现象。另外,我们也希望能够了解某一相当长的时期内水资源量变化的平均情况,以便为水资源管理做出恰当的决策,然而不同干旱指标或同一指标下多尺度结果的不一致性又会造成对地区旱情评估的混乱。因此当前迫切需要一种既能监测长期干旱又能不遗漏短历时干旱的单一指标。

3) SPI 指数的多尺度性

SPI 多时间尺度克服了 1 个尺度下 SPI 值相邻时间段间的不连续现象,因而增加降雨的累加时段长可以改善该指数序列,这为 SPI 日尺度序列的改善提供了一个比较好的思路。

SPI 指标的多尺度特性使得其具有相当大的灵活性,能反映不同水文变量随时间变化的规律,但是这种灵活性又为监测干旱带来了极大的不"稳定性":不同时间尺度下干旱评估结果不一致、大的时间尺度下的干旱评估存在遗漏短历时干旱以及短历时干旱不能反映大时间尺度下干旱的现象。因此,探寻一种既能评估长历时干旱又能监测短历时干旱的指标形式或适当尺度显得尤为重要。

6.3　气象干旱指数对比分析

根据第 6.2 节的分析可以发现,三种形式的综合气象干旱指数均具有尺度变换的合理性。现就这三种形式的干旱指数的优劣进行比较分析,以便确定最优的形式。

6.3.1　不合理跳跃次数的检验

根据气象干旱的发生发展机制,干旱的发生发展是缓慢的,但是干旱的解除可以由某一次大雨或连续多场雨水在较短的时间内实现,是可以跳跃的。当出现轻度以上等级的干旱,并且相邻两天的干旱等级增加 Ⅰ 级以上(即 $\Delta \geqslant 0.6$)时,则认为发生一次不合理跳跃。不合理跳跃次数的多少在一定程度上反映了此干旱指数是否符合干旱机理,可以作为一个评价干旱指数的标准。取 1961/1/1−2010/2/18 作为统计时段,计算各干旱指标,如表 6.2 所示。分析结果表明:CInew 指数不合理跳跃点数都为零,NCC2CI 和 CInew 指标的不合理跳跃点数明显少于传统 CI 指标。可见线性不等权重在很大程度上避免了指数的不合理跳跃,而在此基础上累加尺度的延长使得指数得到了改善,但 NCC2CI 较低的不合理跳跃点表明对原指数进行的线性不等权重的改进使之已经完全能够适用于洞庭湖流域的干旱评估。

表 6.2　各干旱指标各站不合理跳跃点的统计表　　(单位:%)

站　点	平均系数		计算系数		CInew*
	CIold	NCC2CI	CIold	NCC2CI	
安化	0.17	0.00	0.04	0.00	0.00
常德	0.16	0.00	0.04	0.00	0.00
常宁	0.17	0.01	0.02	0.00	0.01
郴州	0.09	0.01	0.02	0.00	0.00
道县	0.15	0.00	0.04	0.00	0.01
独山	0.11	0.00	0.02	0.00	0.01
桂林	0.09	0.01	0.02	0.00	0.02
衡阳	0.17	0.01	0.04	0.01	0.00
吉首	0.15	0.00	0.04	0.00	0.01
荆州	0.20	0.00	0.06	0.00	0.00

站点	平均系数		计算系数		CInew*
	CIold	NCC2CI	CIold	NCC2CI	
井冈山	0.10	0.00	0.02	0.00	0.00
凯里	0.15	0.01	0.04	0.00	0.00
来风	0.13	0.00	0.06	0.00	0.00
连州	0.08	0.00	0.01	0.00	0.00
零陵	0.11	0.01	0.05	0.00	0.00
南县	0.22	0.00	0.04	0.00	0.00
南岳	0.14	0.00	0.03	0.00	0.00
平江	0.14	0.00	0.04	0.00	0.00
榕江	0.13	0.00	0.04	0.00	0.00
三穗	0.11	0.00	0.02	0.00	0.02
桑植	0.13	0.01	0.02	0.00	0.00
邵阳	0.14	0.01	0.09	0.01	0.00
石门	0.18	0.00	0.04	0.00	0.01
双峰	0.13	0.01	0.02	0.01	0.00
思南	0.14	0.00	0.04	0.00	0.00
通道	0.14	0.00	0.06	0.00	0.00
铜仁	0.16	0.00	0.05	0.00	0.00
五峰	0.15	0.00	0.06	0.00	0.00
武冈	0.14	0.00	0.03	0.00	0.01
宜春	0.12	0.01	0.04	0.00	0.00
沅江	0.16	0.00	0.03	0.00	0.00
沅陵	0.22	0.00	0.04	0.00	0.00
岳阳	0.21	0.00	0.04	0.00	0.00
长沙	0.16	0.00	0.01	0.00	0.00
芷江	0.19	0.00	0.06	0.00	0.01
株洲	0.13	0.01	0.02	0.00	0.00

* 注：CInew 指数的统计等级差为 0.3，而 CIold 和 NCC2CI 的等级差均为 0.6。根据 CInew 指数的设计结果，CInew 指数只计算平均系数。

6.3.2 统计特征对比分析

对比三种干旱指数在尺度上的差异，统计不同干旱天数下的干旱次数，如图 6.3，可以看出当干旱天数小于 50 天时，NCC2CI 指数干旱次数明显多于传统 CI 和 CInew 指数；而当统计干旱天数大于 70 天时，CInew 干旱次数则多于 NCC2CI 和传统 CI 指数。这说明 CInew 指数存在着遗漏短历时干旱的可能性。这可能是由于 CInew 指数统计的累计降水量计算时段长过大，从而将短历时干旱连接成长历时干旱所致。

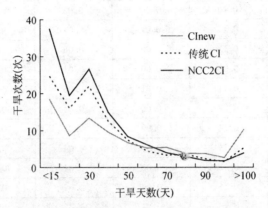

图 6.3 洞庭湖流域不同时长的干旱次数统计图

取洞庭湖流域四个站点（石门、邵阳、郴州、芷江）的传统 CI 值进行频率分析，如图 6.4 所示。CInew 的峰值相较其他两个指数明显偏低，两侧偏高，且左侧偏高明显。CInew 中的 MI 应使得峰值（即"不旱不涝"的情况）有所偏高，但是实际结果却是偏低，这说明 NCC2CI 指数中"不旱不涝"部分的高值是由 SPI - 30 贡献的。CInew 左侧[−4，−1]区间明显偏高，由于 MI 的值域为[−1，∞]，所以左侧高值区主要是由 SPI - 90 贡献的，可见 SPI - 90 表征的重、特旱要明显多于 SPI - 30。同时，CInew 相对于其他两个指数的统计特征的变化使得原先划分 CIold 指数的标准失效，若采用 CInew 指数评价干旱，则需要调整干旱等级。

具体分析图 6.4（b），NCC2CI 指数峰值数值偏低，形状稍微左偏，这是由于：① NCC2CI加大了临近当日的降雨的敏感性，将统计时段内的降雨、蒸发等重新分配，从而增大了干旱的天数，减少了"不旱不涝"的天数；② 对 MI 采用累积降水权重线性递减的方法后，MI 指数频率分布向左偏移，峰值分布区间变大，左侧高于重旱级别的 CInew 值稍偏高于其他两个指数。进一步分析发现，频率分析中不符合正态分布的部分是由 MI 贡献而来，而干旱指数中部间频率的差异是不同计算尺度的 MI 和 SPI 共同作用的结果。CInew 左侧[−2.7，−0.8]区间明显偏低，是由于 MI 的值域为[−1，∞]，对干旱指数的影响域值为[−0.8，∞）。而 NCC2CI 与传统 CI 指数较为接近，说明仅仅改变不等权重并未过多的影响干旱指数"轻旱—重旱"的频率分布。CInew 的低值区主要是 SPI - 30 延长计算尺度后作用的结果。另外，CInew 相对于其他两个指数的统计特征的变化使得原先划分传统 CI 指数的标准产生偏差，若采用 CInew 指数评价干旱则需要调整干旱等级。

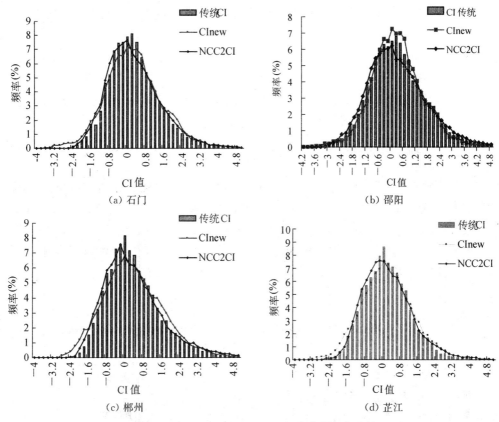

图 6.4 CIold、CInew、NCC2CI 频率分布变化比较

统计三个干旱指数及其分量的值(见表 6.3)。根据表 6.3 可以发现,对于 SPI 而言,延长尺度其正态性更明显,改变降雨累加权重则影响不大;对于相对湿润指数(MI)而言,改变降雨累加权重对其影响不大,但是在此基础上延长尺度后正态性却比较差。对于三种综合气象干旱指数而言,其正态性依次为 CInew>传统 CI >NCC2CI。

表 6.3 三干旱指数及其分量的统计值

均　值	M 30	SPI 30	SPI 90	M 30new	M 90new
	0.353	0.005	0.000	0.374	0.309
标准差	0.961	1.000	1.000	1.107	0.660
最大值	6.811	3.357	3.324	9.646	4.071
最小值	−1.000	−4.141	−3.491	−1.000	−0.936
均　值	SPI 30new	SPI 90new	传统CI	NCC2CI	CI new
	0.004	0.000	0.282	0.297	0.248
标准差	1.000	1.000	1.377	1.539	1.264
最大值	3.619	3.490	7.327	9.820	5.688
最小值	−4.177	−3.555	−3.157	−3.411	−3.558

　　由此,结合各变量的变化情况及图 6.4 中三个干旱指数的频率分布发现,
NCC2CI 基本保持了 CIold 的统计特性,这说明 CIold 指数的划分标准依然适用于
NCC2CI 指数。NCC2CI 指数峰值数值偏低,形状稍微左偏。M30new 和
SPI30new 累加后的正态性劣于 M90new 的正态性是 NCC2CI 劣于 CInew 的直接
原因,延长尺度后其正态性趋于明显;CInew 频率分布的整体对称性要明显好于
NCC2CI,这是 NCC2CI 劣于 CInew 的根本原因。

6.3.3　典型干旱过程典型站点的研究

　　对比洞庭湖流域 36 个气象台站三种干旱指数历年变化过程,参照《长江流域
水旱灾害》,选出 6 个有代表性的水文站的典型干旱过程进行分析,如图 6.5 所示。

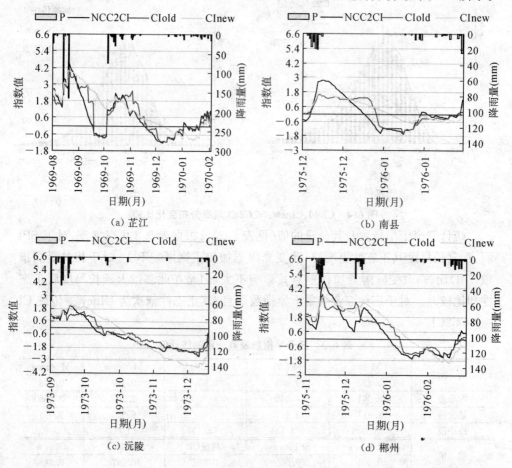

（a）芷江　　　　　　　　　　　　　（b）南县

（c）沅陵　　　　　　　　　　　　　（d）郴州

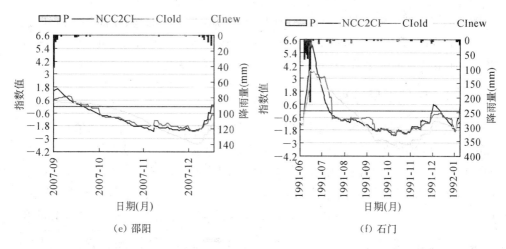

图 6.5　典型站点干旱过程图

由图 6.5 可以知道，单就干旱过程而言，CInew 和 NCC2CI 均明显好于 CIold，基本克服了由于某一次较大降水移出尺度而导致的干旱指标"陡降"的现象。依据常识，在某一段时间降水持续偏多并且之后基本无雨的情况下，此段降水对日后的影响时段（达到轻旱）为 30～40 天。通过研究发现，CInew 的影响时段为 45～70 天，而 NCC2CI 影响时段为 20～40 天，很显然 NCC2CI 更加合理。

从图 6.5(a) 可以看出，1969 年 8 月的第二场降水和 1969 年 10 月的降水相隔 46 天，期间发生 4 次降水，最大降水量仅仅为 0.2 mm。由 CInew 看，这段时间不仅没有发生干旱，而且一直保持洪涝状态，这显然和实际情况有所偏差。NCC2CI 和 CIold 指数虽然依据干旱发生过程未进入干旱，但是大雨过后的 32 天时达到了 0.6 以下，这与实际情况相符。从图 6.5(e) 可以看出，连续几场降水之后 40 多天没有降水，CInew 指标却在最后一场大雨之后的 44 天才开始达到轻旱，而且 CInew 指数进入轻旱时已经有连续轻微降水了，这不符合干旱的发生发展机制。

如图 6.5(e) 显示，当无雨、少雨天数达到 76 天时，CIold 和 NCC2CI 指数干旱强度稳定在 −1.8～−2.3；而 CInew 指数在干旱天数达到 84 天时，干旱强度低于 −3。这表明，当无雨日或少雨日延长到一定尺度时，NCC2CI 以及 CIold 指数都存在着表征极端干旱强度不足的现象，即当无雨日达到一定天数时，NCC2CI 以及 CIold 指数干旱强度不再随无雨日数的增加而加大。这种现象一般发生在冬季，偶尔发生在夏季时干旱敏感天数缩短为 30 天左右。这是由于 CInew 指数延长统计时段，一方面很大程度上降低了 ≤15 mm 降水在统计时段中对干旱的影响（秋冬季降水量一般较小，所以 CInew 检验出的干旱强度偏大）；另一方面增大了历年同期的比较量，从而使得 CInew 对于无雨、少雨日更为敏感。

CInew 在捕获干旱的起始时间上仍然存在反应迟缓的现象，而 NCC2CI 却能较敏感的捕捉到干旱的起始时段。由图 6.5 可知,在干旱的起始时间上,芷江、沅陵、郴州、邵阳、石门的 CInew 滞后 NCC2CI 分别约为 25 天、10 天、18 天、20 天和 36 天,而南县直接遗漏了 1975/12/10—1976/1/20 的无雨期导致的短期干旱。

6.3.4 区域干旱过程研究

历史干旱资料显示在 1978 年 6~9 月,湖南发生全省性干旱,2007 年 6~8 月,湘中、湘东及以南地区严重干旱。为了更好地验证这三种干旱指数在洞庭湖流域的适用性,取湖南省 1978/5/25—1978/10/26 以及湘中南地区 2007/5/22—2008/1/22 作为典型区域的典型干旱过程(见图 6.6)。其中,图(a)中,1978/6/21—1978/7/16 连续 25 天没有降雨时 NCC2CI 指数表征干旱程度明显要好于 CIold 及

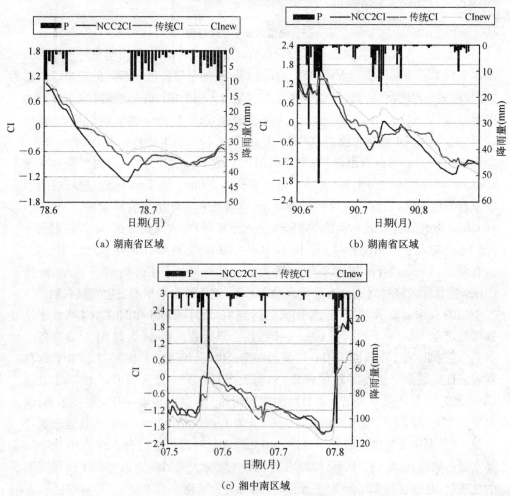

图 6.6 典型区域干旱变化过程图

CInew;图(b)中,三种干旱指数在 8/12—8/20 之间均进入重旱,但是 CInew 表征的干旱程度要弱于其余两种干旱指数。另外湘中南地区 2007/9/9 以来连续 103 天少雨(无雨或日降雨量小于 10 mm),此时 CInew 表征的干旱受前期大雨的影响显著,不仅干旱起始时段明显滞后于 CIold 及 NCC2CI,且当大雨逐渐移出计算时段时 CInew 表征的干旱烈度明显强于 CInew 和 CIold。根据这三段干旱可以看出,NCC2CI 对月尺度干旱反应灵敏,CInew 则反应迟缓;当累计降水量计算时段长为月时,CInew 变幅较小,往往漏测月尺度下的干旱;当累计降水量计算时段长增加到 90 天左右时,CInew 反映的干旱强度大于 NCC2CI。但是这里也存在着不合理的地方:由于 CInew 的尺度偏大,减少了在较大尺度下某一次降水对干旱的缓解作用。如图(b),在两场较大降水之间发生了一场降水量为 19.3 mm(2007/7/14)的降水,CInew 和 NCC2CI 均有波动,但是 NCC2CI 对降水的敏感程度要远大于 CInew。此场降水之后,NCC2CI 和 CInew 指数的变化趋势基本一致,这说明 CInew 指数在尺度增大时干旱强度大于 NCC2CI 指数的可能原因是 CInew 指数减弱了持续干旱过程中的降水。

另外,图(b)中显示,2007/11/15—2007/12/21 湘中南发生重旱(以 NCC2CI 为准),而根据以往干旱的记载,此段干旱并没有 2007 年 8 月干旱对社会经济造成的影响巨大,这表明综合气象干旱指数仅仅以气象数据作为评价干旱的依据,在实际检测中往往存在一定的误差。

NCC2CI 能够相对较快捷准确的捕获干旱发生的起始时间,CInew 则表现迟钝。需要说明的是在 6.6(c)中,湘中南区域干旱过程中出现了 CInew 先于 NCC2CI 检测出干旱的现象,但是前期 CInew 指数大于判断阈值(−0.6)的天数仅为 6 天,根据《气象干旱等级》中对干旱过程的定义,只有当 CI 值连续 10 天为无旱等级时,干旱才解除,可知此时段仍属于干旱过程期。这种现象说明了,当两次干旱期日期相距较近时(即干旱过程中出现了某一场或某几场降雨暂时性地缓解了干旱,而后又出现了无雨期或降雨持续偏小,时段降雨小于时段蒸发的现象),对于紧随其后的第二次干旱事件,CInew 捕获的干旱起始时间可能会稍早于 NCC2CI 指数。

6.3.5 降雨对干旱影响天数及不同累加权重对干旱指数的影响

为更进一步研究三个干旱指数反映洞庭湖流域干旱状况的差异,以降雨量 50 mm 为降雨阈值,统计 19 个气象台站进入轻旱的干旱天数(见图 6.7)。根据图 6.7,CInew 指数反映的是 50 mm 阈值的降雨对干旱的影响天数最高,NCC2CI 最低。此处定义的干旱影响天数是指发生一次大于 50 mm 的降雨后干旱指数进入轻旱的天数,因此对比三个干旱指数可以发现,NCC2CI 标记的干旱起始时段要早于传统 CI 和 CInew。模拟分析图反映的 CInew 的影响天数在 51.8~91.7,根据常识,当一场较大降雨发生后,连续无雨日达到 40 天左右就会进入轻旱阶段,因此 CInew 指数捕获干旱的起始时段必然滞后于实际干旱的起始时间,这显然不利于对干旱的实时监测。

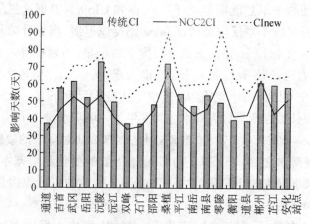

图 6.7　降雨对干旱的影响天数

为进一步研究 CInew 滞后 NCC2CI 的原因,以图 6.6(b)中湘中南地区 8/21~9/9 降雨之后的干旱过程为例进行说明,并画出干旱指数累加降雨权重示意图如图 6.8。根据图 6.6(b),2007/10/10 传统 CI、NCC2CI 进入"轻旱"等级,而此时 CInew 指数仍大于 0.6(处于轻微洪涝状态)。分析三个干旱指数的计算形式发现,10/10 日时湘中南地区 8/21~9/9 的降雨已经全部移出传统 CI 和 NCC2CI 的 30 天降雨累加尺度,而仍处于 CInew 指数 90 天的累加时段内。当发生 80 mm 降雨 30 天之后,90 天线性权重显示的影响雨量为 53.3 mm,这说明 30 天线性权重对降雨的"削减"作用要远大于 90 天线性权重,从而导致 CInew 指数出现"遗漏"短历时干旱的缺点。

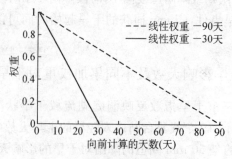

图 6.8　不同尺度线性权重取值示意图

综上所述，CInew 将降雨累加尺度延长后导致捕获干旱的起始时间滞后不利于干旱的实时监测，以及存在"遗漏"短历时干旱的缺点，都使之不如《气象干旱等级》中综合气象干旱指数实时监测，能反映短历时干旱影响农作物水分亏欠，因此，NCC2CI 对于干旱的监测要好于 CInew 干旱指数。

6.3.6 空间分布荷载对比

为较客观的研究三个干旱指数的空间分布特征，对三个干旱指数分别进行 EOF 和 REOF 分析。取三个干旱指数 EOF 方差贡献率达到 85% 的向量进行旋转，经计算对前 5 个主分量进行旋转分析。根据计算结果，EOF 的第一荷载向量占总方差的贡献率均超过了 55%（传统 CI、NCC2CI、CInew 分别为 59.39%、60.18%、57.50%），远大于后 4 个荷载向量的贡献率，表明第一荷载向量对总体具有一定的代表性；REOF 第一特征向量具有较高的方差解释率，表明第一特征向量对总体具有很高的代表性。

REOF 得到的空间模态是旋转因子荷载向量，每个向量代表的是空间相关性分布结构。根据 REOF 统计原理，如果特征向量的各符号均一致，代表该区域的变量变化一致，并且以高荷载区为中心；如果某一特征向量的分量正负相间的分布模式，则这一特征向量代表了两种分布类型。根据图 6.9 所示三种干旱指数都具有两种分布类型，但是高荷载区分布有所差别。传统 CI 和 NCC2CI 高荷载区分布基本一致，CInew 干旱指数不仅缩小了高荷载区的干旱面积，而且向北转移至邵阳、双峰、南岳一带，这表明 CInew 在一定程度上改变了干旱指数的空间分布。

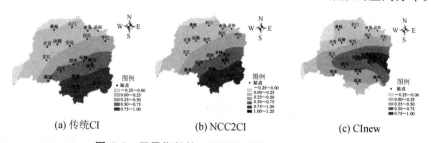

(a) 传统CI　　　　　　(b) NCC2CI　　　　　　(c) CInew

图 6.9 干旱指数第一旋转荷载向量场空间分布

综上所述，NCC2CI 指数在洞庭湖流域有更好的适用性，能够较好的表征洞庭湖流域的干旱特征。CInew 指数也具有一定优势，它将统计的时段都提高到 90天，这样虽然增加了短历时干旱的遗漏机率，但是，却降低了由于采用降雨累计系数递减带来的不稳定性，也为今后改进 CI 指数指明了一条途径。同时，累计降雨系数应当结合研究区域内的土壤、植被以及特殊的气候条件等综合选取，这也是今后 CI 指数的又一研究方向。

6.4　有效降雨指数 EDI 的转换

6.4.1　EDI 干旱指数

有效降雨指数 EDI 是 Byun 等人在 1999 年提出来的最小判别尺度为日的干旱指数。基本原理是对以当日降雨量为基准向前滚动累加一段时间(一个降雨周期,取 365 天)的降雨量进行标准化。其中累加降雨的不等权重是根据"m 天前的降雨量对总降雨量的贡献为 $1/m$"的假定得到的,并通过若干种降雨—径流模型对其进行了验证。具体计算方法如下:

首先,计算每一天的有效降雨量:

$$EP_i = \sum_{n=1}^{i} \left[\frac{(\sum_{m=1}^{i} P_m)}{n} \right] \qquad (6.1)$$

式中:i——降雨累加周期;

　　P_m——m 天前的降雨量。

其次,计算有效降雨的离差。

$$DEP = EP - MEP \qquad (6.2)$$

式中:MEP——计算样本有效降雨量的均值。

最后,计算有效降雨指数。

$$EDI = \frac{DEP}{SD(DEP)} \qquad (6.3)$$

式中:$SD(DEP)$——有效降雨离差的标准差。

6.4.2　EDI 干旱指数存在的问题

有效降雨指数能够有效地克服 SPI 指数的种种缺点,能够监测出短历时干旱,也能监测出长历时干旱,但是也存在很多不合理之处:

① 根据 EDI 干旱指数的权重定义,一场较大降雨的影响在 365 天之后才能完全消除。假设有一场降雨量为 80 mm 的降雨,按照这种假定 30 天后仍能产生 31.1 mm 的水量(相当于当日一场"大雨"的标准),即使 90 天后仍能产水 17.37 mm(相当于当日一场"中雨"),这显然是不合理的。

② EDI 原始权重的计算,对当日降水放大了约 6.48 倍,这样会放大当日降水的离差,从而使得累加之后的序列分布趋向于离散。根据 Byun 等人的研究,EDI

可能会出现放大某种水文事件的情形。

③ 对于相对较短时间序列的旱情评估,可能会出现整体性的误差。均值是样本序列的平均程度,而 EDI 的计算形式是 EP 偏离均值的程度。当样本序列较小时,样本的均值和总体的均值必然会存在很大差别,必然会造成 EDI 指数反映旱情整体情况的偏高或者偏低。

④ EDI 并没有考虑较大降雨或较大强度降雨的产流情况。一般而言,一场较大降雨除消耗蒸发外,主要会转变为土壤含水量和地表地下径流。但是降雨下渗入土壤、转变为地下径流是需要时间的,当一场大的降雨来临时,大部分的降雨量会以地表、地下径流的形式流入河流,从而产生较大的洪水,这时水库等储水设施也会因为要预防洪灾而将多余的径流排泄出该处控制的流域,因此,实际一场 100 mm 的降雨和一场 80 mm 的降雨对该地区长期的水资源量的影响可能相差不大。因此,某次较大降雨产生的水资源量对未来的影响时间往往是有限的。DP 累加降雨的形式必然会出现影响时间偏长而引起误差。为解决此缺点,2009 年,Do-Woo Kin 对 EDI 进行了修正,为较大降雨设定了 80 mm 的阈值,对有效降雨 EP 进行了修改,其修正公式为:

$$CEP = \sum_{n=1}^{i}\left[\sum_{m=1}^{n}\frac{\{80+(P_m-80)\mathrm{e}^{-0.5(m-1)}\}}{n}\right] \tag{6.4}$$

修正后的有效降雨指数称为 CEDI。

6.5 改进的气象、水文、农业干旱指数

6.5.1 思想提出

根据前面的讨论分析可知,由于 SPI 的多尺度性以及累加降雨权重计算形式仍存在小尺度标记长历时旱情不明显以及大尺度可能会遗漏短历时干旱等缺点;而 EDI 指数虽能较好地解决 SPI 尺度不均带来的问题,但是 EDI 自身也由于降雨累加权重、设计指标形式等存在不合理之处。

由于 SPI 的计算方式较好,将降雨累加量进行了"正态标准化"处理,使得指标序列更稳定。时段累加的降雨总量仅仅表示这段时间水资源总量的平均水平,而并不代表该段时间水资源总量的真实值,因此可以不必局限于时段累加的形式,具有很好的灵活性。而 EDI 指数对累计降雨的处理比较好,能够有效地克服 SPI 中因尺度不均带来的问题。因此可以考虑将这二者进行融合,产生一种新的计算干旱的指标形式,按照 EDI 指数的计算方式计算降雨累加量,采用 SPI 的处理方式对累加降雨量进行处理。这样就能克服前文中所论述的缺点①~③。新形式的干旱

指数也采用 CEDI 计算降雨的累加权重,为叙述方便,这里用 SEPI 作为改进 SPI 干旱指标的简称。

6.5.2　改进的干旱指数

1) 综合气象干旱指数选择

由于 SEPI 主要考虑的是降水,并没有考虑蒸发。为能较全面地反映该地区的气象干旱情况,现尝试改善综合气象干旱指数。

(1) 累加尺度的分析

根据第 6.4 节中对综合气象干旱指数(CI)和有效降雨指数(EDI)的分析可以看出,CI 是通过将 30 天尺度和 90 天尺度加和的方法实现监测月尺度和季节尺度的旱情,而 EDI 指数是通过加大累加尺度以及放大近期降雨权重的方法来实现对短期和长期干旱的监测。根据 Do-Woo Kin 的研究,EDI 指数优于 SPI 指数,在监测长期和短期旱情上比 SPI 更具敏感性。但是 SPI 指数在计算形式和适用性方面要好于 EDI。为更能反映气象干旱的情况,这里将原综合气象干旱指数中 SPI30 和 SPI90 统一成 SEPI 指数,并连同 M30 一起将累加尺度变为 365 天。其中对 M 的累加降雨采用 CEP 的形式,蒸发则采用 EP 的形式(M 的新形式记为 EDM),从而将气象干旱指数 CI 改进成新的形式:

$$CI\_ED = a\,SEPIM365 + b\,EDM365 \tag{6.5}$$

式中:SEPI——EDI 和 SPI 的综合改进干旱指标;

　　　EDM——改进的相对湿润度指数;

　　　a、b——SEPI365、EDM365 的系数。

为和综合气象干旱指数 CI 具有可比性,定义 $a=b=0.8$。

NCC2CI 是原综合气象干旱指数的最优形式,是 30 天尺度和 90 天尺度累加的代表;CI_ED 是改进后的 CI 指数,是 365 天尺度和 SPI 指数融合的思路的代表;CEDI 则是原先的有效降雨指数,是 365 天尺度、CEDI 的累加形式以及 CEDI 对累加量的处理方式的代表。为了能更好地分析不同尺度形式对指数监测旱情的影响,现对三种干旱指数进行分析比对。以安化站点 1973/1/1—1974/12/31 为例,计算该站点的 CEDI、NCC2CI 及 CI_ED 干旱指数如图 6.10 所示。

根据图 6.10 可以发现,NCC2CI 指数能够较准确的捕捉到旱情发生的起始时间,CEDI 和 CI_ED 指数存在对短历时旱情烈度监测不强的缺点,其中 CI_ED 甚至遗漏了 1973/10/19—1974/1/13 时段的旱情。由此可以得出结论:① 将 CEDI 指数累加权重的计算形式转嫁到 SPI 累加降雨的计算上,仍不能取得 CEDI 一样的效果;② CEDI 指数在短期旱情上的监测能力远不如 NCC2CI,也说明了在对短历时干旱的监测上,NCC2CI 的计算形式要优于 CEDI;③ 时段延长所带来的监测干旱起始时段滞后的缺点不容易通过改变权重的方式得到解决。

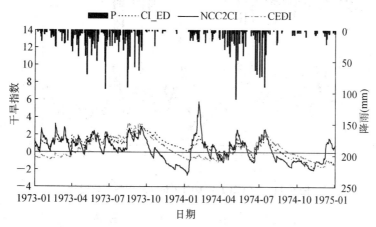

图 6.10 CI_ED、NCC2CI、EDI 三指数的干旱过程

综合以上的分析发现,累加尺度过长的 CEDI 以及适当改进的 CI_ED 指数并不能较好的反映短历时旱情,NCC2CI 在监测月尺度和季节尺度上的旱情具有很好的优势性。

（2）累加权重分析

通过对 CI_ED、CEDI 以及 NCC2CI 的分析发现,NCC2CI 的形式具有很大的优势。NCC2CI 是 NCC2CI、CIold 以及 CInew 三指数中最优的,即30 天、90 天尺度的累加形式优于单纯的 90 天累加形式（CInew）,对累加权重的线性化处理要好于等权重直接累加（CIold）。根据上文 CEDI 指数也提出了一种累加降雨和蒸发的累加形式,为较好的探求综合气象干旱指数较好的累加形式,现将 CEDI 的累加形式和 CIold 的组合形式相结合。即改 NCC2CI 的线性累加形式为 CEDI 指数的累加形式,为叙述方便将改进后的指数记为 ED2CI 指数。

为较好的比对不同累加权重的选择对干旱指数的影响,计算 CIold、NCC2CI 以及 ED2CI 三种指数。以安化为例,计算三种指数如图 6.11 所示。

由图 6.11 中 NCC2CI、ED2CI 及 CIold 三个干旱指数的变化过程可见,NCC2CI 和 ED2CI 要明显好于 CIold 指数,但是在监测旱情起始时间上 ED2CI 指数稍微好于 NCC2CI 指数。由此可见,EDI 的不等权重累加降雨形式要稍微优于线性递减权重累加方法。

2）改进的综合气象干旱指数

根据 1)中的分析可以得出结论,ED2CI 指数是最优的,因此以 ED2CI 指数为气象干旱的代表,计算形式如下:

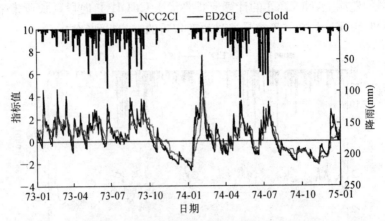

图 6.11　NCC2CI、ED2CI、CIold 三指数变化过程

$$ED2CI = aSEPI30 + bSEPI90 + cEDM30 \tag{6.6}$$

式中：SEPI——EDI 和 SPI 的综合改进干旱指标；

　　　EDM——改进的相对湿润度指数，累加量计算的权重采用 EDI 的计算方式；

　　　a、b、c——SEPI30、SEPI90、EDM30 的系数。

三个系数的计算方式仍然延用综合气象干旱指数 CI 中的计算方法，取低于轻旱等级值的平均值除以历史出现的最小值。

3）改进的水文干旱指标

为达到将干旱指数由月尺度向日尺度转换的目的，结合 CI 指数转换的经验，对日径流量采用 EDI 中 EP 的累加方式，将 SRI 由月尺度降低为日尺度，改进为新的形式（记为 SERI）。同时，根据 CI 指数将月尺度和季节尺度累加能较好的监测月尺度和季节尺度的优点，对 SRI 也采用此方法。新的水文干旱指数记为 EDRI，其计算公式为：

$$EDRI = \alpha(SERI30 + SERI90) \tag{6.7}$$

式中：SEPI30——改进后的累加时段为 30 天的 SRI 指数；

　　　SEPI90——改进后的累加时段为 90 天的 SRI 指数；

　　　α——为和 SRI 具有可比性所乘的系数，一般取为 0.5。

4）改进的农业干旱指数

这里选用的农业干旱指数是 Palmer-Z 指数。Palmer 是在水量平衡的基础上提出的"最适宜"概念，是基于两层土壤模型逐时段计算的。因此，要将月尺度降为日尺度，就不能简单地将滚动累加 30 天或 365 天的气象数据作为 Palmer 干旱指数的输入值。为此，先逐时段计算日尺度下的 Palmer 干旱指数的各项参数，然后滚动累加计算最适宜降雨、最适宜蒸发、最适宜失水量、最适宜径流量以及实际降雨量,进行累加时段内的水量平衡计算,进而计算气候特征系数 K 值以及水分异常指数 Z 值。同样,为保持和气象、水文干旱指数的一致性,对 Palmer 干旱指数的时段累加也采用月尺度和季节尺度的累加。新的指数形式记为 ED_Z,其计算公式如下:

$$ED\_Z = \alpha(Z30 + Z90) \tag{6.8}$$

式中:Z30——Palmer 中间参量累加时段为 30 天计算得出的 Palmer-Z 值;

Z90——Palmer 中间参量累加时段为 90 天计算得出的 Palmer-Z 值;

α——Palmer-Z 指数累加后的系数。由于 Palmer-Z 的设计思想和 SRI、SPI 等指数不同,因此这里仅为保持 Palmer-Z 累加前后的一致性,取为 0.5。

6.5.3　可行性分析

1) 改进的综合气象干旱指数的可行性分析

改进的新形势综合气象干旱指数主要由 SEPI 和 EDM 两部分构成,其中湿润度指数反映的是累加尺度内的水分的收支情况。根据上述对 EDI 指数的分析可知,这种不等权向前滚动累加形式的目的就是将累加时段内的水资源情况定量化,而这种累加计算形式对于蒸发的累计计算也同样适用,因此改进的湿润度指数 EDM 是可行的。而且 EDM 的这种计算方式更能体现累加时段内水量的收支情况,相对原等权重以及简单的线性递减权重更具有物理意义。

而改进的综合气象干旱指数 ED2CI 的另一部分 SEPI 可以看成是 SPI 的一种改进形式,此方法是否可行的一个关键就是采用 CEP 形式计算的累加降雨是否依然符合 SPI 指数中累加降雨服从 gamma 分布的假定。为此,这里对洞庭湖流域的 36 个气象台站中的降雨数据进行 Kolmogorov-Smirnov 检验(简称 K - S 检验),检验结果如表 6.4 所示。将降雨时段按照 CEP 累加方式计算的项目分别记为 SUMP30_EP、SUMP90_EP。为比较检验结果,将线性递减方式计算降雨的检验结果也列于结果表中,分别标记为 SUMP30_line 和 SUMP90_line。

表 6.4　线性累加和 EP 累加权重服从 gamma 分布的结果　　　(单位:%)

项目	枯水期	丰水期	总和
SUMP30_EP	99.98	99.98	99.97
SUMP90_EP	99.98	99.98	99.95
SUMP30_line	99.95	99.98	99.93
SUMP90_line	99.97	100.00	99.97

　　由表 6.4 的检验结果可以得知,采用 EP 的累加方式,累加时段 30 天和累加时段 90 天服从 gamma 分布的概率都超过了 99.9％,可见采用 EP 的方式累加是可行的。

　　2) 改进的水文干旱指数的可行性分析

　　水文干旱指数一般以水位、流量等水文数据作为输入,由于径流相对于水位等其他水文变量更能直观的反映一个地区的水文干旱情况,因此本书主要对以径流量作为输入的 SRI 进行可行性分析。

　　根据 SRI 的计算原理,对于尺度转换可行性分析的关键在于采用 EP 的方式累加后的径流量是否依然服从偏态分布(一般是 gamma 分布),因此这里检验可行性的重点也在于对其转换后的分布的检验。对洞庭湖流域湘潭、桃江、桃源、石门及城陵矶各站是否服从 gamma 分布进行 K - S 检验。各水文站参与检验的资料情况及检验结果如表 6.5 所示。

表 6.5　洞庭湖流域水文站 K - S 检验情况

站点名称	资料序列	服从 gamma 概率	
		SERI30(％)	SERI90(％)
城陵矶	1990—2008	100	100
石门	1951—2009	98.9	100
桃江	1951—2009	97.8	100
桃源	1953—2009	100	100
湘潭	1951—2009	100	100

注:SERI30 和 SERI90 分别表示径流按照 SERI30 和 SERI90 的方式进行累加。

　　由表 6.5 计算结果可见,洞庭湖五个气象站采用 EP 的累加方式之后服从 gamma 分布的概率依然能达到 97％ 以上,可见采用 EP 累加径流的方案是可行的。

　　3) 改进的农业干旱指标的可行性分析

　　对 Palmer-Z 干旱指标改进的关键点有两个:① 将月尺度的水文变化情况变为日尺度的水文变化情况是否可行;② 对日尺度下计算出的水文变量及最适宜变量进行向前滚动累加是否合理。

　　由于 Palmer 干旱指数中假定的是一个简单的"二层土壤水文模型",对于关键点①的分析就变成了 Palmer 假定的模型对日尺度是否依然具有适用性的问题。而判定一个模型在某一段时间内是否具有适用性,就是判定该模型是否能描述该时间段内的水文循环情况以及该模型的输入输出尺度是否与模型运转的尺度相符。Palmer 指数中的模型是一个关于降雨、蒸发、下渗以及径流的简单模型,由新安江及其他水文模型的应用可知,对水文循环,这种简单的概化完全能够描述一天内的水文变化情况。另外 Palmer 模型的输入与输出均是以日为结算单位的,与模型转换后的日尺度相适应。因此,将月尺度下的 Palmer 模型转换到日尺度下,依然具有适用性。

Palmer 水文模型计算的每日的水文变量(包括实际值和最适宜值)描述的是当天的水文情况,对各水文变量滚动累加与 SEPI 中对降雨的滚动累加情况类似,其累加值代表的是累计时段内水资源量变化的平均情况。因此,采用滚动累加的形式,也同样适用于 Palmer 指数。

另外,新形式下的 Palmer 指数中的 α、β、γ、δ 计算采用的是滚动累加后的各变量均值情况,因此计算出的各个系数不会出现日尺度下各变量变化巨大导致系数大幅波动的现象,而且气候特征系数 K 中的平均需水量 $\overline{PE}+\overline{R}+\overline{RO}$ 以及平均供水量 $\overline{P}+\overline{L}$ 更具物理意义。

6.6　小结

本章主要对综合气象干旱指数(CI)和有效降雨指数(EDI)的尺度变换理论进行了比较分析。指出综合气象干旱指数由月尺度变为日尺度的关键是变换为日尺度后的累加量是否依然服从 gamma 分布,并对等权重、线性递减以及 EP 的累加方法进行了验证分析。另外,对综合气象干旱指数中的重要组成成分 SPI 进行了分析,指出 SPI 月尺度指数存在着多尺度间的结果不统一、大尺度容易遗漏短历时干旱以及小尺度无法表征长期干旱等缺点。而 EDI 指数虽然具有既能够监测短历时干旱又能够监测长历时干旱的优点,但是也存在着对短历时旱情监测能力不足、容易遗漏短历时旱情以及表征长历时干旱烈度不强的缺点。为较好的融合 EDI 和 SPI 指数各自的优点,对各个指标的计算形式、累加权重以及累加尺度等进行了"融合性"尝试,并结合综合气象干旱指数 CI 进行了比较分析。经过对比分析发现,将 EDI 的累加权重、SPI 的计算形式以及 CI 的月、季尺度结合能够取得比 NCC2CI 指数更好的效果。根据改进 CI 的方法,对标准化径流指标(SRI)和帕默尔干旱指数 Palmer-Z 进行了修改,成功地将月尺度指标变换为日尺度指标,使得干旱监测更具时效性。

7 干旱情景综合分析

7.1 时段干旱识别

干旱的识别分为两个层次：时段干旱识别和区域干旱识别。识别干旱一般是以干旱指数为评价工具，为其设定一个截断水平，以此判别干旱特征。

阈值法自 1967 年被 Yevjevich 引入水文干旱的研究以来，在干旱研究中得到了广泛的应用。本文对时段干旱的识别采用阈值法即为干旱指标值设定一个干旱阈值 Ic，以此来判别某一地区的某一时段是否发生干旱。

具体的识别方法为：设站点 i 处第 k 个时段的干旱指数为 $CDI(i,k)$，干旱识别指数为 $I(i,k)$，当时段内干旱指数 $CDI(i,k)$ 小于干旱阈值 Ic 时，此时段标记为干旱，即

$$I(i,k) = \begin{cases} 1, (CDI(i,k) \leqslant Ic) \\ 0, (CDI(i,k) > Ic) \end{cases} \tag{7.1}$$

而干旱面积阈值 Ic 的选取往往与具体的干旱指数的选择有关，本书中选择各干旱指标"轻旱等级"时的值作为阈值。

7.2 区域干旱识别

区域干旱的判别与时段干旱判别方法类似，为干旱面积设定一个面积阈值，以此来判别某一区域是否发生区域干旱。

具体方法为：任一时段内发生干旱的总面积大于干旱面积阈值 A_c 时，则认为发生一次区域干旱，即

$$IA(k) = \begin{cases} 0, (A(k) < A_c) \\ 1, (A(k) \geqslant A_c) \end{cases} \tag{7.2}$$

$$A(k) = \sum_{i=1}^{n} \frac{a_i}{A}(i,k) \tag{7.3}$$

式中：A_c——干旱面积阈值；

$A(k)$——第 k 个时段内的区域干旱面积；

a_i——站点 i 处的干旱面积;

$IA(k)$——第 k 个时段内的区域干旱识别指数。

参照前人的一些研究,干旱面积阈值 A_c 一般为区域面积的 $0\%\sim20\%$。

7.3 干旱过程的识别

干旱特征包括干旱的起始时间、结束时间。

1) 干旱起始时间的确定

干旱的发生一般是一个极其缓慢的过程,但因某些特殊的原因也可能会出现迅速进入干旱的情况。因此,对于进入轻微干旱并连续处于轻旱或轻旱等级以下 10 日时,认为干旱已经发生,并将进入轻旱的第一天作为干旱发生的起始时间;而当综合干旱指标显示已经进入中旱或中旱等级以下不足 10 日时,则认为此时发生干旱,并将进入中旱的第一天作为干旱的起始时间。

2) 干旱结束时间的确定

干旱是可以由于某一时段的一场或几场大雨的水量充分补给而结束的,因此理论上将综合干旱指标大于干旱阈值的时段定义为干旱的结束。但是实际干旱过程中,往往会因为少量降雨及气候的影响,在干旱即将结束的时期出现一些在轻旱附近的波动现象。另外,由于干旱造成的社会、经济等方面的影响是有滞后性的,当两次或若干次干旱发生的时间较近,上次干旱造成的影响还没有完全解除时新的干旱又发生了,则认为这几次干旱事件是从属关系,将这几次干旱事件等同为一次干旱。规定当综合干旱指标连续 10 日处于或高于无旱等级时,干旱事件结束,并规定最后一次进入无旱等级的日期为干旱的结束日期。

7.4 干旱特征统计

7.4.1 气象干旱

利用改进的综合气象干旱指数(ED2CI)对洞庭湖流域各个子流域进行计算分析,并统计各个子流域干旱起始时间、干旱历时、干旱面积及干旱强度。计算结果见图 7.1~图 7.4。

由图 7.1~图 7.4 可以看出四个子流域的干旱特征均呈波动变化,其中 1966 年左右、1972—1981 年、1987—1994 年以及 2009—2012 年为干旱的多发时段。四个子流域的气象干旱所反映的干旱面积都较大,可见四个子流域经常发生面积较大的干旱。

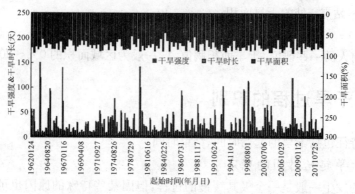

图 7.1　湘江流域干旱特征统计结果图

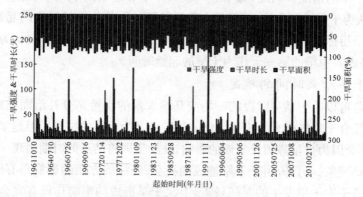

图 7.2　资水流域干旱特征统计结果图

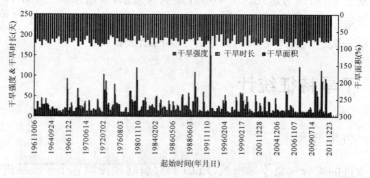

图 7.3　沅水流域干旱特征统计结果图

7.4.2　水文干旱

利用改进的水文干旱指数(EDRI)对洞庭湖流域各个子流域进行计算分析,并统计各个子流域干旱起始时间、干旱历时及干旱强度(水文干旱是基于子流域出口站点进行分析计算的,因此无法统计流域干旱的面积),计算结果见图7.5~图7.8。

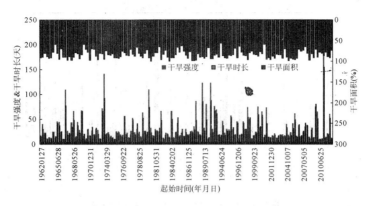

图 7.4　澧水流域干旱特征统计结果图

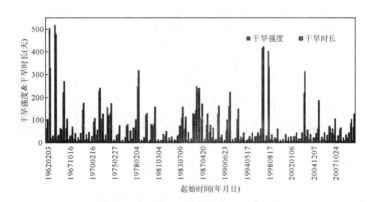

图 7.5　湘江流域干旱特征统计结果图

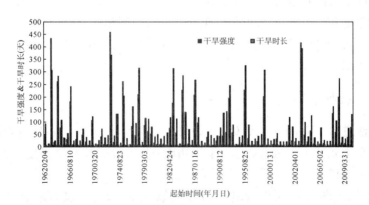

图 7.6　资水流域干旱特征统计结果图

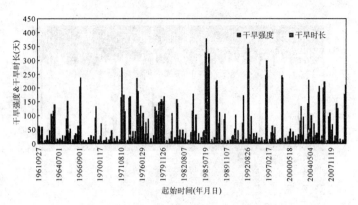

图 7.7　沅水流域干旱特征统计结果图

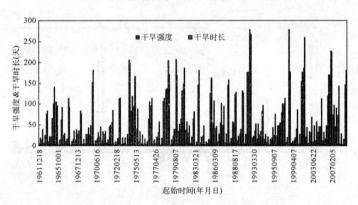

图 7.8　澧水流域干旱特征统计结果图

根据图中可以看出四个子流域的水文干旱特征具有较大的差别,其中湘江流域的干旱强度和干旱持续时间最大,但大旱的次数则相对较少;而澧水流域则有较多的干旱次数,但是干旱强度和干旱持续时间均较小;资水和沅水的干旱特征则介于湘江和澧水流域之间。

7.4.3　农业干旱

利用改进的 Palmer-Z 指数(ED_Z)对洞庭湖流域各个子流域进行计算分析,并统计各个子流域干旱起始时间、干旱历时、干旱面积及干旱强度,计算结果见图 7.9~图 7.12。

由图 7.9~图 7.12 可以看出,四个子流域的农业干旱强度普遍偏大,相较气象干旱和水文干旱,干旱强度和干旱持续时间的相关性有所偏弱,干旱面积波动较大,其中以沅水流域的干旱面积最少。

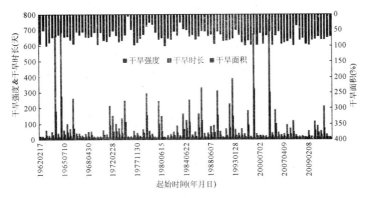

图 7.9　湘江流域干旱特征统计结果图

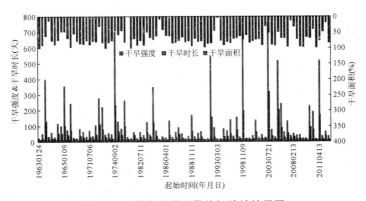

图 7.10　资水流域干旱特征统计结果图

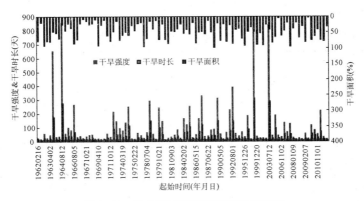

图 7.11　沅水流域干旱特征统计结果图

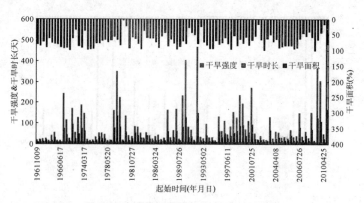

图 7.12　澧水流域干旱特征统计结果图

7.5　典型干旱确定

为了综合比较水文、气象以及农业干旱指标,这里依据各类干旱指标的干旱历时和干旱烈度进行典型干旱的选择。

1) 选择干旱历时(D)和干旱烈度(S)频率分布

目前大多学者认为干旱历时和干旱烈度分别服从指数分布和伽马分布,而陈永勤等通过对鄱阳湖流域水文干旱频率的分析发现,对数正态分布更适合鄱阳湖流域干旱历时和干旱烈度的分布特征。所以对各个站点的各种干旱指数分别进行指数分布、伽马分布、P-Ⅲ型分布以及对数正态分布的 K-S 检验,检验结果如表 7.1所示。

表 7.1　各个子流域各类干旱的干旱历时和干旱烈度的 K-S 检验结果

子流域	概率分布	气象干旱		农业干旱		水文干旱	
		干旱历时	干旱烈度	干旱历时	干旱烈度	干旱历时	干旱烈度
湘水	指数分布	1	1	0	1	0	1
		0.03	0.00	0.28	0.00	0.52	0.00
	伽马分布	0	1	0	1	0	1
		0.96	0.05	0.41	0.00	0.47	0.05
	对数正态分布	0	0	0	0	0	0
		0.97	**0.06**	**0.88**	**0.16**	**0.92**	**0.68**

续表 7.1

子流域	概率分布	气象干旱		农业干旱		水文干旱	
		干旱历时	干旱烈度	干旱历时	干旱烈度	干旱历时	干旱烈度
资水	指数分布	1	1	0	1	0	1
		0.03	0.00	0.23	0.00	0.50	0.00
	伽马分布	0	1	0	1	0	0
		0.99	0.02	0.47	0.00	0.42	0.14
	对数正态分布	0	0	0	0	0	0
		1.00	**0.18**	**0.93**	**0.26**	**0.77**	**0.95**
沅水	指数分布	1	1	0	1	0	1
		0.03	0.00	0.31	0.00	0.52	0.00
	伽马分布	0	1	0	1	0	0
		0.96	0.05	0.56	0.00	**0.77**	0.10
	对数正态分布	0	0	0	0	0	0
		0.97	**0.06**	**0.97**	**0.15**	0.21	**0.67**
澧水	指数分布	1	1	0	1	0	1
		0.02	0.00	0.15	0.01	0.34	0.00
	伽马分布	0	1	0	1	0	0
		0.98	0.00	**0.96**	0.02	**0.87**	0.18
	对数正态分布	0	0	0	0	0	0
		0.73	**0.16**	0.81	**0.23**	0.29	**0.69**

注:表中黑体所在的行为相应评价对象对应的最优频率分布。

由表7.1可以看出,对于湘水、资水子流域,三类干旱指数的干旱历时和干旱烈度的最优频率分布均为对数正态分布。其中气象干旱的干旱历时均能较好的服从伽马分布和对数正态分布,农业干旱和水文干旱的干旱历时则服从指数、伽马、对数正态分布,干旱烈度与指数分布和伽马分布的拟合效果均较差。对于沅水子流域,除水文干旱的干旱历时以伽马分布最优以外,干旱历时和干旱烈度均与对数正态分布有较好的拟合度。其中干旱历时均服从伽马分布和对数正态分布,干旱烈度则除水文干旱以外均仅服从对数正态分布。澧水流域三类干旱指数的分布较为一致,但干旱历时和干旱烈度的分布不同。其中,干旱历时均服从伽马分布,干旱烈度则均服从对数正态分布。

综上所述,可以发现干旱历时和干旱烈度服从的频率分布随流域的不同而有所不同,在对不同流域的干旱历时和干旱烈度进行频率分析之前,首先对其进行频率分布检验是很重要的。

2）建立干旱指数干旱历时和干旱烈度联合概率分布

由于 Copula 函数具有能够将任意形式的边缘分布构造成联合分布的优点,因此选择 Copula 函数计算 D-S 的联合概率分布。

鄱阳湖流域与洞庭湖流域毗邻,鄱阳湖流域的一些参数分布特征与洞庭湖流域的具有很大的相似性。因此根据陈永勤对鄱阳湖流域的研究分析,本书认为 Copula 函数中的 Gumbel-Hougaard 函数对洞庭湖流域的干旱历时和干旱强度具有较好的拟合效果,故选用 Gumbel-Hougaard 函数计算洞庭湖各个子流域 D-S 的联合概率分布。

Gumbel-Hougaard 函数的形式如式(7.4)所示。

$$F_{DS}(d,s)=\exp\{-[(-\ln u)^{\theta}+(-\ln v)^{\theta}]^{1/\theta}\} \tag{7.4}$$

式中:u——干旱历时的频率分布 $F_D(d)$;

v——干旱烈度的频率分布 $F_S(s)$;

θ——Copula 函数的参数。

3）不同干旱情景下的典型干旱年确定

根据 D-S 的联合概率分布,依据"最不利"的原则,根据边缘概率分布的重现期,选取不同干旱情景(轻旱、中旱、重旱)的实际干旱过程。

① 计算重现期

对于两个变量的 Copula 联合概率分布,当干旱历时(D)或干旱烈度(S)超过某一特定值时的重现期为联合重现期 T_0,当干旱历时(D)和干旱烈度(S)均超过某一特定值时的重现期为同现重现期 T_a。计算公式如下:

$$T_0(d,s)=\frac{1}{P[D>d \ or \ S>s]}=\frac{1}{1-F_{DS}(d,s)} \tag{7.5}$$

$$T_a(d,s)=\frac{1}{P[D>d,S>s]}=\frac{1}{1-F_D(d)-F_S(s)+F_{DS}(d,s)} \tag{7.6}$$

变量 D 和 S 的单变量重现期(即边缘重现期)为:

$$T_D(d)=\frac{1}{1-F_D(d)} \tag{7.7}$$

$$T_S(s)=\frac{1}{1-F_S(s)} \tag{7.8}$$

② 计算不同边缘重现期下的干旱历时、干旱烈度以及联合分布下的同现重现期和联合重现期

气象干旱受大气中水汽的影响往往出现时间较早,历时短,次数多的特征,因

此气象干旱能够较好的体现轻旱等级的影响;农业干旱受土壤或植被中水分的影响,时间往往稍晚于气象干旱,相对于气象干旱其干旱历时长,干旱烈度大,因此本书采用农业干旱指数反映中旱情况;水文干旱则主要受径流量的影响,由于径流是流域内水分循环的"最后阶段",因此水文干旱起始时间往往比农业干旱晚,而又因为径流是流域内降雨等水分时空调配的产物,其所反映的干旱往往最能体现流域的综合干旱情况,因此本书用水文干旱标记重、特等级的干旱情景。

在干旱分析中,往往用干旱的重现期来反映干旱的严重程度,结合上述边缘概率的重现期以及联合分布的同现重现期 T_a 及联合重现期 T_0 的定义,规定边缘重现期为 10 年的干旱为轻旱,边缘重现期为 30 年的干旱为中旱,边缘重现期为 70 年的干旱为重旱,计算结果如表 7.2 所示。

表 7.2　不同重现期下典型干旱的干旱特征

子流域	情景	重现期 (年)	干旱历时 (天)	干旱烈度	T_0	T_a
湘水	轻旱	10	71.79	87.40	11.87	8.64
	中旱	30	179.76	535.05	43.07	25.03
	重旱	70	552.48	875.24	82.13	60.99
资水	轻旱	10	63.73	82.45	11.79	8.68
	中旱	30	175.65	550.65	39.75	26.08
	重旱	70	605.37	1047.23	82.92	60.56
沅水	轻旱	10	71.79	87.40	12.02	8.74
	中旱	30	181.86	540.87	48.24	27.11
	重旱	70	372.55	1209.06	87.68	58.25
澧水	轻旱	10	68.24	87.77	11.82	8.67
	中旱	30	122.85	411.60	49.02	26.67
	重旱	70	291.78	794.26	87.10	58.53

边缘分布可以看作联合概率分布的极端情况,因此边缘频率分布所计算出的重现期与实际重现期可能不符。而根据同现重现期和联合重现期的定义可知,典型干旱的实际重现期介于 T_a 和 T_0 之间。

根据表 7.2 选择实际干旱情况代表不同情景下的干旱,筛选结果如表 7.3 所示。由于体现气象、农业以及水文干旱的干旱指标不同,表征干旱的干旱烈度以及评估干旱的等级评判标准也有不同,加之依据典型干旱的理论干旱特征选取实际干旱过程必然会受实际发生的干旱以及现有资料的限制,所以该表中中等程度的干旱烈度有时会大于重特旱的干旱烈度。

表 7.3　典型干旱筛选结果

起始时间 (年月日)	子流域	情景	干旱历时 (年)	干旱面积 (km)²	干旱烈度
20090901		轻旱	71	82.36	83.59
19630522	湘水	中旱	179	69.69	660.05
19640718		重旱	477	—	518.02
19850617		轻旱	69	77.88	85.12
19920730	资水	中旱	157	83.77	548.92
19711016		重旱	367	—	458.59
20090805		轻旱	78	75.71	87.05
19630523	沅水	中旱	174	47.32	653.97
19920826		重旱	343	—	356.62
19791005		轻旱	74	90.64	109.48
19910929	澧水	中旱	126	78.20	401.14
19920216		重旱	266	—	278.40

7.6　小结

　　本章主要通过改进的综合气象干旱指数(ED2CI)、改进的标准化径流指标(EDRI)以及改进的 Palmer-Z 指标(ED_Z),计算分析了洞庭湖湘江、资水、沅水、澧水四个子流域的干旱特征。其中气象干旱指数反映的干旱次数偏多,但干旱强度不如水文干旱和农业干旱;气象干旱反映的干旱面积普遍偏大,而农业干旱反映的干旱面积波动性明显。除此之外还确定了各子流域干旱历时及干旱烈度的频率分布类型,并计算了各子流域干旱历时和干旱烈度的 Copula 联合概率分布。根据边缘分布重现期、同现重现期及联合重现期,筛选出各子流域不同干旱情景下的干旱状况。

8 典型干旱情景下洞庭湖区水资源的影响

8.1 典型干旱情景下的水资源状况

干旱对人类的生存、社会发展以及粮食产量等有着至关重要的影响,而干旱引起的粮食减产甚至"绝收"则直接关系到社会的稳定,因此干旱是关乎人类生存、社会稳定及经济发展的重大事件。然而单纯的干旱分析仅仅涉及到干旱历时、干旱烈度以及干旱起始时间的分析评估,对不同干旱情景下的水资源状况的分析以及不同干旱情景下的水量对社会、经济、人口等方面影响的研究少之又少。另外,受江湖关系、气候、洞庭湖流域内下垫面及社会经济等多方面的影响,洞庭湖流域内时有干旱发生,且干旱时段多为秋冬春三季,由此,洞庭湖湖区夏冬水位差加大,湖泊"冬河夏湖",湖面面积变化巨大,对湖区生态、湖区人民的正常生活以及社会经济的正常发展具有较大影响。我们不仅要分析研究当前社会发展状况下不同干旱情景的水资源承载状况,而且要对未来不同干旱情景下的水资源承载状况进行分析,从而确定更加合理的产业结构,提高未来湖区承受干旱灾害的能力,最大限度的减少干旱带来的损失、为应对干旱灾害提供充足的时间。同时,动态的考虑社会经济、生态环境等给典型干旱情景带来的波动及对湖区的影响也较为重要。

因此,为更为清晰的反映不同干旱情景对湖区社会经济的影响及程度,本书以水资源定量指标作为评价典型干旱对湖区社会经济影响的手段,以 2010 年作为当前社会发展状况,分析典型干旱情景下的水资源状况对湖区水量、人口、经济的影响,并深入进行了 2020 年干旱情景下的水资源状况分析。

典型的干旱情景是干旱事件的选取,其干旱历时长短不一,而且典型干旱情景是基于气象、水文、农业的干旱过程,与水资源状况这一量值指标间存在一定的差异。干旱情景与水资源量之间的差异使研究典型干旱情景下的水资源状况的分析有了较大的难度。因此,本文统一计算典型干旱事件对应的水资源情况,并将其换算成年尺度,以便对湖区水资源状况进行进一步的分析研究。

　　分别筛选出的各子流域典型干旱过程,计算出出入洞庭湖湖区的水资源量。计算公式为:

$$WR_{i,k} = \sum_{t=1}^{D_{i,k}} Q(t,i,k)\Delta T \tag{8.1}$$

$$WR_{i0,k} = \delta WR_{i,k} \tag{8.2}$$

$$W_i = \mu\left(\sum_{k=1}^{4} WR_{i0,k} + WR_{区}\right) \tag{8.3}$$

式中:$WR_{i,k}$——子流域 k 的第 i 个干旱等级的典型干旱的径流总量;

　　　$WR_{i0,k}$——子流域 k 的第 i 个干旱等级的典型干旱的水资源量;

　　　$D_{i,k}$——子流域 k 的第 i 个干旱等级的典型干旱的干旱历时;

　　　δ——转换系数;

　　　W_i——干旱等级为 i 时,洞庭湖湖区的水资源总量;

　　　$WR_{区}$——洞庭湖湖区区间水资源量的平均值;

　　　μ——水资源利用系数;

　　　$Q(t,i,k)$——子流域 k 的第 i 个干旱等级的典型干旱的第 t 个时段的流量;

　　　ΔT——时段间隔时间;

　　　k——各个子流域,$k=1$、2、3、4 分别代表湘江、资水、沅水、澧水;

　　　i——各个干旱等级,$i=1$、2、3 分别代表轻旱、中旱、重旱。

　　以湘江子流域轻旱等级为例计算其年径流量。湘江流域轻旱等级的径流量累加和为 $WR_{1,1} = \sum_{t=1}^{D} Q(t) \times 3\,600 \times 24/10^8 = 43.56$ 亿 m²,其典型干旱持续时间为 $D=71$ 天,则其年径流量为 $WR_{1,1} \times 365/D = 193.27$ 亿 m³。

　　分别对不同子流域的不同干旱过程计算其径流量,计算结果如表 8.1 所示。

表 8.1　不同子流域不同等级干旱对应的年径流量　　　　(单位:亿 m³)

流　域	轻　旱	中　旱	重　旱	轻—重
湘江	193.27	139.19	90.49	102.78
资水	125.11	84.14	65.31	59.80
沅水	208.24	156.48	116.75	91.49
澧水	118.64	79.23	56.50	62.14

　　由于四水流域径流是相互独立汇入洞庭湖区的,因此四水的干旱情景理论上可以"任意叠加"的。由于重旱情景对区域水资源的影响最大,因此本书以"重旱"为基准选择干旱情景叠加分析,并结合各子流域完全轻旱情景和完全中旱情景的

叠加,来研究不同干旱情景下的湖区水资源状况。

1) 完全轻旱情景和完全中旱情景的子流域径流叠加

分别取湘资沅澧四水都为轻旱、中旱情景的径流量进行叠加计算,并加入湖区区间入流量,计算出湖区完全轻旱和完全中旱相应的水资源量分别为 284.6 亿 m^3 和 210.1 亿 m^3。

2) 基于重旱情景的子流域径流叠加

重旱情景的径流叠加原则为:对湖区水资源量影响最大的子流域优先叠加,一次叠加时仅考虑叠加后对水资源影响最轻和最重两种情景。例如,选取湘江流域、沅水流域的重旱情景和其余两个子流域的轻旱情景的叠加情况,作为两次重旱叠加分析中的轻微情况。

现以两次重旱叠加的轻微情景和严重情景为例进行说明:

(1) 选取两次重旱叠加的径流情景

根据表 8.1 可知,湘江和沅水子流域的轻旱到重旱波动较大,因此重旱叠加选取这两个子流域对应的径流进行分析。轻微情景为湘江、沅水的重旱情景的径流加上资水、澧水的轻旱情景的径流,即为:

$$WQ_{2,轻}=WR_{3,1}+WR_{1,2}+WR_{3,3}+WR_{1,4}=451 亿 m^3$$

而其严重情景的径流为:

$$WQ_{2,重}=WR_{3,1}+WR_{2,2}+WR_{3,3}+WR_{2,4}=370.6 亿 m^3$$

(2) 计算水资源量

由于总水资源量的计算涉及多方面且计算复杂,为简化计算,这里采用总径流量乘一个系数的方法来计算。两次重旱叠加的轻微情景的总水资源量用 $W_{2,轻}$ 来表示,严重情景用 $W_{2,重}$ 来表示,则:

$$W_{2,轻}=(WQ_{2,轻}+WR_{区})\mu=(451+66.16)\times 0.4 亿 m^3=206.9 亿 m^3$$
$$W_{2,重}=(WQ_{2,重}+WR_{区})\mu=(370.6+66.16)\times 0.4 亿 m^3=174.7 亿 m^3$$

不同重旱叠加情景下的计算结果如表 8.2 所示。

表 8.2　不同重旱叠加情景的湖区水量计算结果　　　　　(单位:亿 m^3)

项目	一次重旱叠加		两次重旱叠加		三次重旱叠加		四次重旱叠加
	轻	重	轻	重	轻	重	
径流叠加	542.5	410.3	451.0	370.6	388.8	347.9	329.0
水资源量	243.5	190.6	206.9	174.7	182.0	165.6	158.1

从表 8.2 可以看出,三次重旱叠加情景的轻微情况要好于两次重旱叠加的严

重情况,同样的情景也发生在两次重旱叠加的轻微情况和一次重旱叠加的严重情况之间。这表明可以通过减轻其他子流域的干旱状况来使湖区干旱等级下降。

8.2　水资源承载能力计算方法

针对当前湖泊调蓄能力下降、湖泊萎缩等问题,研究湖泊的径流演化趋势尤其是湖区中低水位下水资源复合生态系统的综合承载力,确定不同湖区来水对水资源承载力的影响程度,综合考虑湖区产业结构、生态保护、水情变化等情况,制订能够保持可持续发展的对策。对水资源承载力的研究分析要以保障湖区人水和谐为原则,湖区水资源对经济社会发展具有支撑作用和承载能力,对于区域经济发展模式以及布局等宏观区域规划具有非常重要的意义。

为能较全面的反映不同干旱情景对湖区社会经济及环境等方面的影响,本书选取水资源承载力的定量指标法评估不同干旱情景对湖区某一发展阶段的影响。具体计算方法和原理如下:

1) 对研究流域进行水量、经济平衡计算

(1) 水量平衡公式

$$W_S = W_D \tag{8.4}$$

$$W_S = W_{SN} + W_{SS} + W_{SW} + W_{SD} \tag{8.5}$$

$$W_D = W_{DP} + W_{DA} + W_{DI} + W_{DE} \tag{8.6}$$

式中:W_S——总供水量(亿 m^3),由自然水资源可供水量 W_{SN}、海水淡化水量 W_{SS} 和
　　　污水回用水量 W_{SW} 构成。在没有确定的外部调水数量 W_{SD} 时,一般
　　　只计算当地水资源供水能力。

　　W_D——总需水量(亿 m^3),由生活用水量 W_{DP}、农业用水量 W_{DA}、工业用水量
　　　W_{DI} 和生态环境用水量 W_{DE} 构成。

(2) 经济平衡公式

$$GDP = GDP_A + GDP_I + GDP_S \tag{8.7}$$

式中:GDP——总经济规模(亿元),由农业 GDP_A、工业 GDP_I 和服务业 GDP_S 构
　　　成,它们之间的比例关系构成产业结构比例,农业 GDP 比例 B_A +
　　　工业 GDP 比例 B_I + 服务业 GDP 比例 $B_S = 1$。

(3) 水量经济关系公式

$$W_{DP} = P \cdot q_P \tag{8.8}$$

式中：P——人口（万人）；

　q_P——生活用水综合定额（亿 m³/万人）。

当城镇化率为 k、城镇居民生活用水定额为 q_{PL}、农村居民生活用水定额为 q_{PR} 时，$q_P = q_{PL}k + q_{PR}(1-k)$。

$$W_{DA} = GDP_A \cdot q_A = \frac{GDP_A}{\gamma_A} \qquad (8.9)$$

式中：GDP_A——农业 GDP（亿元）；

　q_A——万元农业 GDP 用水定额（亿 m³/亿元）；

　γ_A——单位水量农业 GDP，它是万元农业 GDP 用水定额 q_A 的倒数，$q_A = \frac{1}{\gamma_A}$。

农业用水量 W_{DA} 也可以用农业灌溉面积与农业灌溉定额计算：

$$W_{DI} = GDP_I \cdot q_I = \frac{GDP_I}{\gamma_I} \qquad (8.10)$$

式中：GDP_I——工业 GDP（亿元）；

　q_I——万元工业 GDP 用水定额（亿 m³/亿元）；

　γ_I——单位水量工业 GDP，它是万元工业 GDP 用水定额 q_I 的倒数，$q_I = \frac{1}{\gamma_I}$。

工业用水量 W_{DI} 也可以用工业产值与万元工业产值用水定额计算。

2）计算水资源承载的人口规模 P^*、社会经济规模 p^*（GDP/P）或 $GDP_I + GDP_A^* + GDP_S$ 和生态环境规模 W_{DE}^*

根据湖区目前人口、社会经济和生态环境现状和目标发展情况，按效益最大化原则，进行最大可供水量在人口、社会经济和生态环境各用水部门的合理分配，计算承载的人口、社会经济和生态环境的规模。生态环境用水虽然没有直接的经济效益，主要是社会效益，但为实现可持续发展原则，应保证生态环境用水的需求。人口是水资源承载力研究的最主要目标，在进行有限水资源分配的时候，生活用水应是首先得到保证。这样，有限水资源分配的先后次序为：首先保证生活用水，尽量保证生态环境用水，协调经济用水。

根据以上用水的分配方案，结合水量、经济平衡计算，则有：

$$P^*(GDP/P) = GDP_I + GDP_A^* + GDP_S \qquad (8.11)$$

$$GDP_A^* = \frac{(W_S - W_{DE}^* - W_{DI} - W_P^*)}{q_A} \qquad (8.12)$$

$$W_{DE}^* = P^* \cdot q_E \qquad (8.13)$$

$$W_P^* = p^* \cdot q_P \tag{8.14}$$

$$P^* = \frac{\left(\dfrac{GDP_I + GDP_S + (W_S - W_{DI})}{q_A} \right)}{\left(\dfrac{\dfrac{GDP}{P} + (q_P + q_E)}{q_A} \right)} \tag{8.15}$$

式中:带 * 号者为按供水量计算所得到的相应规模值,其余为按发展趋势预测的规模。

　3) 对基础指标进行量化

$$I_W = \frac{W_S}{W_D} \tag{8.16}$$

$$I_P = \frac{P^*}{P_S} \tag{8.17}$$

$$I_{GDP} = \frac{GDP^*}{GDP_S} \tag{8.18}$$

$$I_E = \frac{W_{DE}^*}{W_{DES}} \tag{8.19}$$

式中:I_W——水量承载指数;

　I_P——人口承载指数;

　I_{GDP}——社会经济承载指数;

　I_E——生态环境承载指数;

　W_S——可供水量;

　W_D——需水量;

　P^*——按水资源供给能力预测人口数量;

　P_S——按社会发展趋势预测人口数量;

　GDP^*——按水资源供给能力预测 GDP 数量;

　GDP_S——按社会发展趋势预测 GDP 数量;

　W_{DE}^*——按水资源供给能力预测生态环境需水量;

　W_{DES}——按社会发展趋势预测生态环境需水量。

　4) 计算水资源承载力指数 CCWR

$$CCWR = \alpha I_W + \beta I_P + \gamma I_{GDP} + \lambda I_E \tag{8.20}$$

式中:α、β、γ、λ 分别表示水量承载指数 I_W、人口承载指数 I_P、社会经济承载指数 I_{GDP}、生态环境承载指数 I_E 的加权系数,其取值大小可依据指标的重要程度选取。

8.3 对湖区 2020 年社会经济等的预测分析

8.3.1 边界条件

影响水资源的因素众多,既涉及水体自身的水量、水质和时空分布等特性,也包括经济社会与人类等承载客体对它的反作用;既与水资源本身特点有关,也与国家发展政策和经济布局有关。确定洞庭湖湖区水资源承载力分析的边界条件,采用的是情景预测法:按照国际和国内规定的定额、标准,参照与洞庭湖相似的其他流域或城市的发展过程进行分析。

分别预测构成洞庭湖湖区水资源承载力影响因素的子系统:人口发展和城镇化进程、社会经济发展、生态环境、水资源开发利用和供需发展的状况,进而进行现状、目标和远景年动态的,包括基础指标量化计算和分类指标评价的水资源承载力分析。湖区社会经济的发展应当以《洞庭湖生态经济区发展规划》和《湖南国民经济和社会发展"十二五"规划纲要》的目标作为预测湖区水资源承载力的上限,即全省地区生产总值年均增长 10％以上,2015 年总量达 2.5 万亿元左右(按可比价计算),人均地区生产总值力争接近全国平均水平。固定资产投资年均增长 20％以上,居民消费率增长 38％以上,进出口贸易总额 500 亿美元,财政总收入 3 000 亿元以上。

8.3.2 预测方法介绍

限于资料的序列长度等信息,水资源承载力子系统各指标的预测本书主要采用灰度预测、谐波分析法及其衍生出的预测方法预测。

1) 灰度评价法——GM 模型

灰色系统的概念是黑箱模型的一种拓广。控制论中的黑箱是指人们考察对象时,无法直接观测其内部结构,只能或只需通过考察其外部输入、输出来认识的现实系统。灰箱则是指既有已知信息又含有未确定信息的系统。自然界中的多数系统除了随机性和模糊性外,还存在着一种更广泛,内容更深刻的特性——灰色性。灰色理论认为:灰色性广泛存在于各系统中,系统的随机性和模糊性只是灰色性两个不同方面的不确定性,因而灰色系统理论能广泛应用于各个领域。

其建模方法如下:

记 $X^{(0)}$ 为原数据序列 $X^{(0)} = (x^{(0)}(1), x^{(0)}(2), \cdots, x^{(0)}(n))$;$X^{(1)}$ 为一次累加生成数列 $X^{(1)} = (x^{(1)}(1), x^{(1)}(2), \cdots, x^{(1)}(n))$。其累加生成规则为:

$$x^{(1)}(k) = \sum_{j=1}^{K} x^0(j) \tag{8.21}$$

根据灰度理论及实际情况，在许多系统中，通过累加生成，可使原始数据累加后的生成数据 $x^{(1)}(k)$ 有较明显的指数规律，适合于建立微分方程的动态模型。灰色系统理论建立动态模型中，$GM(1,N)$ 是 N 个变量的一阶灰色动态模型，其形式为：

$$\frac{\mathrm{d}x_1^{(1)}}{\mathrm{d}t} + ax_1^{(1)} = b_1 x_2^{(1)} + \cdots + b_{N-1} x_N^{(1)} \tag{8.22}$$

最特殊的也是最常用的是序列一阶性动态 $GM(1,1)$ 模型：

$$\frac{\mathrm{d}x_1^{(1)}}{\mathrm{d}t} + ax_1^{(1)} = u \tag{8.23}$$

式中，辨识参数 a、u 组成矩阵，并按最小二乘拟合确定：

$$\boldsymbol{a} = \begin{bmatrix} a \\ u \end{bmatrix} = (\boldsymbol{B}^{\mathrm{T}}\boldsymbol{B})^{-1}\boldsymbol{B}^{\mathrm{T}}\boldsymbol{Y}_N \tag{8.24}$$

式中，矩阵

$$\boldsymbol{B} = \begin{bmatrix} -\frac{1}{2}\{x^{(1)}(1)+x^{(1)}(2)\} & 1 \\ -\frac{1}{2}\{x^{(1)}(2)+x^{(1)}(3)\} & 1 \\ \cdots & \cdots \\ -\frac{1}{2}\{x^{(1)}(m-1)+x^{(1)}(m)\} & 1 \end{bmatrix} \tag{8.25}$$

$$Y_N = [x^{(0)}(2), x^{(0)}(3), \cdots, x^{(0)}(m)] \tag{8.26}$$

式中：$x^{(1)}(k)$——由原始数据序列 $x^{(0)}$ 经式(8.21)得到的累加生成数据序列。

$x^{(1)}(1) = x^{(0)}(1)$ 为初始值。

求解微分方程式(8.23)，得预测模型：

$$\hat{x}^{(1)}(k+1) = [x^{(1)}(1) - u/a]\mathrm{e}^{-ak} + u/a \tag{8.27}$$

当 $GM(1,1)$ 的发展系数 $|a| \geqslant 2$ 时，$GM(1,1)$ 模型无意义。因此，$(-\infty, -2] \cup [2, +\infty)$ 是 $GM(1,1)$ 发展系数 a 的禁区，在此区间，$GM(1,1)$ 模型失去意义。

一般地，当 $|a| < 2$ 时，$GM(1,1)$ 模型有意义。但是，a 的不同取值，预测效果也不同。通过数值分析有如下结论：

① 当 $-a \leqslant 0.3$ 时，$GM(1,1)$ 的 1 步预测精度在 98% 以上，2 步和 5 步预测精

度都在 97％以上,可用于中长期预测。

②　当 0.3＜−a≤0.5 时,GM(1,1)的 1 步和 2 步预测精度都在 90％以上,10 步预测精度也高于 80％,可用于短期预测,中长期预测慎用。

③　当 0.5＜−a≤0.8 时,GM(1,1)用作短期预测应十分慎重。

④　当 0.8＜−a≤1 时,GM(1,1)的 1 步预测精度已低于 70％,应采用残差修正模型。

⑤　当−a＞1 时,不宜采用 GM(1,1)模型。

另外值得注意的是,此灰度模型的实质是将数据拟合成了一个与原数据最为接近的指数函数,当预测时间较长时,预测数据会随着时间的延长无限制的增加下去,这显然与实际情况不符。所以,应当对预测期长度的选取审慎对待。此外,用此模型进行受人为因素调控影响较大的数据预测时,还应根据实际发展情况进行修正。

2) 谐波分析法——Harm 模型

数学上研究一个复杂函数的变化常常把它看成由许多简单函数叠加而成。谐波分析将时间序列的周期变化看成由一系列正弦波叠加而成,其最长周期的序列长度称的基本波。其余波长为基本波长 1/2、1/3、1/4、…、1/n(n 为正整数)的称为谐波。应用上述原理进行时间序列分析的方法称为谐波分析法。

对任一时间序列 $y(t_i)$,$i=1,2,3,\cdots,n$(n 为偶数),则有:

$$y(t_i) = y(t) + \sum_{j=1}^{n/2} A_j \sin(j\omega t_i + \theta_j) \tag{8.28}$$

利用三角函数的和角公式展开得:

$$y(t_i) = y(t) + \sum_{j=1}^{n/2} (a_j \cos(j\omega t_i) + b_j \sin(j\omega t_i)) \tag{8.29}$$

$$a_j = A_j \sin\theta_j \tag{8.30}$$

$$b_j = A_j \cos\theta_j \tag{8.31}$$

式中：$y(t)$——平均值;

A_j——振幅;

θ_j——相角;

t_i——任意时刻。

若已知 $y(t)$、a_j、b_j,则可得到估值,即可对原序列进行模拟,并可对未来数据进行预报:

$$\hat{y}(t_i) = y(t) + \sum_{j=1}^{n/2} (a_j \cos(j\omega t_i) + b_j \sin(j\omega t_i)) \qquad (8.32)$$

为使误差平方和 $\left(\sum \varepsilon^2(t_i) = \sum_{i=1}^{n} [\hat{y}(t_i) - y(t_i)]^2 \right)$ 最小，由最小二乘法原理得：

$$\left. \begin{aligned} y(t) &= \frac{1}{n} \sum_{i=1}^{n} y(t_i) \\ a_j &= \frac{2}{n} \sum_{i=1}^{n} y(t_i) \cos(j\omega t_i) \\ b_j &= \frac{2}{n} \sum_{i=1}^{n} y(t_i) \sin(j\omega t_i) \end{aligned} \right\} \qquad (8.33)$$

谐波展开中的波数 k 需要适当，k 值越大谐波展开就越接近原序列，但超过一定限度后误差反而增大。可以通过求傅氏系数以及方差拟合度来确定波数，并进行预报工作。设第 j 个波的方差为：

$$S_j^2 = \frac{1}{2} (a_j^2 + b_j^2) \qquad (8.34)$$

拟合度为：

$$r = \frac{\sum_{j=1}^{n} S_j^2}{S_y^2} \qquad (8.35)$$

$$S_y^2 = \frac{1}{n-1} \sum_{i=1}^{n} [\hat{y}(t_i) - y(t_i)]^2 \qquad (8.36)$$

计算方法一般是将每个波按由大到小的顺序排列，当拟合程度达到 95% 以上，即可以确定所需的波数以及预报时间序列的方程式。

此种方法对于数据波动较明显、变化趋势较稳定的时间序列以及后期数据主要受前期数据变化影响（或受其他因素影响较小）的因素进行预测，效果会比较好。

3) GM-Harm 均值模型

GM 灰度预测模型拟合出的曲线是一条指数曲线，其增幅的速率相同，后期预测值往往异常偏大；谐波分析预测模型是根据"数据是以某一固定常数为基准的离散"假设的，其预测期往往会呈现出以原数据均值为基准的波动性，整体变化趋势较弱。

为了较好的预测，可以将 GM 模型和谐波分析预测模型相结合。当 GM 模型拟合的曲线和原序列曲线拟合性较好,但是 GM 预测期的数据上升(下降)情况与实际情况明显不符,数据序列随 GM 预测曲线波动性不明显,数据序列整体上同时具有波动性和趋势性,比较符合随机序列的特性时,可以取两个模型预测拟合值的平均值——GM-Harm 均值作为最后的数据。这样既保持了 GM 模型的整体变化趋势,也在一定程度上反映出数据变化的波动性,并且避免了因 GM 的指数特性而出现的增幅速度过高的情况。

4) GM-Harm 耦合模型

GM-Harm 均值模型保留了原始数据序列的趋势性和波动性,但是其实质上却是对数据序列波动性和周期性的一种"折中",在一定程度上弱化了真实数据序列的趋势性和周期性。

当 GM 曲线不能较好的拟合原数据序列,但是却能较好的代表原始序列的趋势变化,并且预测期 GM 曲线也比较符合实际情况,原数据序列随 GM 曲线变化波动性明显,具有较大波动幅度时,可以采用 GM-Harm 耦合模型。

GM-Harm 耦合模型原理如下:根据采用此模型的条件,可以将 GM 曲线作为数据序列变化的趋势项,提取出数据序列的残差项。此残差项具有很好的波动性,并且此波动性的常数理论上来说是一个定值,因此可以将此残差项用 Harm 模型进行拟合预测,然后用此残差项的拟合数据和 GM 模型的结果数据重构出原始数据及预测序列。

此种方法是对 GM 模型的改进,往往能较好的拟合原始数据序列。但是当原序列具有下降(上升)趋势,在预测期中的波动幅度大于 GM 曲线与理论限制的差距时,往往会出现不合理的预测点。在实际预测中,当数据具有下降趋势,预测后期数据去趋势后的残差波动幅度大于 GM 曲线与下限值(一般为 0 值)的差值时,往往会出现预测数据小于 0 等不合理现象,这时采用 GM-Harm 均值模型效果好一些。另外,当采用 GM-Harm 耦合模型进行预测,预测期数值随 GM 趋势线变化较大时,也较适宜采用 GM-Harm 均值模型进行预测。

8.3.3　湖区 2020 年各经济指标的预测分析

1) 湖区人口发展预测和城镇化进程预测

(1) 湖南省内湖区人口预测

根据《湖南省统计年鉴》中"洞庭湖区的主要经济指标"一项,搜集 2001—2012 年数据,可以得到湖区总人口的情况(城镇化发展水平采用湖南省长沙市望城区、常德市、益阳市及岳阳市人口情况进行预测)。

采用灰度模型(GM)预测到 2020 年数据,结果见表 8.3。从表中可以看出城镇人口、总人口及城镇化水平的发展系数 a 均大于 -0.3,可见采用灰度模型预测城镇人口、总人口及城市化发展水平均具有可信的精度。另外可以看出城镇化发展水平一项的误差最小,表明灰度模型对此项具有较高的拟合精度。

表 8.3　GM(1,1)模型预测参数及误差统计

参数	城镇	总人口	城镇化水平
a	−0.034	0.003	−0.038
绝对误差	29.75*	25.53*	0.01
相对误差(%)	4.80	1.54	3.96

* 此参数的单位为万人

　　表 8.4 为 GM(1,1)灰度模型预测结果,根据《湖南省国民经济和社会发展"十二"五规划纲要》(简称《"十二五"规划纲要》),至 2015 年全省总人口控制在 7 180 万人以内,城镇化率超过 50%。2015 年湖区的人口情况按 2012 年湖区人口占湖南省总人口的比例保持不变,可以确定应当控制在 1 615.92 万人以内,而湖区城镇化率则采用"湖南城镇化率达到 50% 以上",根据表 8.4 可以看出,到 2015 年湖区总人口为 1 613.58 万人,城镇化率达到了 51% 以上,满足城市化发展规划的要求。另外,GM(1,1)预测 2020 年湖区城镇化水平达到 61.61%,这与国家发展改革委会能源研究所预计的"2020 年全国城镇化率将达到 63%"相符合,说明以此预测出的 2020 年数据是符合规划要求的,也是可信的。

表 8.4　GM(1,1)模型预测湖区(湖南省)结果

年　份	城镇人口 (万人)	总人口 (万人)	城镇化率(%)	
			预　测	计　算
2010	696.74	1 641.20	42.52	42.45
2012	745.99	1 632.11	45.84	45.71
2015	826.47	1 613.58	51.33	51.22
2020	980.36	1 591.28	61.96	61.61

　　(2) 荆州市人口及城镇化预测

　　根据荆州市人口变化情况,2008—2012 年总人口平均每年下降约 5.36 万人,2010—2012 年人口下降相对稳定,每年下降约 1.04 万人,则 2020 年荆州总人口 469.51 万人。对荆州城镇人口运用国家发展改革委能源研究所公布的 2020 年全国城镇化水平为 0.63"进行预测,则荆州市 2020 年城镇人口为 295.79 万人。

　　(3) 湖区总人口预测

　　将现状年(2010)、2020 年湖区(湖南)部分与荆州市人口相加可以得到整个湖区预测人口情况。其结果如表 8.5 所示。

表 8.5　湖区预测人口基本情况表(单位:万人)

项目	2010	2020
城镇	861.28	1 276.15
总人口	2 111.36	2 060.79

2) 湖区社会经济发展预测

(1) 湖区工业增加值预测

根据《洞庭湖生态经济区城镇发展规划（2012—2020年）》《洞庭湖生态经济区城镇工业规划（2012—2020年）》，预计到2020年，工业增加值10000亿元，工业化率58.8%，与2010年（洞庭湖生态经济区工业增加值2094亿元，工业化率43.5%）相比，国内生产总值年均增长率13.4%，工业增加值年均增长16.9%。湖区工业增加值预测成果见表8.6。

表8.6　湖区工业增加值预测（单位：亿元）

年份	2010	2020
湖区	2 094	10 000

(2) 湖区GDP及三大产业结构预测

采用GM(1,1)模型拟合2001—2012年GDP数据，结果如图8.1所示，其模拟效果较好，可以反映出当湖区经济一直处于良好状态，保持现有增长势头下的发展状况。当前，湖区GDP的增长速度为17.94%，预计2015年湖区GDP将会达到10 915.25亿元，而2020年会达到24 909.63亿元，分别为2010年的2.26和5.16倍。

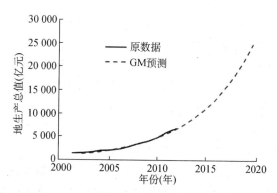

图8.1　GM模拟湖区地区生产总值结果图

根据《"十二五"规划纲要》中的要求，湖南在2011—2015年间应保持地区生产总值年均10%的增长，以此作为湖区经济发展的"下限"，可以预测出2015年、2020年湖区GDP分别为9 090.15亿元、14 639.78亿元。

表8.7　湖区GDP经济指标预测结果（单位：亿元）

年份	2015	2020
上限	10 915.25	24 909.63
下限	9 090.151	14 639.78
预测值	10 562.38	21 846.2

以上两种情况均属于"极端"状况，为更加符合实际情况，这里以2001—2012年年均增长率的平均值（15.64%）作为2012年之后GDP的增长速度，其预测结果如表8.7所示。

根据《"十二五"规划纲要》中的要求,2015年三大产业结构应为9.5：48.5：42,洞庭湖湖区的三大产业也取此结构,而根据《洞庭湖生态经济区城镇发展规划(2012—2020)》,湖区经济到2020年预计将达到1.7万亿元,说明此预测结果比较符合实际。具体计算结果如表8.8所示。

表8.8　洞庭湖区生产总值和产业结构预测

年份 (年)	国民经济	GDP	第一产业	第二产业	第三产业
2010		—	18.87	47.81	33.32
2015	产业结构(%)		9.5	48.5	42
2020		—	5.5	50.4	44.1
2030			3.1	51.7	45.2
2010		4 823.28	910.29	2 305.87	1 607.12
2015	总产值(亿元)	10 562.38	1 003.43	5 122.75	4 436.20
2020		21 846.22	1 210.55	11 011.80	9 623.87
2030		37 316.50	1 156.81	19 300.09	16 859.59

3) 湖区农业发展水平预测

湖区有效灌溉面积是预测湖区农业需水量的关键指标,也是计算湖区农业水资源承载力的重要指标。鉴于资料情况,根据《湖南省统计年鉴》,先计算纯湖区的有效灌溉面积,再根据现有各市区的有效灌溉面积与相应年份纯湖区有效灌溉面积的比例系数,计算湖区的有效灌溉总面积。最后根据各市区有效灌溉面积占湖区总面积的比重计算各个市区的有效灌溉面积。

通过观察纯湖区有效灌溉面积随时间的变化趋势图(见图8.2)可以发现,湖区有效灌溉面积是随时间波动变化的,还受到湖区实际耕种面积、灌溉设施、耕作的农作物、该地区的天气等状况的影响,因而其变化规律比较符合谐波理论对数据的要求,可以对纯湖区有效灌溉面积进行谐波预测分析,其谐波分析结果如图8.2所示。以拟合度为95%为标准,谐波拟合的有效波形如图8.3所示。

根据图8.2的预测结果可知,预测2020年纯湖区有效灌溉面积876.57千 hm²,2030年纯湖区有效灌溉面积为860.84千 hm²。

以2008—2010年各市区的有效灌溉面积与纯湖区有效灌溉面积的比例系数(3 844.96千 hm²/2 617.35千 hm²＝1.469)计算,湖区有效灌溉面积预测结果如表8.9所示。

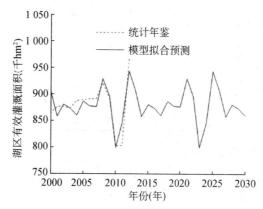

图8.2 湖区有效灌溉面积的谐波预测结果图

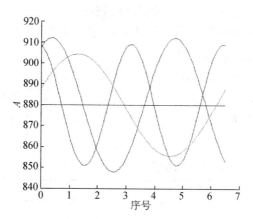

图8.3 湖区有效灌溉面积的有效谐波波形

表8.9 湖区有效灌溉面积预测 （单位：千 hm²）

年份	2010	2020	2030
纯湖区	803.79	876.57	860.84
湖区	1 180.79	1 287.71	1 264.60

4）湖区生态环境用水预测

生态需水量可以分为水域生态需水量和陆面生态需水量，其中水域生态需水量是指维护地表水体特定的生态功能所需要的一定水质标准下的水量，包括防止河道断流所需的生态需水量，防止河流、湖泊泥沙淤积所需的生态水量以及水面蒸发所需的生态水量等；陆面生态需水量主要由城市生态需水、农业生态需水、森林生态需水、草地生态需水组成。湖区生态需水量的计算，除城市生态需水之外，其他类型采用定额法计算；而城市生态需水计算则以现状年为基准，由湖区社会经济的发展速度确定。参考伍立等人的研究，计算成果如表8.10所示。

表 8.10　湖区生态需水量　　　　　　　　　　　（单位：亿 m³）

年　份（年）	水　面				陆　面				合　计
	河道	输沙	水面蒸发	湿地	城市	农业	森林	草地	
2010	6.12	0.39	0.13	7.56	0.63	0.5	1.58	0.13	17.04
2020	6.12	0.39	0.13	7.56	2.22	0.5	1.58	0.13	18.63
2030	6.12	0.39	0.13	7.56	4.80	0.5	1.58	0.13	21.21

5）湖区综合用水量预测

湖区综合用水量包含湖区农业用水、工业用水、居民用水及公共生态用水等方面，综合反映了洞庭湖区用水总量的发展变化情况，也是衡量该地区水资源对其农业、工业、居民生活以及生态等社会自然因素承载能力的重要指标。

根据《湖南省水资源公报》，统计出洞庭湖区 2001—2012 年综合用水情况（图8.4）。湖区综合用水量整体表现为波动上升趋势，其中 2003—2004 年用水量变化幅度最大，2000 年综合用水量最小。

由图 8.4 可以看出，原始数据序列具有较好的趋势性，而且随 GM 曲线表现出了较好的波动性，因此采用 GM-Harm 耦合模型进行预算。经拟合计算发现，GM-Harm 耦合曲线后期预测数据偏离 GM 曲线幅度适当，比较符合实际情况，预测结果如表 8.11 所示。

表 8.11　洞庭湖区综合水资源量预测结果　　　　　　（单位：亿 m³）

年　份（年）	2010*	2020	2030
综合用水量	39.22	47.63	53.86

* 2010 年为现状年，采用实际数据计算得到。

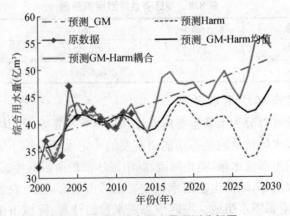

图 8.4　湖区综合用水量预测分析图

6）湖区水资源开发利用系数预测分析

水资源开发利用系数集中体现了某地区对当前水资源的开发利用程度，是反映该地区水资源开发利用潜力的重要指标，也是该地区水利设施取水能力的一种集中体现。该指标受当地水利设施取水能力和当地水资源总量的综合影响，具有一定的随机特性，但主要受人类调控影响。

观察湖区水资源开发利用程度随时间变化的曲线（见图 8.5）可以看出，该曲线具有非常明显的上升趋势，并且随着科学技术的发展以及人们对水资源的重视，近年来更加增高，偏离 GM 曲线的幅度越来越小。根据当前社会对水资源的重视程度以及水利设施取水能力的提高，短期内不会出现水资源开发利用系数大幅度下降的现象，因此，不能再对水资源开发利用系数采用谐波分析法预测。根据原始数据显著的上升趋势以及当前水利设施的发展情况，可以采用 GM 灰度模型预测，再根据实际情况进行校正。

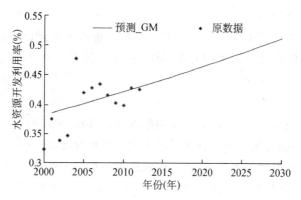

图 8.5　湖区水资源开发利用程度预测分析图

湖区当前正面临着取水、提水等水利工程老化，设计标准对当前形势下的水资源状况的不适用等情况，存在着取提水能力下降，取水量下降的现象。对湖区现有的取水、提水等水利设施进行治理，是当前亟待解决的问题。根据实际数据显示，2010 年湖区水资源开发利用系数为 0.40，若对当前湖区现有水利设施进行治理、新建等，预计 2020 年湖区取水能力将有大幅度提高。对湖区水资源开发利用系数进行 GM 预测，2020 年水资源开发利用系数将达到了 0.46，这与实际情况相符合，不需要修正。根据上边的数据预测洞庭湖湖区水资源开发利用系数结果如表 8.12。

表 8.12　洞庭湖湖区水资源开发利用程度预测结果

年份（年）	2010*	2020	2030
湖区	0.40	0.46	0.51

* 2010 年为现状年，采用实际数据计算得到。

8.3.4 湖区需水量预测

1) 湖区生活需水预测

生活需水分城镇生活用水和农村生活用水两部分计算,计算方法采用人均定额法。城镇人口用水定额和农村人口用水定额是决定生活用水量的主要参数,主要由现状用水定额和目标用水定额,并参考其他地区、全国和世界工业化国家的用水定额标准来确定。现状常德、益阳、岳阳、长沙和荆州市城镇生活需水定额分别为 158 L/(人·日)、162 L/(人·日)、163 L/(人·日)、172 L/(人·日)和 160 L/(人·日);预计到 2020 年城镇生活用水定与现状相比平均增加 5～6 L/(人·日)。现状常德、益阳、岳阳、长沙和荆州市农村生活用水定额为 106 L/(人·日)、105 L/(人·日)、113 L/(人·日)、145 L/(人·日)和 63 L/(人·日);预计到 2020 年农村生活用水定额与现状相比平均增加 16～18 L/(人·日),到 2030 年农村生活用水定额与现状相比平均增加 23～25 L/(人·日)。生活需水定额结果见表 8.13。

通过加快对运行使用年限长及老城区漏损严重供水管网的更新改造,加大新型防漏、防爆、防污染管材的使用力度等措施,洞庭湖湖区平均城镇供水管网漏损率将由现状的 12% 左右下降到 2020 年的 10% 左右。此外,需加快节水型设备和器具及节水产品的推广应用,严格市场准入,禁止使用国家明令淘汰的用水器具,全面使用节水型设备和器具;强化自备用水管理,严格限制在城市公共供水范围内建设自备水源;加强宾馆、洗浴、洗车等服务业的用水管理,注重价格杠杆的调节作用,合理调整水价,发展节水型服务业;加强城镇污水集中处理与回用,结合新农村建设,积极推行农村村镇集中供水,推广家用水表和节水器具,促进农村生活节水。

表 8.13 生活需水定额　　　　　　**(单位:L/(人·日))**

行政区	2010 年		2020 年		2030 年	
	城镇	农村	城镇	农村	城镇	农村
常德	158	106	164	123	174	130
益阳	162	105	168	122	178	129
岳阳	163	113	169	129	179	136
长沙	172	145	177	162	187	169
荆州	160	63	166	81	176	88

湖区生活需水等于城镇生活需水和农村生活需水之和,即:

生活需水 W_{DP} = 城镇城镇生活需水量 + 农村生活需水量

= 城镇人口 × 城镇人均用水定额 ÷ (1 − 管网漏损率) × 365.25

+ 农村人口 × 农村人均用水定额 ÷ (1 − 管网损率) × 365.25

湖区生活需水预测结果见表 8.14。

表 8.14　湖区生活需水预测成果表　　　　　　　（单位：亿 m³）

行政区	2010 年			2020 年			2030 年		
	城镇	农村	生活需水	城镇	农村	生活需水	城镇	农村	生活需水
岳阳	1.70	1.39	3.09	2.47	0.83	3.30	3.49	0.71	4.20
常德	1.46	1.54	2.99	2.20	1.22	3.42	3.12	1.23	4.35
益阳	1.15	1.13	2.28	1.73	0.90	2.64	2.45	0.91	3.36
荆州	1.27	0.83	2.10	1.99	0.57	2.56	2.25	0.48	2.73
长沙望城区	0.17	0.17	0.34	0.25	0.18	0.42	0.35	0.18	0.53
合计	5.76	5.05	10.81	8.65	3.69	12.34	11.66	3.50	15.16

2）湖区工业需水预测

根据《湖南省水资源公报》数据，长沙是湖区用水效率最高的城市，相当于岳阳工业增加值用水量的 1/2，益阳市工业增加值用水量的 1/3。工业节水是洞庭湖区节水的重点，通过调整工业结构，产业优化升级，逐步提高水价，提高工业用水重复利用水平和推广先进的用水工艺与技术等措施，预计到 2020 年，常德、荆州、长沙、岳阳和益阳市万元工业增加值与现状相比降低 50% 以上，达到 65～50 m³/万元、90～95 m³/万元、36～40 m³/万元、55～60 m³/万元和 70～75 m³/万元，除荆州、长沙外其他三市接近现状长沙市的水平。湖区万元工业增加值用水量预测见表 8.15。

表 8.15　湖区万元工业增值用水量预测表　　　　　　　（单位：m³/万元）

行政区	常德	岳阳	益阳	长沙	荆州
2010	155	133	200	66	261
2020	68	58	73	38	93
2030	34	29	37	25	38

工业用水量由工业产值乘以相应用水定额计算，结果见表 8.16。

表 8.16　湖区工业用水量预测成果表　　　　　　　（单位：亿 m³）

行政区	常德	岳阳	益阳	荆州	长沙望城	湖区
2010	9.56	10.44	5.32	7.65	0.86	33.84
2020	20.05	21.76	9.29	13.03	2.39	66.51
2030	21.06	18.54	10.85	13.21	2.52	66.17

3）湖区农业需水预测

洞庭湖湖区是著名的粮食产业"大户"，农业用水占总用水量的很大比重，也是节水的重点。通过加快现有灌区续建配套和节水改造力度，建设高效输配水工程等农业节水基础设施，洞庭湖湖区灌溉用水有效利用系数将由现状的 0.47 左右提高到 2020 年的 0.55 左右。配合大力发展高效节水灌溉农业，加快推广和普及优化配水、田间灌水、生物节水与农艺节水等先进农业节水技术,预计到 2020 年,洞庭湖湖区农田灌溉亩均综合毛定额为 515 m³,比 2010 年减少 23 m³。湖区农业需水量由农业毛灌溉定额预测成果计算,如表 8.17。

表 8.17　区农业需水预测成果表　　　　　　　　（单位:亿 m³）

年份	2010	2020	2030
湖区	95.29	99.48	89.34

4)湖区总需水量预测

湖区生活需水、工业需水、农业需水以及生态需水(这里等同于生态环境用水量)相加即为湖区总需水量,结果见表 8.18。

表 8.18　湖区总需水量预测成果表　　　　　　　　（单位:亿 m³）

项目	居民生活	工业	农业	生态	湖区
2010	9.52	30.68	72.31	17.04	129.55
2020	11.11	61.83	67.72	18.63	159.29
2030	13.95	62.64	60.82	21.21	158.62

8.3.5　湖区供水量预测

根据《湖南省水资源公报》和《湖北省水资源公报》统计 2000—2012 年湖区岳阳、益阳、常德、荆州以及长沙望城区(查找望城区供水数据难度很大,这里采用按面积比率划分长沙总供水量的方法来确定)的供水量数据,各市总供水量变化趋势如图 8.6 所示。

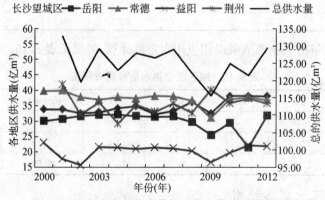

图 8.6　湖区各市区供水量及总供水量随时间变化图

由图 8.6 可以看出,2009 年之前,湖区各市供水量变化趋势基本稳定,呈现出微弱的下降趋势;2009 年之后,除荆州市外,湖区各市总供水量基本都开始回升,这很可能是近年来的水利建设初见成效。而湖区总供水量基本也是以 2009 年为界,2009 年之前整体呈现出下降趋势,2009 年之后回升。结合近十几年来湖区来水及总水资源量的变化情况可以认定,这很可能是湖区来水量下降使水量年内、年际分配不均,造成水量下降,与湖区新建、修葺水利工程使得供水能力提高双重作用的结果,而 2009 年则可以认定为就湖区整体情况而言,兴修水利带来的供水量增加大于由于人类活动、自然活动等状况带来的供水量下降。

湖区供水量主要受到湖区开发利用率和总水资源量的影响。湖区总水资源量由湖区地表、地下水资源量构成,是一个水文随机变量。根据当前的资料情况,此变量几乎不会受人类活动的直接干扰,因此对湖区水资源总量不能单纯的应用谐波等周期模型预测分析,也不能应用灰度模型或根据相关规划进行趋势预测,而应当是根据来水保证率进行预测分析。

根据湖区水资源量的数据进行频率曲线分析计算,并进行参数调整,湖区总水资源量结果如表 8.19 所示。

表 8.19 湖区总水资源量的频率分析结果

行政区	保证率	水资源量（亿 m³）	参数		
			均值（亿 m³）	C_v	C_s
岳阳	25%	122.24	105.18	0.35	1.57
	50%	95.98			
	75%	78.25			
常德	25%	156.43	138.17	0.28	1.52
	50%	128.77			
	75%	109.82			
益阳	25%	114.91	101.05	0.23	0.7
	50%	98.36			
	75%	84.26			
荆州	25%	84.95	77.77	0.28	2.3
	50%	70.35			
	75%	62.75			
长沙望城	25%	8.8	7.6	0.24	0.19
	50%	7.54			
	75%	6.34			
湖区	25%	494.06	429.76	0.3	1.36
	50%	401.47			
	75%	335			

而湖区水资源开发利用率则主要受人类水利设施的影响。对保证率为 50%的情况进行分析,可得湖区供水量如表 8.20 所示。

表 8.20　湖区可供水量计算结果　　　　　　　（单位:亿 m³）

行政区	2010 年 *	2020 年	2030 年
岳阳	29.27	42.29	45.89
常德	37.00	51.21	55.57
益阳	19.64	28.75	31.20
荆州	35.75	46.34	50.28
长沙望城	3.12	4.23	4.59
湖区	124.78	188.69	204.75

＊注:2010 年数据是根据实测资料计算得到。

8.4　不同干旱情景下的水资源承载状况分析

根据第 8.1 节不同干旱情景下的水资源状况,结合对水资源承载力各子系统的预测分析,可以计算湖区不同干旱情景下的水资源承载状况。首先对现状年(2010 年)不同干旱情景下的水资源承载状况进行分析计算,现以轻旱叠加情景说明其计算过程。

1) 计算水量承载指标

可供水量根据第 8.1 节中的相应情景的水资源量计算,2010 年湖区的水资源开发利用系数为 0.4,则 $W_{供}=284.6\times0.4$ 亿 m³ $=113.8$ 亿 m³。

根据第 8.3.3 节可知,2010 年湖区需水量为 157.35 亿 m³。

根据第 8.2 节的计算方法,$I_{W}=\dfrac{W_{供}}{W_{需}}=\dfrac{113.8}{157.35}=0.723$。

2) 人口承载指数计算

根据第 8.3.3 节可知,2010 年湖区总人口 $P_{S}=2\,111.36$ 万人。

万元农业用水定额 $q_{A}=\dfrac{W_{A}}{GDP_{A}}=\dfrac{95.29\ 亿\ m^3}{910.29\times10^4\ 万元}=1\,046.81\ m^3/万元$。

生活用水定额 $q_{P}=\dfrac{W_{需}}{P_{S}}=\dfrac{157.35\ 亿\ m^3}{2\,111.36\ 万人}=7\,452\,542.44\ m^3/万人$。

生态用水定额 $q_{e}=\dfrac{W_{DE}}{P_{S}}=\dfrac{17.04\ 亿\ m^3}{2\,111.36\ 万人}=807\,062.7\ m^3/万元$。

按供水量计算的承载人口 $P^{*}=\dfrac{W_{总}+W_{工业}+\dfrac{(W_{总供水量}-W_{工业})}{q_{A}}}{\dfrac{GDP}{P_{总}}+\dfrac{q_{P}+q_{E}}{q_{A}}}$

$$= \cfrac{63.23+34.21+\cfrac{(63.23-34.21)\times10^4}{1\ 046.81}}{\cfrac{4\ 823.28}{2\ 111.36}+\cfrac{745\ 254.24+807\ 062.7}{1\ 046.81\times10^4}}万人$$

$$=122\ 万人。$$

人口承载指数 $I_P = \dfrac{P^*}{P_S} = \dfrac{1\ 650\ 万人}{2\ 111.36\ 万人} = 0.058$。

3）经济承载指数

按水资源供给能力计算工农业 GDP 的数量 $GDP^* = (W_S - W_P^* - W_{DE}^* - W_{DI})/q_A + GDP_I = 2\ 163$ 亿元。

按社会发展趋势预测湖区工农业 GDP 的数量 $GDP_S = GDP_{总}^*(B_A + B_I) = 3\ 216$ 亿元。

式中：B_A——社会发展趋势下农业需水量占总需水量比例

$\quad\quad B_I$——社会发展趋势下工业需水量占总需水量比例

经济承载指数 $I_{GDP} = \dfrac{GDP^*}{GDP_S} = 0.815$。

4）生态环境承载指数

按水量计算的生态环境需水量 $W_{DE}^* = q_e * P^* = 13.32$ 亿 m³。

按社会发展趋势预测的生态环境需水量 $W_{DE} = 17.04$ 亿 m³。

生态环境承载指数 $I_E = \dfrac{W_{DE}^*}{W_{DE}} = 0.877$。

5）计算水资源承载力指数

$$CCWR = (I_W + I_P + I_{GDP} + I_E)/4 = 0.823$$

其余干旱情景的水资源承载指标计算方式同上，计算结果如表 8.21 所示。

表 8.21　2010 年湖区水资源承载状况

承载指标	轻旱叠加	中旱叠加	一次重旱叠加		两次重旱叠加		三次重旱叠加		四次重旱叠加
			轻	重	轻	重	轻	重	
I_W	0.723	0.534	0.616	0.485	0.526	0.444	0.463	0.421	0.402
I_P	0.877	0.821	0.845	0.806	0.818	0.794	0.800	0.787	0.782
I_{GDP}	0.815	0.731	0.768	0.709	0.728	0.691	0.700	0.681	0.673
I_E	0.877	0.821	0.845	0.806	0.818	0.794	0.800	0.787	0.782
CCWR	0.823	0.727	0.769	0.702	0.723	0.681	0.690	0.669	0.659

由表 8.21 可以看出，随着干旱程度的加深，湖区水资源承载力逐渐下降。水量承载指标 I_W 受干旱叠加情景的影响较大，在一次重旱叠加的严重情景下 I_W 低于 0.5。各子流域都为轻旱等级的叠加情景时，湖区的水资源承载能力尚好，其承

载力指数达到了 0.823。一次重旱叠加的轻微情景要好于各子流域均为中旱等级时的叠加情景,三次重旱叠加的轻微情景要好于两次重旱叠加的严重情景,两次重旱叠加的轻微情景要好于一次重旱叠加的严重情景,这些都说明了轻旱等级的子流域叠加能够减缓由个别子流域向重旱过渡带来的旱情恶化现象。

此外,由表 8.21 还可以看出,随着干旱程度的加深,湖区人口承载指数、经济承载指数、生态环境承载指数均表现出了不同程度的下降,其中经济承载指数的下降幅度最大,当四次重旱叠加时经济承载指标 I_{GDP} 下降到了 0.673。这说明 2010 年不同程度的干旱对湖区的经济有较大的影响,保障"四水"的径流量对湖区经济发展具有较大的作用。

随着科技的进度,预测 2020 年相较 2010 年水资源开发利用系数有所提高,将由 2010 年的 0.4 上升到 0.46。其他社会经济状况依照第 8.4 节对水资源子系统的预测结果,按与 2010 年相同计算方法计算,2020 年不同干旱情景下的水资源承载状况如表 8.22 所示。

表 8.22　2020 年湖区水资源承载状况

承载指标	轻旱叠加	中旱叠加	一次重旱叠加		两次重旱叠加		三次重旱叠加		四次重旱叠加
			轻	重	轻	重	轻	重	
I_W	0.662	0.489	0.566	0.443	0.481	0.406	0.423	0.385	0.368
I_P	0.918	0.899	0.908	0.894	0.898	0.890	0.892	0.888	0.886
I_{GDP}	0.853	0.820	0.835	0.818	0.818	0.818	0.818	0.818	0.818
I_E	0.918	0.899	0.908	0.894	0.898	0.890	0.892	0.888	0.886
CCWR	0.838	0.777	0.804	0.762	0.774	0.751	0.756	0.745	0.739

根据表 8.22 可以看出,2020 年水量承载指标与各子流域的干旱叠加变化情况紧密相关,随着干旱严重程度的加深,水量承载指标逐渐下降,且相对 2010 年也均有所下降,当各子流域中等程度的干旱叠加时 I_W 低于 0.5,表明湖区 2020 年比 2010 年对水量的需求加大,同等程度的干旱叠加情景对 2020 年影响程度加大。而 2020 年的人口承载指标、经济承载指标以及生态环境承载指标较 2010 年均有所增大,并且即使在四次重旱叠加情景下也均大于 0.8,表明"四水"干旱对 2020 年的人口承载、经济承载以及生态环境承载影响较小,这可能是由于较高的水资源开发利用程度保证了在"四水"重旱叠加时依然能够有较为充足的水量保证湖区人口、经济及生态的发展。

综合 2010 年、2020 年湖区不同干旱情景下的水资源承载程度可以看出,各子流域的干旱叠加情景对水量承载能力均有较大的影响,而对人口承载能力、经济承载能力以及生态承载能力在 2020 年影响程度较小,这说明科学技术的进步和湖区水资源开发利用程度的提高,能够使得湖区应对"四水"干旱状况的能力增强。

8.5 小结

本章主要分析了不同干旱期情景对湖区社会经济的影响。为更全面的考虑湖区社会、经济、环境等各个方面,并且将不同干旱情景对湖区的影响定量化,本章采用湖区的水资源承载力作为识别不同干旱情景对湖区影响的度量指标。

受资料限制,本章以 2010 年作为当前社会经济环境的发展状态,对其进行了不同干旱情景下的影响分析。考虑社会经济的动态发展,本章结合近年来社会发展的趋势及规划要求,对湖区水资源各子系统进行了预测分析(以 2020 年作为预测年),并分析了干旱情景对未来社会经济的影响情况。依据水资源的分配原则(当水资源不足时,优先保障生活需水,尽量保证生态需水,协调经济用水。经济用水依据效益最大化原则进行分配,应优先保障工业用水,其次为农业用水),对不同的干旱情况进行了水资源承载能力分析,结果表明水量承载能力受干旱的影响程度最大,而人口承载能力、经济承载能力及生态承载能力除 2010 年有较大影响之外,2020 年影响程度均不大。总体来看,2020 年不同干旱情景下的水资源承载能力要好于 2010 年。这说明提高水资源的开发利用系数,进行一系列社会产业结构调整,优化水资源在社会经济中的分配,可以在很大程度上提高湖区应对干旱的综合能力。

9 江湖关系演变引发的湖区水资源问题

9.1 随机理论——加权马尔科夫链基本原理

马尔科夫链研究某一事件的状态及状态之间转移规律的随机过程,它通过对 t_n 时刻事件不同状态的初始概率及状态间的转移概率关系来研究 t_{n+k} 时刻状态的变化趋势。马尔科夫过程的状态转移概率仅与转移出发状态、转移步数、转移后状态有关,而与转移前的初始时刻无关,称为马尔科夫过程的无后效性。其基本原理如下:

(1) 计算各阶段的 SPI 值(以气象指标为例)。根据洪旱等级划分标准划分旱情等级,确定序列中的洪旱状态。

(2) 对序列进行马氏性检验。当 n 较大时,统计量 χ^2 服从 $\chi_a^2((m-1)^2)$ 分布。给定显著性水平 a,若 $\chi^2 > \chi_a^2((m-1)^2)$,则可视洪旱指标序列服从马氏性。

$$\chi^2 = 2 \sum_{i=1}^{4} \sum_{j=1}^{4} f_{ij} \left| \ln \frac{p_{ij}}{p_j} \right| \tag{9.1}$$

式中:f_{ij}——SPI 值由状态 i 经 1 步转移至状态 j 的频数;

   p_{ij}——各频数除以各行之和得到的矩阵;

   p_j——矩阵 $(f_{ij})_{m \times n}$ 的第 j 列之和除以各行各列的总和的值;

   m——最大阶数。

(3) 计算各阶自相关系数 r_k。

$$r_k' = \frac{\sum\limits_{i=1}^{n-k} (x_i - \bar{x})(x_{i+k} - \bar{x})}{\sum\limits_{i=1}^{n} (x_i - \bar{x})^2} \tag{9.2}$$

$$r_k = \frac{r_k' n + 1}{n - 4} \tag{9.3}$$

式中:r_k——第 k 阶自相关系数;

   x_t——第 t 时段的指标值;

$\overline{x}$——指标均值；

n——指标序列的长度。

由于式(9.2)计算出的自相关系数一般是偏小的,运用式(9.3)对其进行修正。根据 r_k 的容许限(显著水平 $u=5\%$)来确定洪旱预测的阶数。将各阶自相关系数归一化,得到不同滞时的马尔科夫链的权重:

$$w_k = \frac{|r_k|}{\sum\limits_{k=1}^{m} r_k} \tag{9.4}$$

(4)将统一状态的各预测概率加权和作为指标值处于该状态的预测概率,即

$$P_i = \sum_{k=1}^{m} w_k P_i^{(k)}, i \in E \tag{9.5}$$

$\max(P_i\, i \in E)$ 所对应的 i 即为该时段指标值的预测状态。该时段的指标值确定之后,将其加入到原序列中,可进行下时段指标值状态的预测。

9.2　洞庭湖流域洪旱预测

本书利用洞庭湖流域 1949—2009 年气象资料,通过 SPI-3 值进行洞庭湖流域洪旱状态预测分析,以验证该方法的应用及预测效果。据历史资料记载,1949—2009 年里洞庭湖流域在 1996 年、1998 年发生重大洪涝事件,在 2009 年发生干旱事件,以此为基准,利用加权马尔科夫链对这四年的洪涝状态进行预测,验证其实用性。本书首先通过降雨资料,计算具有洪旱等级状态的气象指标 SPI-3 的值,将 SPI-3 值作为输入项,对 1996 年、1998 年和 2009 年的洪旱状态进行预测验证,若验证结果可行,则对未来 5 年洪旱状态进行预测,预测结果可为流域洪旱灾害防治提供重要的参考依据。

表 9.1　SPI-3 序列及状态表

年	1963	1964	1965	1966	1967	1968	1969	1970	1971	1972	1973	1974	1975	1976	1977
状态	3	4	5	5	4	5	3	2	3	3	4	3	4	2
1978	1979	1980	1981	1982	1983	1984	1985	1986	1987	1988	1989	1990	1991	1992	1993
4	5	4	3	1	2	3	5	4	5	3	3	3	3	3
1994	1995	1996	1997	1998	1999	2000	2001	2002	2003	2004	2005	2006	2007	2008	2009
1	1	1	1	1	3	1	2	1	4	3	4	4	3	5

本书先以 1961—1995 年的降水序列预测 1996 年的洪旱状态,然后将 1996 年实测资料加入到序列中,再预测 1998 年的洪旱状态,最后预测 2009 年的洪旱状态。

(1) 计算该序列各阶自相关系数,结果分别为:

$$r_1=0.668\ 8, r_2=0.464\ 5, r_3=0.167\ 4, r_4=0.141\ 2, r_5=0.059\ 5$$

(2) 将各阶自相关系数归一化后作为各种滞时的马尔科夫链权重,计算结果分别为:

$$w_1=0.445, w_2=0.309, w_3=0.111, w_4=0.094, w_5=0.040$$

(3) 将由降水量序列求得的 SPI 值进行小到大排列,将序列分为 5 个区(对应马尔科夫链的 5 个状态),见表 9.2。

(4) 依据划分的 5 个区对年 SPI 值进行洪旱状态识别,识别结果见表 9.2。

(5) 进行年 SPI 值计算及洪旱状态识别后,利用统计结果计算各种步长的状态转移概率矩阵。

(6) 通过 1991—1995 年的 SPI 值及相应的状态转移概率矩阵,分析预测 1996 年洪旱状态,结果见表 9.3。加权和计算结果表明,1996 年洪旱状态为 1,即丰水年,与记载资料相符,计算结果准确。

表 9.2　SPI - 3 分级表

状态	级别	分级标准	数值区间
1	丰水年	$x \geqslant \bar{x}+1.0\ s$	$x \geqslant 1.0$
2	偏丰年	$\bar{x}+0.5\ s \leqslant x \leqslant \bar{x}+1.0\ s$	$0.51 \leqslant x \leqslant 1.0$
3	平水年	$\bar{x}-0.5\ s \leqslant x \leqslant \bar{x}+0.5\ s$	$-0.48 \leqslant x < 0.51$
4	偏枯年	$\bar{x}-1.0\ s \leqslant x \leqslant \bar{x}-0.5\ s$	$-0.98 \leqslant x < -0.48$
5	枯水年	$x < \bar{x}-1.0\ s$	$x < -0.98$

表 9.3　1996 年年降水量状况预测表

初始年	状态	滞时(年)	权重	1	2	3	4	5
1995	1	1	0.45	0	1/2	1/2	0	0
1994	1	2	0.31	1	0	0	0	0
1993	3	3	0.11	5/12	0	1/6	1/4	1/6
1992	3	4	0.09	3/11	1/11	2/11	3/11	2/11
1991	3	5	0.04	1/10	1/10	1/5	2/5	1/5
	P_i(加权和)			0.27	0.24	0.18	0.07	0.04
	状态特征值			1				

(7) 将 1996 年的洪旱状态加入序列中,利用 1993—1997 年的 SPI 值及相应的状态转移概率矩阵,分析预测 1998 年洪旱状态,结果见表 9.4。加权和计算结果表明,1998 年洪旱状态为 1,即丰水年,与记载资料相符,计算结果准确。

（8）重复上述步骤，利用 2004—2008 年 SPI 值及状态转移概率矩阵，预测 2009 年洪旱状态，计算结果见表 9.5。2009 年洪旱状态为 5，即枯水年，与资料记载相符，计算结果准确。

通过验证可知，马尔科夫链可对流域年洪旱状态进行预测，验证结果准确可行，利用上述方法对未来 5 年洪旱状态进行预测，结果见表 9.6。2011 年和 2014 年为偏枯年，2015 年为偏丰年，其余为正常年，由于未出现枯水年和丰水年，预测未来 5 年不会发生较严重洪旱事件。

加权马尔科夫链预测流域洪旱特征的结果为一个状态（区间）而非一个具体的数值，预测范围的扩大，使其预测成功率也相应增加，只是马尔科夫链是纯数学理论方法，对流域下垫面及其他因素影响考虑较少，因此要采取措施进行改进，使其预测结果更准确。

表 9.4　1998 年年降水量状况预测表

初始年	状态	滞时（年）	权重	1	2	3	4	5
1997	1	1	0.45	4/5	1/5	0	0	0
1996	1	2	0.31	3/4	0	1/4	0	0
1995	1	3	0.11	2/3	0	0	0	1/3
1994	1	4	0.09	1/2	0	0	0	1/2
1993	3	5	0.04	5/13	1/13	1/13	4/13	2/13
P_i（加权和）				0.724 135	0.092 077	0.080 327	0.012 308	0.090 154
状态特征值				1				

表 9.5　2009 年年降水量状况预测表

初始年	状态	滞时（年）	权重	1	2	5	4	3
2008	4	1	0.44	0	1/9	3/9	1/9	4/9
2007	4	2	0.31	1/8	0	1/8	4/8	2/8
2006	3	3	0.11	4/14	0	2/14	3/14	5/14
2005	4	4	0.09	1/7	0/7	1/7	2/7	3/7
2004	1	5	0.04	4/9	1/9	1/9	2/9	1/9
P_i（加权和）				0.101 546	0.053 889	0.244 474	0.263 476	0.335 615
状态特征值				5				

表 9.6　城陵矶站 2010——2015 年洪旱状态预测表

类型	2010	2011	2012	2013	2014	2015
状态特征值	3	4	3	3	4	2
洪旱状态	正常	偏枯	正常	正常	偏枯	偏丰

采用谐波周期法对洞庭湖流域主要代表水文站的 Z 指标值进行周期识别可以发现,城陵矶站有 17.3 年的丰枯演变周期。各站点的演变周期能够为未来洞庭湖流域的洪旱预测提供重要的参考,通过各站主震荡周期预测出未来一段时期内洞庭湖流域径流量处在由偏枯向偏丰转变的阶段。

洞庭湖流域在未来两年里洪旱状态趋于正常,重度和中度洪旱基本未发生,只在 2011 年和 2015 年发生一般干旱和洪涝,不会造成太大经济损失和生态破坏,预防和防治工作可降低要求。年径流量变化趋势不明显,基本处于平稳状态。

9.3　洞庭湖水位变化影响因素分析

洞庭湖的分流和调蓄能力,对整个长江中游的防洪和水资源有着举足轻重的作用。由于泥沙的淤积、入湖径流的变化、蓄滞洪区安全建设滞后及分蓄洪难以实施、人类活动等因素的影响,洞庭湖的水位特性发生了比较明显的变化,同入湖洪水流量时洪水位越来越高,而同枯水流量时水位不断降低,导致洞庭湖区在三峡水库运行后防洪形势仍非常严峻,水资源问题也非常突出。

由于长江和洞庭湖水位流量关系的变化,加上三峡水库的运行改变了长江的径流过程,使不同时期洞庭湖的水位发生了变化,且不同时期水位变化特性各不相同。张振全等人对荆江、城汉河段和洞庭湖出口的水位变化特性进行了比较深入的研究,总体趋势为洪峰水位和最枯水位均逐渐抬高,而中水位逐渐降低,在三峡蓄水期的 9～10 月尤为明显。下面根据不同年代水文资料的分析,研究不同时期洞庭湖水位变化特性和径流的关系,并对产生变化的原因进行初步分析。

9.3.1　洪水位变化特征

洞庭湖的洪水来自湘、资、沅、澧四水和长江,洪水组成复杂,出现的时间也各不相同,其中湘水为 5～6 月、资水和沅水为 6～7 月、澧水和长江为 7～8 月。除 1954 年和 1998 年全流域型洪水以外,其他年份只要出现两条河流洪水相遇就会使洞庭湖出现严重的洪灾(1995 年、1996 年为资水、沅水相遇)。为消除洞庭湖洪水组合问题,采用四水、四口组合流量(最大 1 日、最大 3 日、最大 7 日、最大 15 日、最大 30 日)和综合反映洞庭湖洪水位特性的南嘴水文站的水位特性建立相关关系,见图 9.1。从图和相关分析可以看出,1951—2010 年这 60 年的历年最大 1 日、

3 日、7 日、15 日、30 日最大洪量和南嘴站年最高洪水位关系不密切,相关系数仅为
0.46~0.29。产生这一现象的主要原因是洞庭湖湖泊面积由 1949 年的 4 350 km²
减少到 1975 年的 2 691 km²,再减少到 1995 年的 2 625 km²,相应容积由 1949 年
的 293 亿 m³ 减少到 1975 年的 186 亿 m³,再减少到 1995 年的 167 亿 m³,面积和容
积的变化,导致在出现同样组合流量的情况下,南嘴的相应水位抬高。

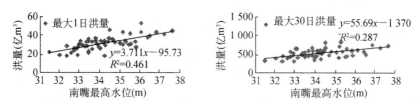

图 9.1　最大 1 日、最大 30 日入湖洪量与南嘴最高洪水位关系图

　　为消除面积、容积的变化对南嘴水位带来的影响,采用 1954—1963 年和
1995—2004 年的资料进行对比分析,见图 9.2。从对比分析结果和图可以看出:
① 同年代南嘴站洪峰水位与时段最大洪量关系密切,而且随统计时段的延长,相
关系数有逐步减小的趋势,最大 1 日、3 日、7 日、15 日、30 日入湖洪量与南嘴站洪
峰水位的相关系数 1954—1963 年为 0.89—0.75,1995~2004 年为 0.77~0.74;②
同样的时段洪量时,南嘴站洪峰水位明显抬高。最大 1 日洪量 30 亿 m³ 时,南嘴
1995—2004 年水位比 1954—1963 年抬高 1.51 m;最大 3 日洪量 100 亿 m³ 时,南
嘴站洪峰水位抬高 2.00 m;最大 7 日洪量 150 亿 m³ 时,南嘴站洪峰水位抬高 1.38
m;最大 15 日洪量 300 亿 m³ 时,南嘴站洪峰水位抬高 1.84 m;最大 30 日洪量 500
亿 m³ 时,南嘴站洪峰水位抬高 1.87 m,见表 9.7。

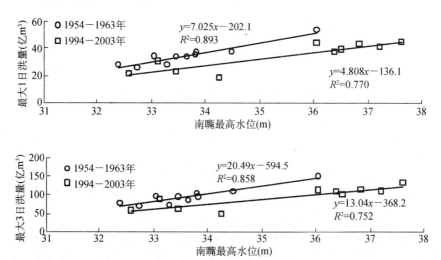

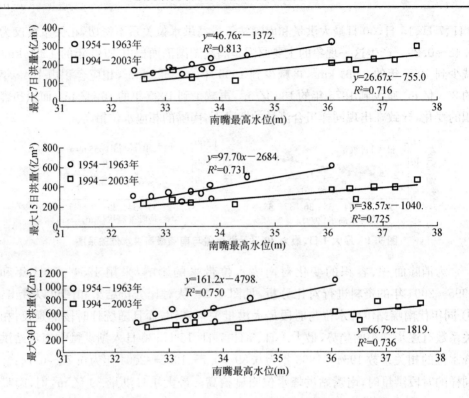

图 9.2　不同年代最大 1 日、最大 30 日入湖洪量与南嘴最高洪水位关系图

表 9.7　不同时段相同洪量下南嘴水位对比表

时　段	洪　量 （亿 m³）	南嘴站水位（m）		
		50 年代	90 年代	抬高值
1 日	50	35.87	38.71	2.83
	40	34.46	36.63	2.17
	30	33.04	34.55	1.51
3 日	120	34.87	37.43	2.56
	110	34.38	36.67	2.28
	100	33.90	35.90	2.00
7 日	250	34.70	37.69	2.99
	200	33.63	35.82	2.19
	150	32.56	33.94	1.38
15 日	500	35.10	39.92	4.82
	400	34.00	37.33	3.33
	300	32.90	34.74	1.84

续表 9.7

时　段	洪　量 (亿 m³)	南嘴站水位(m)		
		50 年代	90 年代	抬高值
30 日	700	34.10	37.72	3.62
	600	33.48	36.22	2.74
	500	32.86	34.73	1.87

9.3.2　常水位变化

对比分析南嘴、湘阴和城陵矶站 1951—1980 年、1981—2002 年和 2003—2010 年 3 个时间段分月平均水位变化情况(见表 9.8),可以看出:① 洞庭湖出口城陵矶站 1951—1980 年多年平均水位为 24.35 m,1981—2002 年、2003—2010 年与之相比分别抬高 0.91 m 和 0.61 m,整体呈现先抬高、后降低的趋势;② 湘阴站 1951—1980 年多年平均水位为 27.33 m,1981—2002 年与之相比抬高 0.22 m,2003—2010 年与之相比降低 0.65 m,整体变化趋势为和城陵矶站相同的先抬高、后降低,但 2003—2010 年的降低幅度明显大于城陵矶站,也明显低于 1951—1980 年多年平均水位;③ 南嘴站 1951—1980 年多年平均水位为 30.23 m,1981—2002 年、2003—2010 年与之相比分别降低 0.07 m 和 0.43 m,整体呈现降低的趋势,2003 年以后下降的更为明显。

对比分析各时段分月水位变化情况,10 月水位变化最为明显。① 城陵矶站 1951—1980 年 10 月多年平均水位为 26.49 m,1981—2002 年、2003—2010 年与之相比分别抬高 0.31 m 和降低 1.53 m,2003—2010 年降低明显;② 湘阴站 1951—1980 年 10 月多年平均水位为 27.70 m,1981—2002 年、2003—2010 年与之相比分别降低 0.09 m 和 1.75 m;③ 南嘴站 1951—1980 年 10 月多年平均水位为 30.72 m,1981—2002 年、2003—2010 年与之相比分别降低 0.44 m 和 1.57 m。

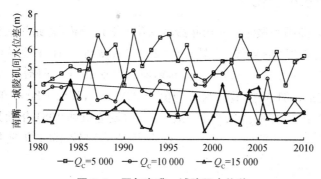

图 9.3　历年南嘴—城陵矶水位差

对比分析南嘴和城陵矶站 1981—2010 年水位、流量资料,城陵矶不同流量级别下两站间水位差变化过程见图 9.3。从图中可以看出,各级流量下的水面比降有较明显差异,总的来说,水面比降历年波动较大,且在不同流量下呈现不同发展趋势。城陵矶流量为 5 000 m^3/s 时,水面比降总体保持不变;城陵矶流量为 10 000 m^3/s 时,水面比降有下降趋势,并逐渐调平;城陵矶流量为 15 000 m^3/s 时,水面比降有上升趋势。

表 9.8　不同时段典型站月均水位表

测站	南　嘴 (m)			湘　阴 (m)			城陵矶 (m)		
时段	1951—1980	1981—2002	2003—2010	1951—1980	1981—2002	2003—2010	1951—1980	1981—2002	2003—2010
1 月	28.39	28.42	28.53	24.13	24.27	23.72	19.19	20.67	20.96
2 月	28.48	28.58	28.63	24.75	25.08	24.37	19.19	20.81	21.17
3 月	28.91	29.03	29.23	25.83	26.23	25.51	20.2	21.97	22.59
4 月	29.79	29.68	29.36	27.63	27.76	26.45	22.39	23.99	23.61
5 月	30.96	30.36	30.41	29.25	28.4	28.13	26.07	25.79	26.13
6 月	31.3	31.4	30.9	29.36	29.68	29.79	27.34	27.86	28.03
7 月	32.26	32.93	31.87	30.49	31.62	30.6	29.7	30.78	29.83
8 月	31.73	31.94	31.25	29.66	30.3	29.65	28.85	29.62	29.13
9 月	31.4	31.36	30.84	29.01	29.45	29.19	28.16	28.76	28.45
10 月	30.72	30.28	29.15	27.71	27.62	25.96	26.49	26.8	24.96
11 月	29.8	29.29	28.89	25.77	25.63	24.51	23.63	24.12	23.11
12 月	28.86	28.57	28.39	24.42	24.29	23.26	20.71	21.71	21.31
年平均	30.23	30.16	29.8	27.33	27.55	26.68	24.35	25.26	24.96

9.3.3　枯水位变化

经对南嘴、湘阴和城陵矶站历年最低水位的对比分析,各站年最枯水位均表现出明显的降低或抬升的趋势,见图 9.4。其中,南嘴站 1981 年前最枯水位均值为 28.05 m,1981—2002 年、2003—2010 年均值分别较 1981 年前抬高 0.01 m 和降低 0.08 m;湘阴站 1981 年前最枯水位均值为 23.24 m,1981—2002 年、2003—2010 年均值分别较 1981 年前降低 0.17 m、0.83 m;城陵矶站 1981 年前最枯水位均值为 18.35 m,1981—2002 年、2003—2010 年均值分别较 1981 年前抬高 1.52 m、1.81 m。

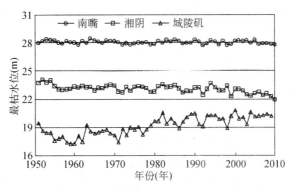

图 9.4 南嘴、湘阴、城陵矶历年最枯水位变化

9.3.4 水位变化影响因素

1）洞庭湖泥沙淤积

据长江水利委员会的研究,洞庭湖湖区年均淤积泥沙 0.96 亿 t,合 7 385 万 m³,按现有湖泊面积 2 625 km² 平摊,则年均淤积厚度约 2.82 cm,其中,1952—1995 年泥沙淤积以西、南洞庭湖相对较严重。西洞庭湖主要淤积在湖泊的西北部,如七里湖、目平湖、湖洲、边滩以及河流注入湖泊的口门区,其中七里湖最大淤高 12 m,平均淤高 4.12 m,目平湖最大淤高 5.4 m,平均淤高 2.0 m;南洞庭湖北部淤积较严重,西部淤积大于东部;东洞庭湖淤积西部大于东部,南部大于北部。同时,虽然洞庭湖湖区年淤积量呈逐年减少的趋势,但淤积量占入湖沙量的比例即淤积率无明显增大或减小。三峡水库运行后,洞庭湖泥沙沉积率明显减小。泥沙淤积使洞庭湖容积减小,对洪水的调蓄功能降低,致使在同样入湖洪量条件下洞庭湖湖区洪水位抬高。

刘晓辉、宋平等人的研究认为,洪水期进入洞庭湖的水流含沙量大,水面比降缓,水流流速小,洞庭湖区泥沙淤积严重,而枯水期进入洞庭湖的水流含沙量小,水面比降和水流流速大,特别是三峡水库运行后,自长江进入洞庭湖的泥沙大大减少,洞庭湖区泥沙淤积少,甚至出现冲刷现象。洪、枯季节洞庭湖湖区不同的泥沙冲、淤特点,使洞庭湖具有淤滩冲槽的现象,但淤积大于冲刷,总体上处于淤积状态,使湖泊(河道)过流断面减小,同流量下水位抬高;而枯水期水流归槽,水位降低。

2）洞庭湖区径流变化

洞庭湖区的径流变化体现在两个方面:一是由于全球气候变化,"四水"进入洞庭湖湖区的径流减少;二是由于江湖关系的变化,加上三峡水库蓄水,改变了长江干流的径流过程,三口分流比降低,断流时间提前,自长江进入洞庭湖的径流减少。

以南嘴站为例,1980 年以前多年平均流量 2 135 m³/s,1981—2002 年和 2003—2010 年相应减少 115 m³/s、340 m³/s;1980 年以前 10 月平均流量 2 591 m³/s,1981—2002 年和 2003—2010 年相应减少 158 m³/s、1 029 m³/s。另外,毛北平等人的研究认为,城陵矶枯水位抬高的原因有两个方面,其一为受长江上游控制性水利工程影响,枯季流量增加;其二为河道冲淤变化,而且由于泥沙淤积引起的城陵矶枯水位抬高是主要因素。

3) 蓄洪安全建设滞后不能实施有计划地分蓄洪

根据《长江流域防洪规划》,1954 年洪水是新中国成立以来长江中下游的最大洪水,因此长江中下游按总体防御新中国成立以来发生的最大洪水的标准,拟定防御对象为 1954 年洪水。在发生 1954 年洪水时,保证重点保护区的防洪安全。洞庭湖湖区的防洪体系和总体布局包括:防洪水库、堤防和分蓄洪工程。长江干流上游和四水防洪控制性水库已基本建成或正在建设,洞庭湖湖区堤防经过一、二期综合治理已达到防御 1954 年洪水位的能力,而分蓄洪区安全建设严重滞后,1995 年、1996 年和 1998 年等年份出现洪水时不能有计划地分蓄洪水,而采取"严防死守"的策略,致使在各时段洪量不及 1954 年相应洪量的情况下,洞庭湖湖区洪水位全面超 1954 年。

4) 人类活动影响

人类活动对洞庭湖水位的影响主要包括:①东、南洞庭湖和"四水"尾闾地区河道采沙严重。由于历史的原因,洞庭湖无序采沙严重,特别是尾沙乱堆乱放,引起河道过洪能力下降,洪峰水位抬高;同时乱挖的深炕,使水流流态紊乱,引起河势不稳定,容易出现崩岸跨坡等现象;②为满足航运水深要求,航道部门对部分浅滩进行了疏挖。浅滩疏挖使河床进一步降低,枯水位进一步下降。

9.3.5　水位变化的后影响

1) 对防洪的影响

整体上,水位变化使洞庭湖区防洪的严峻形式更进一步加剧,主要体现在两个方面:一是城陵矶附近地区和洞庭湖湖区超额洪量增加。由于同时段洪量时洪峰水位抬高,在防洪控制水位不变的情况下,超额洪量增加。在《长江流域综合利用规划报告(1990 年修订版)》中,根据 20 世纪 60、70 年代江湖关系和防洪控制水位(长沙市 45 m、城陵矶 34.4 m、汉口 29.5 m),遇 1954 年洪水时,城陵矶附近地区的超额洪量为 320 亿 m³;而按照现状江湖关系(20 世纪 90 年代以后),无三峡水库调蓄和同样防洪控制水位时,超额洪量达到 436 亿 m³,相比增加 116 亿 m³。三峡水库运行后,同样条件下超额洪量将达到 304.7 亿 m³,与 20 世纪 60、70 年代时江湖关系和防洪控制条件的超额洪量基本接近,说明洞庭湖水位和江湖关系的变化已经基本抵消了三峡水库对城陵矶附近地区的防洪作用,见表 9.9。

表 9.9 遇 1954 年洪水不同时期城陵矶附近地区超额洪量计算成果表

时 期	蓄泄关系	防洪控制水位(m)			超额洪量 (亿 m³)	备 注
		沙市	城陵矶	汉口		
90 版《长流规》阶段	20 世纪 60、70 年代	45.0	34.4	29.5	320	规划值
90 版《长流规》阶段		45.0	34.4	29.5	339.6	
无三峡调蓄	现状	45.0	34.4	29.5	436	计算值
三峡运行后初期		45.0	34.4	29.5	304.7	

　　另一方面,虽然长江干流上游在建或规划建设溪洛渡、向家坝、乌东德等控制性水库,到 2030 年防洪库容将达到 470 亿 m³,但湘、资、沅、澧四水已不具备新建大型防洪控制水库的条件,在四水出现洪水及四水和长江出现特大组合洪水的情况下,洞庭湖仍将出现特大洪水,如 1991 年和 2003 年澧水出现洪水、1994 年湘水出现洪水、1995 年、1996 年和 1999 年资水和沅水出现洪水,彼时长江基本没有出现大洪水的情况下,洞庭湖湖区仍出现了特大洪水,产生了严重的洪涝灾害。

　　2)对水资源利用的影响

　　目前洞庭湖用水主要为农业生产用水,取水方式为:① 外河水位较高时,水流通过泵站压力水箱进入垸内,然后经过灌溉渠道进入农田,基本为自流灌溉;② 外河水位较低时,水流通过低排闸引入垸内排渠,然后通过泵站提水进入压力水箱,再经过灌溉渠道进入农田,基本为提灌;③ 外河水位更低时,无法进行提灌,或者需要在外河临时修建拦河坝,抬高外河水位,再进行引水提灌。洞庭湖湖区枯水季节,特别是 9～10 月份水位降低,使自外河引入垸内的水量减少,甚至不能引水,对洞庭湖湖区的工农业生产带来严重影响。另外,洞庭湖湖区目前存在湖泊和湿地萎缩、污染加剧、生物多样性下降、血吸虫病流行等方面的问题。洞庭湖湖区枯季水位降低、出现时间提前和枯水位时段延长,对湿地植被演替产生较明显影响,部分区带植被由湿地类型向中生性草甸演替。

　　由此可见,由于洞庭湖泥沙淤积、入湖径流变化、蓄洪安全建设滞后、不能实施有计划地分蓄洪和人类活动的影响等原因,洞庭湖的水位特性发生了比较明显的变化。将 20 世纪 50 年代末至 60 年代初和 20 世纪末至 21 世纪初的水文资料对比,在相同组合入湖洪量的情况下,洞庭湖湖区主要代表站南嘴水文站的洪水位将抬高 1.38～4.82 m。据历年枯水位资料分析研究,在洞庭湖出口城陵矶站枯水位抬高的情况下,洞庭湖湖区的枯水期水面比降减缓,湖区枯水位降低。

　　由于洞庭湖的水位出现变化,且不同时期的变化特性各异,致使洞庭湖湖区在三峡水库投入运行后防洪形势依然相当严峻,而且水资源综合利用问题也非常突出,严重制约了洞庭湖湖区的社会经济发展。

9.4　江湖关系演变引发的水资源问题

9.4.1　三口流量演变

1) 入湖水量下降,但三峡水库修建以后不成为主要原因

　　入湖水量受三口和四水径流量影响,整体表现出下降趋势。三口径流量受荆江上人类活动(下荆江裁弯、上游修建水库)的影响逐时段下降,占入湖水量的比重也不断下降。而四水径流量却在 2002 年以前基本稳定,相对而言对入湖水量变化趋势的影响逐渐加大。1956—1998 年入湖水量的变化主要受三口径流量的影响,整体呈现出下降趋势;1998—2002 年为过渡时期,三口与四水径流量对入湖水量的影响达到平衡,四水对入湖水量的影响开始起主要作用,受四水径流量的影响,入湖水量表现出微弱的上升趋势;2003—2010 年三口水量进一步衰减,占入湖水量的比重低于 25%,此阶段三口水量对入湖水量的影响退居其次,四水对入湖水量的影响起主要作用,受二者共同作用影响入湖水量大幅度下降。

表 9.10　不同时期入湖水量变化表

时　段 (起止时间)	三口分流比 (%)	三　口 (亿 m^3)	四　水 (亿 m^3)	入湖总量 (亿 m^3)	三口入湖比重 (%)
1956—1966	29	1 331.6	1 524	2 855.6	46.6
1967—1972	24	1 021.4	1 729	2 750.4	37.1
1973—1980	19	834.3	1 699	2 533.3	32.9
1981—1998	16	698.6	1 703	2 401.6	29.1
1999—2002	14	625.3	1 815	2 440.3	25.6
2003—2010	12	500.2	1 550	2 050.2	24.4

　　三口分流量的减少是枝城以上三峡、葛洲坝等水利工程运用和下荆江段裁弯等共同作用的结果。2003—2010 年四水水量的大幅度下降也是四水地区水库等枢纽工程作用的结果。因此,可以说 1956—2002 时期入湖水量的减少主要受长江、"四水"等江湖关系变化的影响,2003 年以后入湖水量的大幅度下降是三峡水库运用和四水地区枢纽工程运用共同作用的结果。

2) 三口水系断流趋势加剧

随着三口分流量的减少,长江三口控制水文站沙道观、弥陀侍、康家岗、管家铺四站连续多年出现断流现象。早在 20 世纪 50~70 年代,藕池河就开始出现断流,其中康家岗站断流天数多余 200 天。荆江裁弯以后,四水文站均开始出现断流现象,康家岗站断流天数最多每一个时期都在 250 天以上,在枯水年 2006 年高达 336天;沙道观、弥陀寺断流时间增长迅速,尤其是 1980 年以后,两站断流天数均加倍,2003—2010 时段弥陀侍断流天数达到 145 天,沙道观断流天数达到 199 天;荆江裁弯对管家铺断流天数的影响远大于葛洲坝水库运用产生的影响,管家铺断流天数在 1972 年以后比上一阶段增加 65 天,1980 年以后增加 21 天;康家岗水文站断流天数 1972 年以后基本稳定在 250~260 天。

表 9.11　不同时期三口控制站断流天数统计表

时　段 (起止时间)	沙道观	弥驼侍	管家铺	康家岗
1956—1966	—	—	18	215
1967—1972	—	—	80	241
1973—1980	71	70	145	258
1981—2002	172	154	166	252
2003—2010	199	145	186	260

9.4.2　洞庭湖季节性变化趋势

1) 洞庭湖湖区水位变化趋势

洞庭湖湖区在 1956—2010 年间水位整体上波荡起伏、有升有降,自三峡水库修建以来湖区水位普遍大幅度下降,降幅 0.35~0.62 m。石龟山站代表七里湖、毛里湖、珊瑚湖等的水位变化,由表 9.7 中可以看出七里湖湖区下降趋势稳定,基本保持 2.64 cm/年的减幅;南嘴站为目平湖湖区水位变化控制站,1956—2010 年间呈波动下降趋势,荆江裁弯时期水位稍有上升,但 1973 年以后水位平均下降6 cm,葛洲坝修建以后三峡修建之前水位相对于 1973—1980 年有所升高,1998—2002 年水位超过了裁弯时期的水位 28.26 m,三峡修建以后目平湖水位再次下降,平均水位低于 28.06 m;南洞庭湖以杨柳谭站为代表,2003 年以前南洞庭湖水位呈上升趋势,每一时期上升 0.1~0.2 m,2003 年以后水位大幅度下降,2003—2010年间下降 0.42 m;东洞庭湖以鹿角站为代表,水位变换趋势和南洞庭湖变化趋势相同,2003 年以前水位一直呈上升趋势,每一时期水位上升 0.2~0.3 m,1981—2002 年,水位基本稳定在 24.24 m,2003 年以后水位大幅度下降,降幅约为0.62 m;城陵矶为湖水排入长江的入江口,水位变化趋势和南洞庭、东洞庭一致,

2003 年以前水位呈现稳定上升趋势,1956—2002 年 47 年间水位上涨约 1.55 m,而 2003—2010 年这 8 年间水位却下降了 0.53 m,相当于过去 16 年上涨的水位高度。

表 9.12　湖区不同时段代表水文站年均水位表 (单位:85 黄海高程:m)

时　段 (起止时间)	七里湖区	目平湖区	南洞庭湖	东洞庭湖	入河口
	石龟山	南嘴	杨柳潭	鹿角	城陵矶
1956—1966	31.22	28.25	26.89	23.22	22
1967—1972	31	28.26	26.98	23.48	22.33
1973—1980	30.82	28.2	27.19	23.71	22.75
1981—1998	30.46	28.25	27.28	24.23	23.29
1999—2002	30.12	28.28	27.39	24.25	23.55
2003—2010	29.77	27.89	26.97	23.63	23.02

2) 水面面积—容积变化趋势

三峡水库运用来,入湖水资源量锐减。汛期三峡水库拦洪,调蓄洪峰,三口分流下降,但洞庭湖基本能维持湖的特征,此时城陵矶水位较高;非汛期荆江水量虽有所增加,但是三口分流量并没有明显增加,枯水期入湖径流量的减少,使得洞庭湖呈现出“河相”,此时城陵矶水位较低。因此洞庭湖表现为“高水成湖,低水成河”的特性。为进一步研究汛期和非汛期洞庭湖的河系特征,采用洞庭湖天然湖泊面积—容积与城陵矶水位的相关关系,以汛期、非汛期城陵矶水位为控制量进行研究。

表 9.13 为 1997 年时长江委水文局采用其 1995 年施测的 1∶10000 地形图 (85 黄海高程)统计的天然湖泊面积、容积。洞庭湖水位—面积关系变化曲线如图 9.5 所示。根据实测结果,当城陵矶水位 31.5 m 时,营田站水位 31.55 m,杨柳潭站水位 32.55 m,南咀站水位 33.55 m,石龟站水位 35.45 m,此时洞庭湖总库容 167 亿 m^3,总面积 2 625 km^2。

表 9.13　洞庭湖天然湖泊容积统计

黄海高程 (m)	洞庭湖天然容积 (亿 m³)	澧水洪道		东洞庭湖		南洞庭湖		目平湖		七里湖		草尾河	
		面积 (km³)	容积 (亿 m³)	面积 (km³)	容积 (亿 m³)	面积 (km³)	容积 (亿 m³)	面积 (km³)	容积 (亿 m³)	面积 (km³)	容积 (亿 m³)	面积 (km³)	容积 (亿 m³)
21				91.58	0								
22	11.252			195.302	1.402								
23	14.969			367.352	4.144	54.19	0	15.731	0				
24	20.709			535.579	8.628	106.49	0.8	22.32	0.19				
25	30.342	2.545	0	789.736	15.449	203.267	2.347	33.483	0.469			9.142	0
26	44.116	4.929	0.037	1 042.416	24.409	350.71	5.113	36.548	0.914			13.347	0.213
27	61.877	7.28	0.097	1 203.4	35.634	515.109	9.453	129.64	1.02			16.518	0.263
28	82.166	9.635	0.182	1 209.1	47.977	676.851	15.381	212.16	3.529	10.766	0	17.856	0.434
29	104.225	12.199	0.297	1 296.403	60.785	791.291	22.709	268.751	6.404	12.712	0.117	19.487	0.62
30	129.435	14.915	0.427	1 309.974	73.812	859.345	30.952	306.122	9.278	14.617	0.254	20.674	0.831
31	154.27	24.376	0.621	1 311.593	86.912	890.372	39.685	323.518	12.406	22.874	0.441	29.83	1.094
32	180.036	33.135	0.909	1 312.682	100.032	897.277	48.571	328.062	15.684	37.503	0.742	36.084	1.424
33	206.373	46.989	1.31	1 318.704	113.159	900.215	57.497	330.844	18.979	57.48	1.186	39.782	1.808
34		58.157	1.816	1 318.802	116.087	902.07	66.45	332.8	22.197	66.193	1.725	41.149	2.208
35		64.651	2.45			905.079	75.407	332.933	25.626	71.636	2.464	41.259	2.619
36		65.383	3.1							73.474	3.181	41.282	3.05
37		65.958	3.757							74.196	3.926	41.399	3.445
38		65.958	4.417							74.185	4.67		
39		65.958	5.076							74.673	5.425		
40		65.958	5.736							74.673	6.16		
41		65.958	6.395							74.673	6.908		
42		65.958	6.395							74.673	6.948		

围堤增高计算的面积和容积

	面积 (km²)	容积 (亿 m³)
东洞庭湖 南津港三角洲新洲农场丁堤	10	0.5
南洞庭湖 永胜垸及新胜洲	12.7	0.76
目平湖 创业垸	10.8	0.65
七里湖 新洲上下垸	16	0.7
合计	49.5	2.61

① 东洞庭湖：七里山-磊石山-华容新洲农场丁堤 22~34 m
② 南洞庭湖：磊石山-资水杨柳潭 24-甘溪港保民垸-南咀-小河咀 24~35 m
③ 目平湖：四分局三角咀-小河咀堤势-南咀 25~36 m
④ 七里湖：小渡口-石龟山-汇口 30~43 m
⑤ 澧水洪道：石龟山-四分局 24~35 m
⑥ 草尾河：南咀-湖口 $V = (A_i + A_{i-1} \cdot 5) \cdot DH/3$ as $(A_i - A_{i-1})/A_{i-1} \geq 40\%$；$V = (A_i + A_{i-1}) \cdot Dh/2$ as $(A_i - A_{i-1})/A_{i-1} < 40\%$
洞庭湖天然容积考虑水面比降，由四湖容积和求得

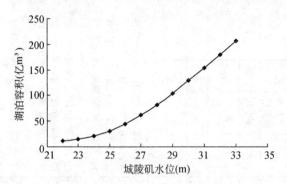

图 9.5　洞庭湖湖泊水位-容积曲线

　　20 世纪初洞庭湖湖区水面面积、湖泊容积就开始出现衰减的趋势。图 9.6、图 9.7 分别为湖区水面面积、湖泊容积的时间演变图。由图中可以看出,湖区水面面积、库容大致可以分为三个阶段:第一阶段,1949 年以前,湖泊水面面积和湖泊库容减小趋势都比较稳定;第二阶段,1949—1978 年,湖泊面积和湖容大幅度减少;第三阶段,1978—1995 年,湖区水面面积和湖容稳定变化。

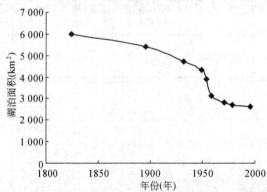

图 9.6　湖泊面积时间演变图

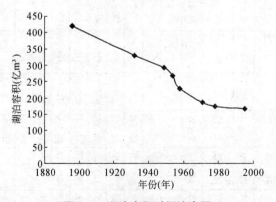

图 9.7　湖泊容积时间演变图

由于湖泊水面面积、湖容等在时间序列上的变化趋势不容忽略,因此假设1995年以后湖泊水面面积以及湖泊容积维持1978—1995年的变化趋势不变,以此修正湖泊面积、湖容。拟合湖泊水面面积和湖泊容积随水位变化的过程曲线并修正。以2010年为例,湖区水面面积在曲线拟合之后应当修正减去60 km²,湖泊容积应当减少6.2亿m³。

湖泊容积随水位变化的计算公式为:

$$V(Z)=\begin{cases}0.311\,7Z^3-20.494Z^2+452.5Z-334\,9.8,Z<26,R^2=0.999\,3\\-0.089\,6Z^3+8.627\,5Z^2-250.89Z+2\,315.8,Z\geqslant26,R^2=0.999\,9\end{cases}$$

$$(9.6)$$

式中:Z——测站水位(m);

$V(Z)$——洞庭湖容积(亿 m³)。

洞庭湖面积拟合曲线 $A(Z)$ 公式为:

$$A(Z)=-20.944Z^2+1\,327.8Z-18\,424,21\leqslant Z\leqslant33,R^2=0.998\,32 \quad (9.7)$$

式中:Z——测站水位(m);

$A(Z)$——洞庭湖容积(km²)。

为研究历年湖泊水面面积及湖泊容积的平均状况,其湖水面面积和容积均采用静库容及静态湖面面积,而实际湖泊处于时刻变化的动态过程,因此实际湖泊容积与湖面面积要比计算拟合的结果略大。

3)高水成湖

采用 Z—S 曲线和 Z—V 曲线法计算相应湖泊面积及湖泊容量,见表9.14。由表中可以看出,湖区水面面积、容积随城陵矶水位变化而变化。三峡水库运用以后,2006年湖区水位达到最低值23.83 m,对应湖泊面积1 884.64 km²,容积37.26亿m³;2003年城陵矶水位最高,湖泊面积为2 358.56 km²,容积81.86亿m³。就水位变化而言,2006年城陵矶水位仅比2003年降低2.38 m,但是湖泊面积减少约20%,湖泊容积减少近51%。这主要说明:第一,2006年城陵矶汛期水位低于其他年份汛期平均水位1.88 m,减幅较大,验证了2006年为枯水年。第二,城陵矶水位高于23.76 m时,湖泊容积变化敏感,城陵矶水位微小的变动就会引起湖泊容量、面积的显著变化。第三,长江委水文局1997年统计的1995年城陵矶水位29.56 m时的湖泊面积为2 623 km²,容积为167亿m³,而2003年以后湖泊面积为1 870 km²,湖泊容积为70亿m³(均为汛期平均值),如果以1997年统计的湖泊面积的75%(1 969 km²)作为评定维持湖泊特征的阈值,那么2003—2008年约有56.28%的时间能够维持湖泊特征。从汛期多年平均湖泊水文特征来看,除2006年以外其他年份均能维持湖泊特征。从历年维持湖泊形态的时间上来看,2006年维持湖泊形态时间最短,但是依然能保障全年约有 1/5 以上的时间维持湖泊形态,因此可以断定,2003 年以后,虽然湖区萎缩,容积下降,但是汛期湖区依然能维持湖泊特性。

表 9.14　城陵矶汛期多年平均水位下的湖泊水文特征

年　份 (年)	Z (m)	面　积 (km²)	容　积 (亿 m³)	维持湖泊形态时间* (%)
2003	26.22	1 877.89	81.86	53.42
2004	25.67	1 791.47	69.74	51.37
2005	26.07	1 803.24	77.77	56.99
2006	23.83	1 260.19	37.26	36.44
2007	25.22	1 771.15	59.64	41.64
2008	25.40	1 674.37	62.68	59.02

*注:为以天然湖泊面积的 75%(1 969 km²)作为阈值统计。

根据以往模拟分析结果可知:当城陵矶平均水位达到 30.56 m 时,湖区水面面积约为 2 602.1 km²;而当城陵矶平均水位增加到 31.56 m 时,湖区水面面积约为 2 638.0 km²。城陵矶平均水位从 30.5 m 增加到 31.56 m,增幅 1 m,而湖区面积增加约 35 km²,结合 1995 年湖区自然湖泊面积 2 625 km²(对应城陵矶水位 31.5 m),可以将模拟的城陵矶 31.56 m 水位时的湖泊面积定为湖泊面积。

4) 低水成河

水库非汛期排水发电,虽然相对于建库之前非汛期流量虽有增加,但是由于湖区三口口门淤积分流量减少,干流河槽冲刷,同流量水位下降等因素影响,非汛期湖区水量并没有增加,相反 2002 年以后还有所下降。据统计,2002 年以后湖区水面平均下降 0.35~0.65 m,其中非汛期下降 0.25~0.55 m。非汛期,1999—2002 年城陵矶水位 20.86 m,2002—2010 年城陵矶水位 20.41 m,下降 0.45 m,湖泊水面面积 790.3 km²,容积 12.48 亿 m³,相当于 1997 年统计的湖泊面积(对应城陵矶水位 31.5 m)的 30.1%,湖泊容积的 7.5%。湖泊面积、容积的大幅度减少,说明洞庭湖此时湖泊特征微弱。统计 2003—2008 年城陵矶非汛期湖区平均水位下的湖泊面积、容积可以发现,平均湖区容积最大也不会超过 20 亿 m³,最小时仅为 10.35 亿 m³,湖泊面积最小时也仅为 68.64 km²。

由于根据当前地形资料实时统计湖区水面面积不太符合实际,这里采用洞庭湖水利工程管理局"数字化洞庭湖"的成果。资料显示数字化洞庭湖的时间间隔为 1~87 天不等,间隔为 1 天的样本数量占总数的 30.32%,间隔为 1~11 天的占总数的 80.97%。因此,可以将洞工局 2007—2013 年湖区水面面积的计算结果看成是湖区水面面积随时间变化总序列中的一个随机样本,具有统计特性。按照样本中湖区水面面积的大小排序分析,如图 9.8 所示。

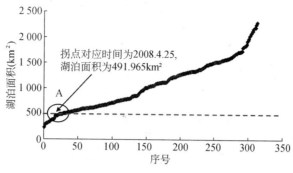

图 9.8　湖区水面面积统计分析

由图可以看出,点 A 处湖区面积为整条曲线的一个拐点。点 A 处湖泊水面面积约为 492 km²,对应的时间是 2008/4/25。根据柯介南的研究,洞庭湖的换水周期一般为 8~12 天,故以 2008/4/25 为中心点,以 12 天为半径,对已知湖区水位进行搜索,寻求相应的最符合实际的城陵矶水位。经搜索,A 点相应的城陵矶水位为 21.24 m,此时,对应的湖泊水量分布图如图 9.8 所示。

由图 9.9 可以看出,原先为纯湖区的大片区域已经变为洲滩,水面面积大幅度减少,已经不再维持湖泊特性,湖区内水域仅仅表现为"河状"并已经很明显,如果城陵矶水位再降低,则湖区有可能出现"断流"的现象。因此,可以将湖区水面面积 492 km² 作为判定湖区是否达到极端枯期的阈值。

图 9.9　A 点湖泊水量分布图

另外,根据模型模拟的结果可以判断出,当城陵矶水位处于 23 m 时,湖泊已经有大部分处于河流状态了;而当城陵矶水位处于 22 m 时,湖泊水面面积(650 km²)仅仅相当于天然湖泊面积的 1/4,因此可以将城陵矶水位 22 m 时的湖泊面积作为判断能否维持湖泊形态的阈值。

9.5　城陵矶水位对湖区的影响分析

近年来,随着三峡水库的修建运用,湖区来水量减少,尤其非汛期已经很低的水位再次下降。而湖区取提水工程大多修建于 20 世纪 50、60 年代,一方面,由于年代久远,部分工程老化,已经无法保障正常供水;另一方面,当时的设计标准已经不适宜当前过低的水位,部分工程因取水口高于河湖水位而无法正常取提水,因此三峡水库建库后,中低水位的进一步下降严重影响着湖区的用水保障。

洞庭湖湖区降水时空分布不均,水库调度与农作物需水时间不同步,灌溉需水问题突出,季节性缺水问题严重。三口河道淤积,河床抬高,春冬季节枯水期断流,荆南三河沿岸的农业灌溉大部分依靠从荆南三河引水,需水期主要在灌溉期(5~10 月)和春灌期(4 月下旬~5 月中旬),而每年的 5 月上旬以前,长江水位低,加之此期间降雨偏少,致使冬小麦灌溉用水,早稻泡田、返青期,蔬菜用水等得不到保障,经常发生春灌缺水的现象。

近年来,湖区泥沙淤积,河床抬高,田间高程相对下降,形成垸老田低,使地下水水位升高,稻田土壤次生潜育化。每年汛期,湖区大部分地区地下水位在 20 cm以内,使土壤的水、肥、气、热矛盾激化,肥力下降。据统计,湖区约有 33.3 万 hm²左右的潜育化稻田,年减产量约为 50 万 t。

三峡水库运用之后,湖区全年水位下降,湖泊面积萎缩,尤其时枯水期洞庭湖呈“河相”,洲滩由湖区向湿地,湿地向普通滩地交替变换,湿地生态植物也随之变化,生态系统受到影响。同时,由于丰、枯水期水量下降,并且丰枯交替时间变长,湿地严重退化,湿地调节气候、调蓄水量等功能衰退,引起生态环境变化,加剧了一些珍稀物种的消亡。

长江干流冲刷导致水位降低,洞庭湖出流流速加大,水面坡降增加,水体广大而流速较低的湖泊特征进一步衰减,非汛期城陵矶河段表现明显的湖水浑而江水清,且因湘江古河道与长江城陵矶河段直线对接,湘水尾闾特别是长株潭地区受到的影响尤为明显。2003 年以来,洞庭湖已近 6 年没有连续一个月有超过 30 m 的洪水发生,常年基本上低于多年平均水位 24.5 m,洲滩湿地受水时间、受水深度和受水周期都发生了剧烈变化;同时受清水下泄影响,水流挟沙能力加强,原来淤积在洲滩上的泥沙向河槽输移,填平深槽,这在四口河系区十分明显。三峡运行后,洞庭湖最为迫切的是解决由于水量减少、湖泊萎缩等水文条件改变带来的一系列问题。

解决这些问题的关键就是抬高湖区水位,增大湖区水量。就东洞庭湖湿地而言,2003年以来,受水时间和深度明显减少,以杨树为主的陆生植物呈扩张性趋势,区域内洲滩出露时间显著增加。同时东洞庭湖大面积洲滩高程差很小,在23 m到25 m这近两米高程差的区域内的洲滩面积为529~951 km²。因此,当湖区出口水位抬升到25 m左右时,东洞庭湖可减少洲滩422 km²,可维持淹水深度至少为1 m。基于此,可考虑将城陵矶水位控制在25 m以上,以蓄水保护洞庭湖的水资源,维持其湖泊特征。图9.10为城陵矶出口控制不同水位时湖区的淹水面积示意区。

从水资源利用的角度考虑,洞庭湖蓄水到25 m可提高湘江尾闾枯水水位2~3 m,长株潭低水位取水问题可得到解决;22~25 m洞庭湖可多蓄水20亿 m³,并汇集四水区间入流,能够有效的加大调节长江枯水的能力。另外如果采用闸坝工程控制,在防洪蓄洪控制水位以下,洞庭湖具有137亿 m³调节容积,与三峡水库进行联合调度,将具有更大的防洪效益。

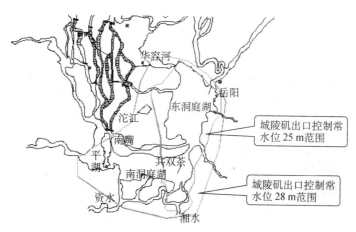

图 9.10 洞庭湖出口控制平水范围示意图

9.6 典型干旱情景的湖区水位面积模拟

以第7章中确定的典型干旱年模拟分析典型干旱情景下的洞庭湖水位面积变化情况。

1) 极端干旱情景

洞庭湖极端干旱的情形一方面是由于湖区河道来水偏少,另一方面是降水偏少。因此此情形下的控制条件为三峡大坝按照其设计标准的最低生态流量向下游放水;虎四水入流量按照各自控制站(湘江的湘潭、资水的桃江、沅江的桃园、澧水的石门)的最干旱年流量,这里选取 1972 年和 2006 年来水的较小值;虎区间降水蒸发取已经发生的最干旱年的蒸发值,这里取 1972 年和 2006 年降水的较小值。图 9.11 为极端干旱情形下的模型模拟结果。

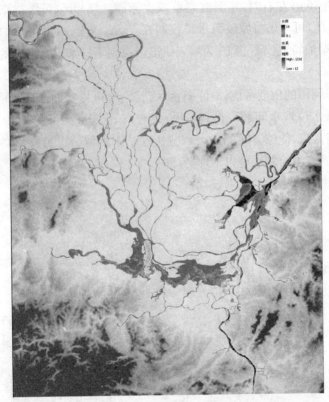

图 9.11(彩插 9)　极端干旱情景下湖区模拟结果

　　由模型模拟结果图可以看出:由于长江来水锐减,洞庭湖三口完全断流;澧水入流太少,不敷区间蒸发,与湖区的水面联系完全中断;湖区大部分面积裸露,水深 0.5 m 以上区域不足 500 km², 仅在湘江—东洞庭湖—城陵矶一线存在略深的"线状"水域和缓慢的水流运动。

　　此情景下:① 东、西洞庭湖分别沦为"洞庭河",不再维持湖泊特性;② 西洞庭湖的目平湖、澧水洪道、七里湖等基本消失;③ 三口水系基本断流,河槽干涸,部分有水区水深也基本在 0.1 m 左右,难以维持最基本的生态用水;④ 部分勉强还是水域的地区水深很浅(<0.5 m),流速极慢甚至没有,水域失去自净能力。

2）枯水年情景

枯水年情景处于极端干旱情景和平水年情景之间，引发的原因依然是湖区降水偏少和四水、三口来水偏少。根据现有资料以及近几年湖区干旱情况，最终确定以枯水年2006年的实测数据作为模型的输入条件，因此模型输入控制条件为三峡按照2006年实测数据向下游放水；虎四水入流量按照2006年的实测值输入；虎区间降水蒸发取2006年实测值。图9.12为枯水年情境下湖区的模拟结果。

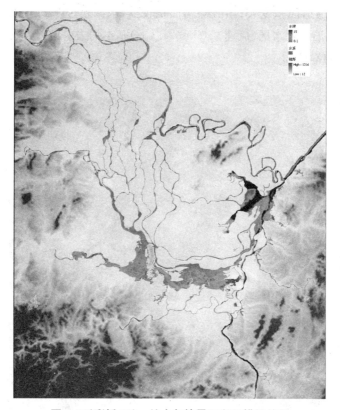

图9.12(彩插10)　枯水年情景下湖区模拟结果

由图9.12可以看出，长江较极端干旱条件下的情况水量加大，但是水量依然不足，三口有水但接近断流状态，过水通道较小，不到90 m（按模型的空间分辨率）；部分湖区裸露，水深0.5 m以上区域接近700 km²，仅在沅水、资水、湘江至城陵矶一线分布着大小不等较深的水域。

对比极端干旱情形：① 湖区基本能维持湖泊面积，但是仍有约700 km² 水深在0.5 m以下，并逐渐变成了"沼泽湿地"。② 澧水、三口至南洞庭湖等区域流速较低，导致湖泊水域自净能力下降。

3) 平水年情景

对历史资料进行排频处理,以 40%～60%为平水年频率阈值,最终选定 1972 年作为湖区平水年情景下的控制条件三峡按照 1972 年实测数据向下游放水;虎四水入流量取 1972 年的实测值输入;虎区间降水蒸发取 1972 年实测值。经模型模拟,最终结果如图 9.13 所示。

由图 9.13 可见,平水年情景下,三口水系不再发生断流,水流成稳定的连续状态,最小过水通道面积变大;湖区裸露面积较少,水深超过 0.5 m 以上区域达到了 2 500 km²,湖泊的死水区(流速 0.05 m/s 以下)基本消失。此时,湖泊特征明显,且具有一定的自净能力。

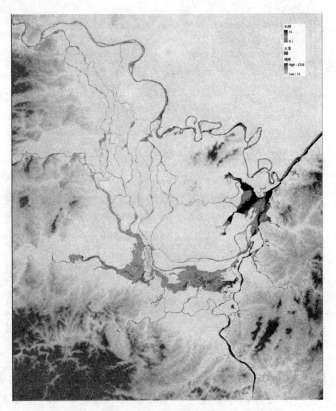

图 9.13(彩插 11)　平水年情景下湖区模拟结果

4) 中小来水不同情景下的湖区模拟结果

不同情景、不同来水状况下的湖区水位、水量以及水面面积往往是研究的重点。但是中小来水的定界模糊,定量化中小来水用于模型输入是研究的难点。而城陵矶的不同水位是湖区不同来水情景影响的结果,能够反映湖区的不同来水状况。因此,设定城陵矶水位 23.06 m、26.06 m、28.06 m、30.56 m、31.56 m 分别为不同来水下的水情景安全边界条件,模拟分析洞庭湖流域的水面面积、水位、径流及容积情况。

用 1972 年的实测数据驱动模型,输出逐日水位、流量、水深场;挑选城陵矶附近水位接近五种情况的水深场,分别累加后平均,得到各种情景下的模拟结果。表 9.15、表 9.16 分别为不同情景下主要检测站水位和湖区流量的模拟结果。

表 9.15 不同情景下主要检测站水位表　　　　　　　　（单位:m）

情景	城陵矶	长江	澧水	沅江	资水	湘江
		枝城	津市	桃源	桃江	湘潭
一	23.06	38.1	34.6	31.0	29.7	28.6
二	26.06	40.5	37.2	32.7	31.4	30.4
三	28.06	41.6	39.0	33.2	32.8	32.9
四	30.56	43.2	40.4	34.9	34.0	33.2
五	31.56	43.6	41.0	35.2	34.2	33.3

表 9.16 不同情景下湖区的流量模拟结果　　　　　　　　（单位:m³/s）

情景	长江		澧水	沅江	资水	湘江
	城陵矶	枝城	津市	桃源	桃江	湘潭
一	8 007.2	7 351.9		141.0	87.7	335.3
二	15 489.2	14 228.3		1 145.4	138.1	1 487.5
三	25 898.5	22 547.5	缺资料	2 018.2	291.2	2 875.6
四	32 292.3	28 051.4		3 453.2	461.2	4 229.1
五	36 815.7	30 953.3		3 856.0	1 739.0	4 348.4

表 9.17 为五种情景下的水域面积和蓄水量结果。

表 9.17 不同情景下的水面面积及蓄水量

情景	城陵矶水位(m)	水域面积*(km²)	蓄水量*(亿 m³)	纯湖区水域面积(km²)
一	23.06	1 518.3	47.1	1 126.3
二	26.06	2 772.4	110.5	2 017.7
三	28.06	2 980.1	156.2	2 365.4
四	30.56	3 251.3	236.6	2 602.1
五	31.56	3 263.4	264.2	2 638.0

* 注:水域面积和蓄水量的统计区域包括长江段、四水入湖以及纯湖区部分的面积和蓄水

由表 9.17 可见，当城陵矶水位在 23.06～26.06 m 时，纯湖区水域面积变化最大，约是 26.06～30.56 m 时纯湖区水面面积随水位变率的 2.6 倍。而包括长江水域的研究区总水域水面面积变化率也较大，水面面积变化差值大于纯湖区。这表明城陵矶水位从 23.06 m 上升到 26.06 m 时，纯湖区之外的水域在扩大，即研究区河流水系、东洞庭湖、南洞庭湖、西洞庭湖之间水系的连通性得到了极大的改善。当城陵矶水位在 26.06～28.06 m 之间时，纯湖区水面面积的增加值大于研究区水域面积的增加值，这表明此阶段湖泊面积增加趋势逐渐增大，部分低水位时的河状水系区已经转变为湖泊。当城陵矶处于高水位，即水位在 30.56～31.56 m 之间时，纯湖区的水面面积增值变小，但仍远大于研究总区域的水域面积增值，说明此阶段依然存在河流水系区进一步向湖泊水域转变以及河湖联通成片的现象。而此阶段纯湖区和研究总水域面积增值的剧烈下降，表明此时湖区已基本趋向于"饱和"，湖区水域已基本"连成一片"，水系的联通性较好，湖泊特征明显，健康状况良好。

根据上述情况的分析，当城陵矶水位大于 26.06 m 时，湖泊开始"并购"周边河系水域，扩充湖泊水域。表 3.17 模拟结果表明，城陵矶水位达到 28.06 m 时，湖区水域面积达到 2 300 km² 以上，相当于 1995 年天然湖泊面积的 87.6%；当水位达 30.56 m 时，水面面积约 2 600 km²，已接近天然湖泊面积，相当于其面积的 99%，此时连通性很好，已经满足健康湖泊的条件。

根据枯水年和极端干旱情形下湖区水位面积的模拟结果，分析洞庭湖湖泊健康状况，可以发现洞庭湖生态环境已遭到破坏。枯水情境下，湖泊水位较低，湖面萎缩，湖区大量水域地区退化成沼泽湿地；极端干旱情景下，湖区进一步萎缩，湖泊水面面积急剧缩小，湖泊形态遭到严重破坏，不再维持湖泊特性，沦为"东洞庭湖"。

5）不同水资源保护方案下的模拟分析

选择枯水年 2006 年的实测数据作为三峡、区间和四水的输入数据。枯水年建闸的边界条件为：城陵矶建闸，保证城陵矶水位 28.06 m，控制湖水向长江流动；或者螺山建闸，抬高整个洞庭湖区和长江干流的水位，保证城陵矶水位 28.06 m。

由模型计算，若在城陵矶建闸，通过一定的调控措施（在丰水年年末蓄积一定水量，枯水年控制湖区水量外流等），可以保证在枯水年湖区具有水面面积约为 2 000 km²。而螺山建闸也能保证枯水年湖区具有正常水面面积约 1 593 km²，但是此方案存在一些潜在的问题：① 江水由城陵矶逆流入湖，湖区死水区面积相对城陵矶建闸方案要多;② 螺山以下的生态流量过程会在部分时段失去保障。

为提高洞庭湖应对旱情的能力,本书提出在城陵矶或螺山站建闸方案,并对建闸后湖区进行了模拟。建闸以后枯水年湖区不再发生萎缩的现象,湖泊的水面面积以及流速都有保证;另外根据模型模拟结果城陵矶建闸方案要优于螺山建闸方案,建闸方案能够保障枯水年湖泊依然处于健康状态,增强了湖区应对干旱的能力。

由此可见,由于洞庭湖泥沙淤积、入湖径流变化、蓄洪安全建设滞后、不能实施有计划地分蓄洪和人类活动的影响等原因,洞庭湖的水位特性发生了比较明显的变化。将 20 世纪 50 年代末至 60 年代初和 20 世纪末至 21 世纪初的水文资料对比,在相同组合入湖洪量的情况下,洞庭湖区主要代表站南嘴水文站的洪水位将抬高 1.38~4.82 m。又据历年枯水位资料分析研究,在洞庭湖出口城陵矶站枯水位抬高的情况下,洞庭湖湖区的枯水期水面比降减缓,湖区枯水位降低。

由于洞庭湖的水位出现变化,且不同时期的变化特性各异,致使洞庭湖区在三峡水库投入运行后防洪形势依然相当严峻,而且水资源综合利用问题也非常突出,严重制约着洞庭湖区的社会经济发展。

为解决新形势下洞庭湖区的防洪和水资源利用问题,在本区域防御标准为 1954 年型洪水的条件下,需要进一步完善防洪体系,特别是不同类型蓄滞洪区的蓄洪安全建设、河道整治工程等,同时要针对湘、资、沅、澧四水出现特大洪水提出对策措施(如松滋口建闸)。另外,结合防洪体系建设,扩大枯水期进入洞庭湖的径流,建设水资源配置工程,改善洞庭湖的水资源利用的条件,在洞庭湖出口建设控制工程,增强洞庭湖的蓄水保水能力,为洞庭湖区的社会经济可持续发展提供良好的水利条件。

9.7　小结

本章通过分析江湖关系的变化,总结出水文要素的变化规律。径流方面,20 世纪 30 年代以来三口河道淤积,表现出衰退、萎缩的现象,分流量逐年减少。枝城径流量相对稳定,仅在三峡、葛洲坝表现出下降趋势。而四水径流量主要受四水上游河道来水的影响,2002 年以前径流量相对稳定,2003 年以后由于受四水上水库调度的影响,径流量呈下降趋势。水位方面,上荆江段最高的流量对应的洪水水位下降,荆江下游城陵矶附近水位依然表现出升高的趋势,但是未来可能会下降。湖区水位整体上波荡起伏、有升有降,但三峡水库修建以来,湖区水位普遍大幅度下降。另外,江湖关系的变化给湖区带来了一定的影响。三口径流量的减少使得入湖水量呈下降趋势(但 2003 年以后不再是主要影响因素),三口河系地区断流现象加重。三峡修建以来,湖区泥沙淤积减缓,有利于防洪,但湖泊却呈现出季节性萎缩的变化趋势。由于三峡调度以及时空降雨分配与湖区农作物等需水时空存在差异,湖区还表现出水源性缺水的现象。

10 洞庭湖健康条件及水资源保护策略

10.1 洞庭湖湖泊功能

1) 提供水源,补充水量

洞庭湖流域水资源总量丰富,主要为地表水水资源。仅湖南省 2003—2011 年年平均水资源总量为 1 593.6 亿 m³,而年平均地表水水资源量为 1 586.5 亿 m³。其中 2011 年水资源总量最少为 1 127 亿 m³,相应的地表水水资源量也最少为 1 121亿 m³。另外,湖区丰富的水资源量能够充分的补充地表、地下水水资源量,保障湖区自然社会需水。湖南省 2003—2011 年平均需水量为 324.5 亿 m³,仅相当于水资源总量的 20.36%;其年平均地下水水资源量为 377.5 亿 m³,相当于水资源总量的 23.69%。

但由于特殊的气候、水文条件,目前湖区正面临着枯水期四水水系区断流、湖泊水位下降工程缺水突出等问题,直接影响着湖区生态平衡以及人类社会经济的发展。

2) 调蓄作用

湖泊是一个巨大的天然水库,其巨大的湖泊库容以及湖面面积能够充分的调蓄上游洪水,调节洪量,错开洪峰,充分降低了下游河道的防洪压力。对于洞庭湖,其西北接长江于三口河口处,东北于城陵矶汇入长江,是一个集调、泄洪水于一身的大型吞吐型湖泊。据分析,洞庭湖一次调蓄量可为数十亿 m³,最大可达 200 亿 m³ 以上;1951—2009 年能够维持安全下泄流量 60 000 m³/s 的就有 26 年,在 20 世纪仅有 5 年超过 100 000 m³/s。另外,洞庭湖也具有相当强的削峰作用。据统计,最大入湖洪峰多年平均为 36 800 m³/s,多年平均出湖洪峰流量为 27 400 m³/s,平均削峰 9 400 m³/s,削减率为 25.5%。

3) 调节气候

湖泊属于湿地的一种,具有涵养水源,枯排涝蓄,改善局部地区水分循环等特点。洞庭湖湖面面积减少,地面对太阳辐射的吸收能力改变,对局部地区气候产生严重影响。受湖面面积减少的影响,湖区空气中的水汽减少,相对以前湖区干旱趋势加重。2000 年以来,年、四季干旱均有不同程度的增加,其中秋季干旱趋势增加明显。而气候变化和人类活动的影响共同作用又促使湖泊面积减少。气候变化、河湖泊面积减少二者相互作用,促使洞庭湖逐渐走向衰亡。

湖泊聚集了大量的水资源,由于水的比热容远大于周围土地的比热容,所以可起到降低局部地区的昼夜温差的作用,具有一定的调温作用。气象专家通过观测和研究发现:湖泊对周边地区白天有降温效应,夜间有增温效应,且晴天大于阴天;夏季白天的降温效应大于夜间的增温效应,冬季的情况则相反,可抑制极端最高气温,抬升极端最低气温。进一步的研究发现:湖泊对温度的影响,近地层主要发生在上风岸 2 km 以内和下风岸 10 km 以内,其中在 5 km 之内变化最为明显;影响的空间呈"舌状"分布,在下风方向,离岸距离越远,影响的高度越高;在 200～400 m 高度,影响的水平距离最大,可达几十 km。

另外,在有强冷空气或持续高温影响时,长江中下游的平原湖泊可使周边地区的温度增、减 2 ℃左右,从而对气温起到一定的调节和补偿作用。特别是在强对流天气频发的夏季,湖泊的调温效应减小了气温直减率,增大了大气稳定度,从而使雷暴、冰雹、龙卷风等强对流天气出现的几率和强度有所减少,移动路径也有所改变。

4) 提供生境

生境是生物出现的环境空间范围,一般指生物居住的地方,或是生物生活的生态地理环境。一个特定物种的生境是指被该物种或种群所占有的资源(如食物、隐蔽物、水)、环境条件(温度、雨量、捕食及竞争者等)和这个物种能够存活和繁殖的空间。野生动物总是以特定的方式生活于某一生境之中,同时动物的各种行为、种群动态及群落结构都与其生境分不开,所以生境也可以说是指生物个体、种群或群落的组成成分能在其中完成生命过程的空间。

洞庭湖湖区生态环境良好,湖区植物种类繁多。据统计,已发现的野生植物和规划用于农林生产的栽培植物共 1 428 种,隶属于 637 属 170 科。其中蕨类植物 21 科 33 属 152 种,被子植物 143 科 519 属 1 153 种,裸子植物 6 科 13 属 123 种。

另外,洞庭湖水系发达,沟港纵横,草洲遍布,湖滨地带水体与丘岗犬牙交错,气候适宜,动物种群复杂,特有物种较多。现有鱼类 11 目 22 科 70 属 119 种,珍贵鱼类有中华鲟、白鲟、银鱼、鳡鱼、胭脂鱼等 5 种,其中属国家一级保护动物的珍稀鱼类有中华鲟和白鲟,还有虾类 4 科 9 种,贝类 9 科 48 种,鸟类有 16 目 46 科 217 种。

5) 净化水质

一方面湖泊水量巨大,水环境容量较大,在其允许的条件下,可以接受一定的劣质水,并起到稀释污染物、净化水体的作用。另一方面,湖泊水具有流速,不是死水,通过适当的水体交换也可以起到净化水质的作用。因此,湖泊水量和水体交换是湖泊水净化的关键。近年来,洞庭湖湖泊面积不断减少,湖泊容量不断减少以及枯水期水体交换周期的延长等,都使得洞庭湖水体净化能力减弱,而随着湖区经济的发展,周边地区向湖泊排放的污水量与日俱增。这些都造成湖区水质下降,部分河段水质已经由Ⅲ类下降到Ⅴ类水;总氮、总磷多在Ⅳ类或Ⅳ类以上,营养盐浓度相当高。

6) 航运功能

湖泊水体面积较大,岸线长度长,能够将湖区大片面积通过湖水连接起来,而且湖泊与河道相连,能够充分利用河道航运功能。洞庭湖航道包括四水湘江长沙下游段、资水益阳下游段、沅水桃源下游段、澧水澧县下游段;松虎澧资等洞庭湖湖区航道;以及汨罗江、新墙河、华容河、藕池河东支航道等,总长 3 568 km,其中等级航道约长 1 003 km。目前湘江下游长沙—城陵矶 179 为Ⅲ级航道;正在进行的湘江株洲枢纽—城陵矶 2 000 t 航道建设工程,计划 2015 年完工,结合长沙综合枢纽可将株洲枢纽以下 281 整治为Ⅱ级航道;沅水下游常德—鲇鱼口 192 为Ⅲ级航道;资水下游益阳—芦林潭(濠河口)90 km 为Ⅲ级航道;澧水津市—午口子 88 为Ⅳ级航道;其余为等外级航道。

7) 服务社会

湖泊与河道相连,是一个连续的生态环境载体,它既能为自然界各种物种提供赖以生存的空间,也能提供人类社会的各项需求。洞庭湖区水域辽阔,水系复杂,5～9 月的汛期来水、来沙为湖区提供了丰富的养料,使湖区渔业资源丰富。据统计 2000 年湖区野生鱼类捕获量为 4 万吨,四大家鱼捕获总量为 3 206.7 吨,洞庭湖渔业产量占湖南全省捕捞量的 60% 以上。但是随着人们围垦湖区,肆意筑堤立坝,破坏了湖区自然的河湖状况,湖泊面积日益缩小,渔业产量也逐年递减。2009 年湖区野生鱼类捕捞量下降到 2 193.7 吨,仅相当于 2000 年时的 54.72%;四大家鱼捕获量也都有所下降,2009 年总捕获量为 1 416.56 吨,仅相当于 2000 年的 44.18%。

另外,湖泊丰富的水量、多样的动植物、舒适的气候条件和深厚的文化底蕴,也为湖区提供了丰厚的旅游资源。湖区目前拥有风景名胜国家级 11 处、省级 5 处,自然保护区省市各 2 处,旅游渡假区省市各 4 处,此外还有旅游节庆活动、专项旅游产品等多种旅游风景、服务资源。

10.2 健康条件

目前尚没有对湖泊的准确定义,因此也就没有较准确的判定某一水域是否为湖泊的标准。为后续研究的需要,这里主要从水面面积和湖泊水量两个层面来定义湖泊。

1）水面面积

为探讨湖泊形态与水面面积的关系，根据龚伟计算 2000—2007 年湖区水面面积与城陵矶水位的数据，绘制 1995 年实测湖泊面积与遥感影像拟合图，如图 10.1 所示。

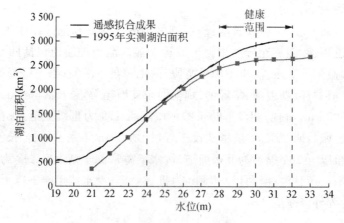

图 10.1　2007—2013 湖泊水面面积排序图

借用河流生态需水分析中的湿周法，寻求能够维持湖泊形态的湖泊面积。根据图 10.1 可得，在 24 m 左右和 30 m 左右均出现较明显拐点。观察 24 m 处湖泊面积随水位变化过程就会发现，当水位低于 24 m 时，湖泊水面面积随城陵矶水位急剧增加，而当水位高于 24 m 时湖泊水面面积增加速率达到最大并趋于稳定。因此可以认为城陵矶水位为 24 m 时湖区的水面面积为湖泊河槽蓄量的最大值。同理，当城陵矶水位达到 32 m 时湖泊面积基本达到稳定不再增加，因此可认为城陵矶水位为 32 m 时湖泊边界已经达到了湖区堤垸的最大范围；当城陵矶水位达到 28 m 左右时，1995 年实测湖泊面积出现明显拐点，遥感成果图也显示湖泊面积增长速率趋于平缓，因此可以将城陵矶水位 28 m 作为判断湖泊进入健康状态的最低阈值。而城陵矶水位为 32 m 时，遥感拟合数据和实测资料都显示此时的湖泊面积均大于 1995 年天然湖泊面积。根据城陵矶历年水位资料，其最高水位为 35.94 m，警戒水位为 32.50 m，因此城陵矶水位 32 m 基本可作为湖泊进入蓄满状态的阈值条件。

2）水量

根据湖泊面积的计算成果，城陵矶水位为 24 m 时的湖区的湖容容积也可以作为是否为湖泊的判定标准之一，此时湖区的湖容为 20.8 亿 m³，即可以定义当湖区水量大于 20.8 亿 m³，洞庭湖才具备湖泊特征。另外对应城陵矶水位 28 m 和 32 m

的湖区水量分别为 81.74 亿 m³ 和 179.67 亿 m³,因此也可以根据水量认为,当湖区水量达到 81 亿 m³ 时,湖泊达到健康状态;水量达到 179 亿 m³ 时,湖区达到"蓄满"状态。

10.3 河湖健康现状

10.3.1 湖区洪旱灾害

1) 洪涝灾害

2002 年之前,随着人类活动的影响(荆江裁湾、围湖造田、修建水库等),湖泊调蓄能力下降,湖口城陵矶附近水位逐年上升,江湖水位顶托,导致洪水出湖困难,湖区承受洪水压力巨大,洪涝灾害频繁发生。据统计,1949—1999 年发生洪涝灾害 40 次,其中特大和较大灾害 22 次,相当于约 1.3 年就发生一次洪涝灾害,2.3 年发生一次特大或较大灾害。

2002 年以后,有三峡水库调蓄上游洪水,四水水库调蓄四水来水,削弱了湖区来水洪峰值。同时,三峡水库、四水水库清水下泄,四水及荆江流入的三口来沙大幅下降,使得入湖沙量的大幅下降,湖区淤积量大幅度减缓,湖泊调蓄力下降速度变缓,对于湖区防洪有很大裨益。但是三峡水库并不能代替洞庭湖调蓄和抵御洪水,也不能从根本上解决湖区洪灾问题,湖区灾害依然不断,据统计,2003—2009 湖区每年约有 15.76 万公顷土地遭受洪涝灾害,232.95 万人受灾,直接经济损失 8.8 亿元。

2) 旱灾

洞庭湖 1995 年天然水面面积 2 623 km²,可容水量 167 亿 m³,是我国第二大淡水湖,水资源丰富,但是湖区依然面临着严峻的干旱问题。自 20 世纪 30 年代以来,湖区来水量逐渐减少,来沙量巨大,湖泊萎缩,水面面积逐渐下降。尤其是近年来,随着三峡等水库的调度运用,湖区汛期来水大量减少,非汛期水库下泄的水量又不足以改善湖区的缺水状况,使湖泊季节性萎缩现象严峻。非汛期、汛期的浅水区域完全裸露,水位下降明显,取水工程效率大打折扣,湖区面临着严峻的饮水安全问题。2000—2007 年这 8 年间,除 2004 年只有益阳市少部分县市区发生了轻度旱灾外,其余年均发生了全湖区性的不同程度的旱灾,其中,以 2000 年、2002 年、2005 年、2006 年灾情最重,而且因干旱所造成的农业经济损失呈增大趋势。主要特点为:旱灾发生频繁,灾情加重;具有显著的连季性和连年性;成灾率高,受灾体类型增多。

10.3.2　湖泊特性

1) 湖区面积

近年来,湖区水面面积呈现出季节性萎缩的现象,汛期、非汛期湖面面积相差巨大。汛期能够维持湖泊特性,非汛期水位明显下降,湖泊水面面积急剧减少,特枯年份,湖泊呈现为河的形态。通过遥感分析湖泊面积变化过程(图 10.2),可以看出 2007—2013 年湖泊汛期基本能维持湖面面积 1 500 km²,但是较 1995 年 2 623 km² 相距甚远;而非汛期湖面面积仅约为 600 km²,其中 2011 年 5 月 8 日湖面面积最小,达到 231.6 km²。如果以 1995 年地形资料来看,非汛期七里湖呈干涸状态,澧水洪道基本断流,目平湖、南洞庭湖基本维持在正常湖面面积的 5%～5.5%。

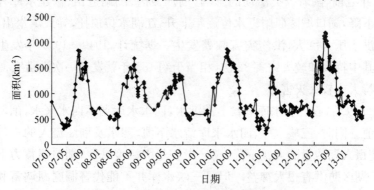

图 10.2　遥感分析湖泊面积变化过程

2) 湖泊水量的变化

自 20 世纪 50 年代以来,湖区水量除 1973—1980 年稍微有所回升以外,其余时期均不断减少。尤其是 2000 年以后湖泊水量大量减少,其中 2002 年以前平均每年湖区水量减少约 149 亿 m³,2003 年以后减少量有所降低,但是年均减少量依然大于 100 亿 m³,可见湖区萎缩量巨大(见表 10.1)。

表 10.1　湖区水量变化统计表　　　　　　　　　　　(单位:亿 m³)

时　段 (起止时间)	入湖水量		出湖水量		湖水增加量	
	汛期	非汛期	汛期	非汛期	汛期	非汛期
1956—1966	2304	752	2321	801	—17	—49
1967—1972	2219	742	2207	768	12	—26
1973—1980	2117	632	2068	665	49	—33
1981—1998	1900	711	1940	762	—39	—51
1999—2002	1983	688	2071	749	—88	—61
2003—2010	1629	586	1686	638	—57	—52

注:入湖水量包括三口、四水以及区间降雨量,出湖水量是城陵矶水文站资料。

对比汛期、非汛期的湖泊水量增加量,1999 年之前湖泊水量损失主要发生在非汛期,其中 1967—1980 汛期年均湖泊水量呈增加趋势;1999 年之后湖泊水量损失主要发生在汛期,2002 年以后汛期湖泊水量损失稍减,但依然占湖泊水量损失的大部分。

10.3.3 生态环境

1)湿地景观

湖区湿地生态区域差异性大,生态过程多变,湿地植被随湖水深度形成不同的植物群落,从空间格局上呈现明显的带状分布特点,由水及陆的总趋势为沉水植物群落——蘋草群落——苔草群落——水蓼群落+蒌蒿+苔草群落——芦苇群落——美洲黑杨或柳群落。

随着人类活动以及河湖关系的演变,湖区的湿地生态环境也在发生着变化。三峡水库的运用调度使得湖区年内水位变幅减小,汛期水位比之前降低,洲滩出露时间增加,沉水植物的生长受到抑制,一定高程上不耐淹植物的生长得到促进;枯水期,湖区水位大幅度回落,一些水体区域裸露,为湖区优势植被(草滩)的生长提供了便利。据统计,1993—2010 年,草滩地面积增加了 2.99 km²,林滩地面积增加了 36.88 km²,芦苇滩地面积减少了 44.09 km²,。

2)水质

随着湖区经济的发展,排入洞庭湖的污水量增大,湖区水质严重恶化。截止2006 年 8 月底,环洞庭湖的益阳、岳阳、常德三市共有造纸厂 101 家,其中化学制浆造纸企业 25 家,废纸造纸企业 76 家。这些企业中有碱回收环保设施的仅有两家,其余 99 家造纸企业,有些虽有一定的环保设施,但因运行成本高,均没有投入运行,生产废水直接排入洞庭湖中。东洞庭湖的君山至飘尾一带,由于造纸废水的排入,形成约 15 km 长,200 m 宽的污染带;南洞庭湖的沅江、琼湖一带,也因造纸废水的排入,形成沿岸水域的污染。

另外,水体普遍存在富营养化的现象。由于农业化肥、农药的大量使用,湖区面源污染严重,湖区内 N、P 营养盐丰富,有机物含量高,据欧伏平等简单评估,湖区五大内湖水体(大通湖、注澜湖、东湖、太白湖、安乐湖)均已富营养化,尤以太白湖最为严重。

3)生物多样性

洞庭湖属典型的湖泊湿地生态系统类型,优越的水、热、光条件为各种野生动植物提供了良好生长、繁殖、栖息场所,孕育了极为丰富的生物多样性。洞庭湖野生动植物资源相当丰富,特别是起源古老的孑遗物种丰富,保护和利用价值高。湖区内有维管束植物 159 科 1186 种,水生高等植物 43 科 168 种,浮游藻类 98 种,莲、野大豆、野菱为国家二级保护植物;鸟类有 16 目 43 科 303 种,其中白鹤、白头鹤、白鹳、黑鹳、大鸨、中华秋沙鸭、白尾海雕等 7 种为国家一级保护动物,小天鹅、鸳鸯、白枕鹤、灰鹤等 37 种为国家二级保护动物,另有 113 种为湖南省重点保护鸟类,占世界总数 60% 的小白额雁在洞庭湖越冬,它是世界最稀少的涉水禽类之一;洞庭湖湖盆被认为是淡水生物多样性的全球重要地区,特别是其拥有独特的鱼类和作为极其濒危的长江海豚(白鳍豚)的栖息地,鱼类达 114 种,隶属于 12 目 23 科,其中中华鲟、白鲟为国家一级保护动物,胭脂鱼为国家二级保护动物,另有 8 种鱼类为湖南省地方保护物种。

但是随着一些大型的水利工程的运用、湖区水质的恶化以及过度捕捞鱼类等,湖区生态系统遭到破坏,大量珍稀物种濒危。据估计,湖区现有江豚仅 100～200 头,而白鳍豚在洞庭湖已经趋向于消失。珍稀鸟类如白头鹤、白枕鹤、白鹤、灰鹤等种群数量大幅度下降,2005 年与 2004 年比,反嘴鹬减少了 10 000 只,灰鹤减少近 200 只,白头鹤减少约 20 只,白鹤减少近 60 只,天鹅减少 3 000 只,白琵鹭减少约 2 500 只,东方白鹳减少约 200 只。

近年来,湖区水位偏低,湖洲出水面积不断增大,冬春季洲滩连续露出天数增加,造成东方田鼠枯水季节繁殖天数增加,栖息地面积扩大,种群数量增大。湖区鼠害危害巨大表现:集群打洞,危及防洪大堤安全;迁移入垸,危害农田作物;传播疾病,威胁湖区人民健康和生命安全。因此,湖区鼠患引起了国内外广泛关注。

另外,外来物种入侵,生态格局遭到破坏。近年来湖区大量引种意大利杨、美国黑杨,这些耐水速生的杨树品种特别适宜于湿地生长,杨树的大量引种已使洞庭湖许多地区出现植被群落结构简单化,异质性程度相对降低,如果不加控制的话,很容易导致洞庭湖湖泊湿地生态系统向森林生态系统演化,破坏湖泊的自然演替,对水生态安全造成较大隐患。

10.4　湖泊健康影响因素

根据 McMichael 等关于生态系统健康的定义,湖泊生态系统健康可理解为湖泊内的关键生态组分和有机组织完整且没有疾病,受突发的自然或人为扰动后能保持原有的功能和结构,物质循环、能量和信息流动未受到损害,整体功能表现出多样性、复杂性和活力。同样,湖泊可以看做是特殊的河流,因此湖泊健康还应该包括在可持续发展的前提下,满足自然生态平衡和能够提供人类社会发展所需资源。

将本书的研究目的与以上河湖健康的定义及内涵相联系,本书的河湖健康是指在可持续发展的前提下,湖区资源是否可以满足社会经济发展和生态自然平衡所需,应基于湖区水文特征、生态系统健康特征、生态调蓄功能等建立河湖健康评价指标体系,针对湖区不健康或亚健康状态进行河湖修复。

1）荆江裁湾

自 20 世纪 60、70 年代下荆江裁弯,荆江河段水量、水位发生变化,入湖水量减少,湖区泥沙淤积,洞庭湖在时间序列上萎缩下降的趋势加重。

2）围湖造田

20 世纪 50～70 年代湖区进行了三次较大规模的湖区围垦,对洞庭湖影响较大,湖泊水面面积由 1949 年的 4 350 km² 下降到了 1978 年的 2 691 km²,湖区大片湿地、林地被开发成农田,湖区植被结构等受到很大影响,湖区生物多样性降低,产汇流特性发生改变,调蓄洪能力在一定程度上降低,洪涝灾害趋势加重。

3）泥沙

泥沙在生态环境中起着非常重要的作用。它既是众多河湖水生微生物及鱼类、藻类等高级动植物的“食物”来源,也是湖区洲滩植物的重要营养补给,还是维系河湖水沙平衡,防止冲刷河床,维持生态平衡的重要因素。洞庭湖受荆江裁湾、三峡水库的影响,入湖沙量波动变化,尤其是三峡水库运行后,入湖沙量大量减少,湖泊淤积趋势虽有所减缓,但湖区生态需要进行新的适应调整。

4）水量水位

水量是湖区维持湖泊特性,满足生态所需的重要“源泉”,一切生态都需要以水为前提。湖区水资源丰富,但是近年来湖区水量下降,枯水期地表水水资源欠缺,三口河系断流,纯湖区不再表现湖泊特性而表现为河状,生态环境遭到严重破坏。水位和水量紧密联系,水量的减少必然会引起水位的下降,由此造成的工程型缺水问题严峻,高水位区植被等也因水位降低失去水源补给而受到很大影响。

5）洲滩

洲滩是连接河湖内生态与陆地生态的重要纽带,洲滩的变化以及形态直接关系到河流与陆地生态的物质能量交换情况,也是到陆地生态是否健康的关键。

6）人类活动干扰

影响河湖健康的因素是多方面的,其中包括人类活动(水利设施、猎捕等)对鱼类、鸟兽累等的影响,社会经济的发展对湖区生态的影响等等。

10.5　河湖健康评价

10.5.1　河湖健康评价指标因素

洞庭湖湖区不仅是我国重要的粮食产地,也是我国中部崛起战略计划的关键地区,内人畜众多。湖区河湖水是区内居民生活、城镇工农经济发展的重要水源,更是维系湖区内生态功能稳定、动植物生存发展的"生命之源"。因此,对洞庭湖湖区健康的评估尤为重要。通过对河湖健康内涵的介绍可知,若要比较全面的评估某一地区的河湖健康,需要从河湖本身的发展形态,所承载的生态系统以及河湖系统对社会、经济、环境的贡献(简称"河湖服务性功能")等方面来考虑,结合以往研究的成果以及数据资料的问题,本书从河湖的生态结构、生态系统现状、河湖服务性功能三个方面收集评价元素构建河湖健康评价指标体系。

1) 基于生态结构的湖泊健康评价要素

湖盆地形地貌系统与水文系统形成了各种生物生存的环境,而湖泊水动力条件与水生生物群落及其生物过程是相互依赖、相互制约的。荆江三口和湖南四水入湖的水沙不仅是洞庭湖湖盆形态结构形成的物质基础与动力,而且能维持其生态系统活力。因而,基于形态结构的湖泊健康状况指标体系主要包括两方面:一为代表洞庭湖形态结构的指标,以湖泊面积来反映河湖几何形态;以洲滩出露率来反映湖区水情(水位、泥沙游积量)的动态变化,后者以能体现洲滩植被种群演替的差异。二为反映洞庭湖水沙条件的指标,以排泄系数(年出湖水量/年入湖水量之比)来反映江湖的连通性,排泄系数愈大,表明每年水位变幅越大,江湖连通性越好;以泥沙淤积率((年入湖沙量-年出湖沙量)/年入湖沙量 * 100%)来反映湖盆冲淤是否平衡。统计数据参见表10.2。

表 10.2　基于生态结构的河湖健康评价指标要素

项　目		2004 年	2006 年	2010 年
湖泊面积 (km²)	丰	2 499	1 932	2 146
	枯	1 146	1 150	981
排泄系数		1.151	1.146	1.174
淤积系数		0.393	-0.278	-0.203
洲滩出露率 (%)	高	0.775	0.927	0.703
	中	0.484	0.620	0.472
	低	0.184	0.139	0.172

资料来源:湖泊面积来自庹瑞锐《三峡工程运营后对洞庭湖水环境影响及其治理对策研究》,排泄系数、淤积系数根据《中国河流泥沙公报》计算而来,洲滩出露率来源《三峡水库运行后洞庭湖湿地生态系统服务功能价值研究》。

2) 基于生态系统的河湖健康评价指标要素

湖区多样的物种、水环境以及各种生物的生存环境等共同构成了洞庭湖湖区的生态系统。生态系统是各种生物赖以生存的载体,因此生态系统的好与坏是评判一个地区是否健康的关键。而湖泊生物群落由鱼类、藻类、浮游动物、高等植物和底栖生物等不同物种组成,它直接反映了湖泊的生物多样性,是各种因素相互作用的结果。这里采用具有代表性的指标:最小生态需水量、水质综合指标、有螺面积、血吸虫病人感染率、湖区消落带面积等,作为反映湖区生态系统健康的代表元素。

最小生态需水量是湖泊能够维系自身存在的最小生态需水,这里采用《湖南省水资源公报》中的生态环境需水量。水质综合指标包括水质综合污染指数和富营养化指数,水生生物的生命活力与这些指标有着直接的关系。根据洞庭湖水质污染和富营养化的特点,选取高锰酸盐、总氮(TN)、总磷(TP)、叶绿素 a(Chla)、透明度、化学耗氧量(COD_{cr})评定湖区的水质和富营养状况。钉螺等不仅危害人类的健康,也危胁着湖区生态系统安全,因此这里选取有螺面积、血吸虫病人感染率及湖区消落带面积等指标反映湖区对外界生态系统及人类等的影响程度,参见图 10.3~图 10.11(数据来源:高锰酸盐、总氮(TN)、总磷(TP)、叶绿素 a(Chla)、透明度、化学耗氧量(COD_{cr})来源于《洞庭湖近 20 年水质与富营养化状态变化》,消落带面积年际变化来源于《江湖关系变化对洞庭湖湖滨湿地生态演变的影响与调控》)。

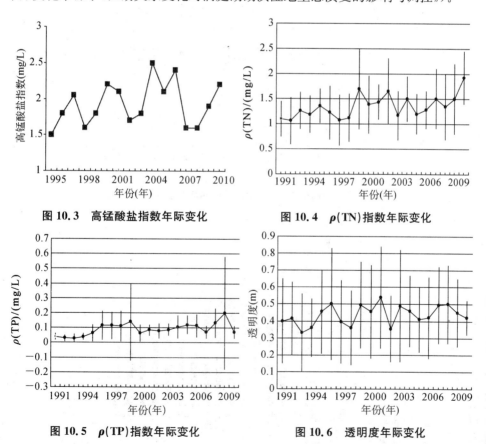

图 10.3 高锰酸盐指数年际变化

图 10.4 ρ(TN)指数年际变化

图 10.5 ρ(TP)指数年际变化

图 10.6 透明度年际变化

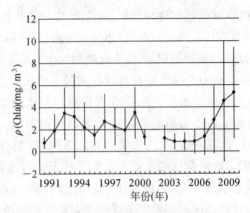

图 10.7　叶绿素 a 年际变化

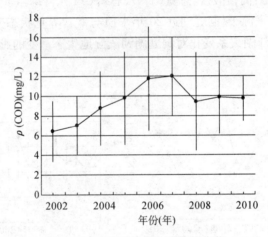

图 10.8　化学生物需氧量年际变化

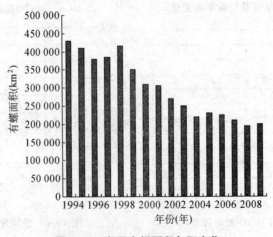

图 10.9　湖区有螺面积年际变化

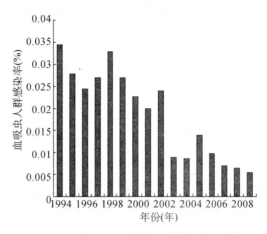

图10.10 湖区血吸虫人群感染率年际变化

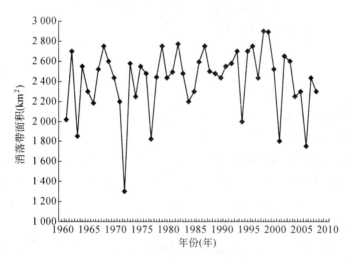

图10.11 消落带面积年际变化

3）基于生态服务功能的河湖健康评价指标要素

洞庭湖为其周边地区及长江中下游做出了巨大贡献。首先表现为调蓄洪峰，为长江流域减少很大的防洪压力。其次，洞庭湖水资源丰富，是湖区农业、工业以及渔业等用水的主要源泉。再次，湖区是重要的湿地保护区，得天独厚的生态环境为湖区丰富的物种提供了适宜的生存环境，同时也具有很大的科研价值。本书选定供水功能、渔产品功能、旅游功能、调蓄洪功能、净化水质功能、提供生境功能、科研教育功能等指标作为健康评价指标标准，结果参见表10.3引用（帅红《洞庭湖健康综合评价》中部分成果数据）。

表 10.3　基于生态服务功能的河湖健康评价指标　　　　（单位：亿元）

项　目	2004	2006	2010
湖泊供水功能	14.44	9.03	18.06
湖泊渔产品	10.03	9.26	13.00
旅游休闲	7.27	12.72	31.55
调蓄洪水	116.39	117.74	120.44
水质净化	0.27	0.24	0.28
提供生境	9.05	8.07	9.16
科研教育	10.05	8.96	10.16

　　最终确定出湖泊面积（丰水期，枯水期）、湖泊排泄系数、湖泊淤积系数、洲滩出露率（高水位、中水位、低水位）、生态环境需水量、湖泊富营养化综合指标、有螺面积、血吸虫人群感染率、消落带面积、水质综合污染指标、湖泊供水功能、湖泊渔产品价值、生态旅游资源、调蓄洪水价值、水质净化价值、提供生境的价值、科研教育价值等 20 项作为评价湖泊健康的指标。

10.5.2　评价方法——投影寻踪

1）评价原理及步骤

　　投影寻踪（ProjectionPursuit，PP）是由美国科学家 Kruscal 于 1972 年提出的用来分析和处理高维观测数据，尤其是对于非线性、非正态、高维数据的一种新型数理统计方法。PP 法已广泛应用于评价预测、模式识别、遥感分类等领域，目前在环境科学领域已应用于水资源评价、生态城市评价等方面。其基本想法是将高维数据投影到低维空间上，对于投影得到的构形，采用投影指标函数去衡量投影暴露某种结构的可能性大小，寻找出使投影指标函数达到最优的投影值，然后根据该投影值来分析高维数据的结构特征。应用投影寻踪法能否成功的关键是投影指标函数的构建及其优化，其计算量相当大，在一定程度上限制了其发展。因此，采用基于实数编码的加速遗传算法来实现投影寻踪聚类评价，此法克服了传统优化方法的缺点，实现过程更为简单，使得投影寻踪聚类技术便于实际应用。本书采用基于遗传算法的投影寻踪聚类评价模型评价洞庭湖湖泊生态系统的健康变化。具体步骤为：

　　（1）数据预处理：样本评价指标集的归一化处理，消除各指标值的量纲，统一各指标值的变化范围。

　　对于越大越优的指标：

$$x^*(i,j)=(x(i,j)-x_{\min}(j))/(x_{\max}(j)-x_{\min}(j)) \tag{10.1}$$

对于越小越优的指标：

$$x^*(i,j)=(x_{\max}(j)-x(i,j))/(x_{\max}(j)-x_{\min}(j)) \tag{10.2}$$

其中，$x_{\max}(j)$、$x_{\min}(j)$为第 j 个指标的最大值、最小值。

（2）构造投影指标函数：设 $A(j)$ 为投影方向向量，样本 i 在该方向上的投影值为：

$$Z(i)=\sum_{j=1}^{n}A(j)*X(i,j) \tag{10.3}$$

即构造一个投影指标函数 $Q(A)$ 作为确定优化投影方向的依据，当指标达到极大值时，就认为是找到了最优投影方向。在优化投影值时，要求 $Z(i)$ 的分布特征应满足投影点局部尽可能密集，在整体上尽可能散开。因此，投影指标函数为：

$$Q(A)=S_z*D_z \tag{10.4}$$

式中：S_z——类间散开度，可用 $Z(i)$ 的标准差代替；

D_z——类内密集度，可表示为 $Z(i)$ 的局部密度。

其中：

$$S_z=\left\{\sum_{i=1}^{m}[Z(i)-\overline{Z}]^2/(m-1)\right\}^{\frac{1}{2}} \tag{10.5}$$

$$D_z=\sum_{i=1}^{m}\sum_{j=1}^{m}(R-r_{ij})*I(R-r_{ij}) \tag{10.6}$$

式中：$\overline{Z}$——序列$\{Z(i)|i=1\sim m\}$的均值；

R——由数据特征确定的局部宽度参数。

$Q(A)$ 值一般可取 $0.1*S_z$，当点间距值 r_{ij} 小于或等于 R 时，按类内计算，否则按不同的类记；$r_{ij}=|Z(i)-Z(j)|$；符号函数 $I(R-r_{ij})$ 为单位阶跃函数，当 $R\geqslant r_{ij}$ 时，函数值取 1，否则取 0。

（3）估计最佳投影方向：通过求解下面的优化模型来计算最佳投影方向：目标函数：$\max Q(A)$；约束条件：$\sum_{j=1}^{n}a_j^2=1$。

（4）等级评价：得到近似最佳投影方向后，计算各等级样本点的投影值，建立等级评价方法，对待评价样本进行归一化处理后计算其投影值，按等级评价标准，确定待评样本所属类别。

2）评价结果

选定 2004 年、2006 年、2010 年为评价典型年，经过寻踪投影方法计算，得出湖区综合健康最佳投影值分别为 2004 年 1.875,2006 年 1.278,2010 年 2.208。最佳投影方向如表 10.4 所示。

表 10.4　最佳投影方向

项　目		最佳投影方向	项　目	最佳投影方向
湖泊面积	丰	0.104	血吸虫人群感染率	0.270
	枯	0.051	消落带面积	0.134
排泄系数		0.354	水质综合污染	0.154
淤积系数		0.243	湖泊供水功能	0.230
洲滩出露率	高	0.048	湖泊渔产品	0.309
	中	0.119	旅游休闲	0.347
	低	0.208	调蓄洪水	0.307
生态环境需水量		0.282	水质净化	0.236
湖泊营养化综合指标		0.047	提供生境	0.219
有螺面积		0.223	科研教育	0.173

　　最佳投影值是多维信息的综合体现,根据所建立的模型,其投影值越大越优。从模型计算的结果可以看出,2006 年湖泊健康最差,2010 年最优。2006 年为枯水年,湖泊来水量最小,湖区湿地面积也是近百年来最小的,湖泊水环境容量大幅度下降。而污染物并没有因 2006 年是枯水年而停止排放,因此 2006 年湖区健康程度最差。据资料显示,自 20 世纪 50 年代以来,湖区围湖造田等人类活动虽然在一定程度上抑制了血吸虫等疾病的蔓延和扩张,但是大片湿地的消失引起了生态环境的巨大改变,湖泊容积变小、湿地面积减少,湖泊调蓄能力降低。湖区芦苇等资源丰富,造纸厂大量聚集,由于缺乏管理,环境保护意识低下,大多数企业的废水几乎未经处理直接排入湖区,加之农业、生活污水大量排入,湖区水质污染,水体富营养化严重。2002 年以后三峡水库投入使用,加之四水水库运营,入湖水量大幅度下降,湖区水环境容量降低。近年来,随着人们环保意识的提高以及政府加大对水环境问题的治理,湖泊健康有了明显好转。为了更清楚的分析 2004 年、2006 年、2010 年这三个典型年湖区在各个方面上的健康程度,对三个方面分别进行投影寻踪计算,最佳投影值见表 10.5。

表 10.5　最佳投影值

项　目		2004	2006	2010
湖泊形态	丰	0.552	0.552	1.686
	枯	0.559	1.682	0.559
	综合	0.556	0.556	1.673
生态系统		0.937	1.695	0.116
生态服务		1.361	0.164	2.622
综合		2.059	0.337	3.252

由表 10.5 可以看出,湖泊形态整体水平上 2004 年与 2006 年持平,均远远小于 2010 年湖泊最佳投影值,可见 2010 年湖泊健康在湖泊形态上有了较大的提升。但是从枯水年来看,反而是 2006 最佳投影值最高,实际情况是 2006 年为枯水年,湖泊整体上表现为不健康状态,由于寻踪投影模型反映湖泊健康的程序依赖于输入的评价因子,所以可以看出 2004 年、2010 年枯水期湖泊健康程度依然堪忧。从湖泊自身的生态系统方面,2010 年明显小于其他两年,表明近年来湖泊在水体富营养化、水质污染程度以及钉螺等疾病上还存在着较大的不足;2010 年值低于 2006 年 13～14 倍,说明湖泊自身生态系统损坏程度已经相当严重(当然这和评价因素可能有一定关系)。在湖泊生态服务功能上,2010 年最佳投影值最大,是 2004 年的 2 倍,2006 年的十几倍,产生的原因是多方面的:① 国家近年来在改善湖区生态上的投入在生态服务功能层面表现明显;② 生态服务功能受湖区来水量的影响较大,2006 年是枯水年,湖区来水量的大幅度下降也降低了湖区的生态服务功能;③ 生态环境的改善反映到实际情况中是缓慢的,在生态服务功能层面 2010 年已经初见成效。在湖区综合健康评价上,由于洞庭湖 2010 年在湖泊形态健康和生态服务健康上投影值较高,所以在湖区综合评价中,2010 年最佳投影值也最高。2006 年受枯水因素的影响,湖泊健康受到严重的影响,综合评价值远远小于其他两年。

通过以上分析可以得出结论:① 目前,湖区生态健康相对 2004 年已经有了较大进步。② 湖区自身的生态系统仍然处于不健康状态,在钉螺等引起的病虫害的防治以及治理上、水质污染以及水体富营养化治理方面还需要增加力度。③ 湖区的生态健康是比较脆弱的,2006 年湖区来水下降导致湖区在各个方面健康情况严重下降。④ 2002 年以后,枯水期入湖水量下降,湖泊表现为不健康状态。

以上说明了洞庭湖湖区河湖生态健康现状,洞庭湖湖区洪涝灾害频繁、汛期、非汛期湖泊水量水面面积变化巨大,湖区湿地植被由水到陆发生正向演替,水质恶化,由于外来物种的入侵,生物多样性遭到破坏,水利血防问题虽有缓解但依然严重。同时阐述了生态系统健康的内涵,指出健康的河湖应当关键生态组分与有机组分等完整,生物多样性、生态结构稳定,能够满足生态和人类社会发展的合理需求,面对外界"干扰"、"胁迫"具有一定的恢复能力,并且具有可持续发展的特性。针对影响河湖健康的影响因素,拟定出能够反映河湖生态结构、生态系统、生态服务功能的评价指标体系,采用投影寻踪模型对河湖健康进行评价。评价结果显示,河湖健康现状(2010 年)相对于 2006 年、2004 年有较大改善,但是在湖泊生态结构以及生态系统方面的健康仍然存在着很大不足。

通过分析可以得出,从城陵矶水位的角度分析,当城陵矶水位低于 24 m 时湖区湖泊特征开始下降;28 m 时湖区具有较好的联通性,湖区水域较大,此时湖泊状态基本健康;32 m时湖区面积达到最大,湖区内水域广阔。从水量的角度分析,当湖区水量低于20亿 m^3 时,湖区湖泊特征微弱;81亿 m^3 时湖泊健康;179亿 m^3 时湖区基本达到"蓄满"状态。

10.6　水资源保护策略

10.6.1　湖区水安全体系划分

由于湖区不同的地点具有不同的水安全问题,因此将湖区大体分为三河河系地区、四水尾闾地区、湖区腹地地区三大部分。

三口河系地区主要面临水源型缺水和工程型缺水,引起缺水的主要原因是枯水期三口河系断流,水位下降。而此区域缺水的关键是三口河系分流水量下降,口门淤积,河床高程增加以及三口河系萎缩。因此要从根本上解决此区域的饮用水安全问题,就首先要解决三口河系分流量减少的问题。而三口分流量减少是由荆江上游来水减少,荆江河床冲刷以及三口口门淤积所致,因此要采取长江上游结合三峡工程蓄水排水调度,三口口门建闸拦沙增加入河水量,三河系修葺河槽防止进一步萎缩以及整改、新建三河地区取提水工程等综合措施,从根本上解决三口缺水的问题。

四水尾闾地区主要面临的是工程型缺水,引起缺水的主要原因是四水水库蓄水,导致排入湖区水量不足。四水尾闾地区与四水交接,解决此地区缺水只要要求四水水库枯水年有足够的水量下泄,以保障此地区的水位、水量。当然,四水水库的调度还要与三口建闸调蓄入湖水量综合进行,以保障湖区有充足的水量、水位。

湖区腹地地区主要面临的是工程型缺水,随着三口、四水入湖水量的递减,枯水期湖区水位下降,整体表现出"河相",大部分地区因为水位偏低导致取提水工程瘫痪,从而引起湖区缺水。解决此区域的缺水问题,关键是提高该区域的水位,增加湖区的水量。因此可以考虑:① 湖区出口(城陵矶)建闸,有效的调控枯水期、汛期水量,使得湖区水量分布在时间上更趋于合理。② 需要对湖区取提水工程进行整改,提高其设计标准,以便在较低水位下依然能取用水。③ 结合湖区需水,调度四水水库下泄量,保障湖区来水。④ 湖区地形平坦,地下水埋深浅,分布范围广,水量丰富,开发容易,恢复较快。因此,可以在湖区修建地下水井,以应付枯期或更枯年份湖区来水不足问题。

单一方案很难全面的解决湖区面临的所有难题,因此要综合运用各个方案,结合不同分区内的各自特点,建立一套保障湖区饮用水安全的体系。

饮用水安全体系具体分为前期湖区的工程治理以及后期的维护调度。前期的工程治理包括:修整三口河道,避免三口继续萎缩;在城陵矶、三口河口处建闸,限制出湖的洪水,确保枯水期的入湖水量;湖区修建平原水库,以满足湖区不同地点间的水资源分配,对于地下水丰富的易旱地区打造地下水井,确保枯水期正常供水。后期的维护调度,除对湖区内的水利工程设施进行维护外,还包括将城陵矶、三口口门处、四水水库以及湖区内各个圩垸、平原水库以及三峡水库作为一个系统调配,通过适当的策略,确保汛期防洪,枯水期防旱,确保饮用水安全。

方案(1)　枯水期实现区域外调水

三峡水库和四水流域水库兴利库容 200 多亿 m^3,枯水年水库发电应当遵从下游需水调度,综合考虑下游社会、生态、生活,制定出科学合理的水库调度方案,增加枯水期三口分流量以及四水尾闾地区的水量,来增加枯水期湖区的水量和水位。据统计,荆江监利站 1981—2002 年均径流量 3 775 亿 m^3,2003—2011 年均径流量 3 554 亿 m^3,由此可见荆江水资源十分丰富,而湖区地处荆江南岸,如遇特枯水年,可以考虑直接从长江调水。

方案(2)　对湖区内取提水工程进行整改,实现枯水期取水

经分析,枯水期湖区水位下降,部分地区水位低于取水工程的取水口,导致取水工程瘫痪,加之取水工程的老化以及操作不当引起的取水工程的损坏、毁坏,从而使得枯水期湖区取水效率低下。因此,加强对现有取水工程的整改,降低取水口,修葺损坏或毁坏的工程,能够提高湖区整体的取提水效率,也能够解决当前枯水期饮用水的水源性缺水问题。

但是,这种方案过于单一,仅仅能增加当前水位下的饮用水安全保障,很难解决水资源量与需水区分布不一致的问题,并且一旦遭遇特枯水期,河湖水位低于修改后的取水工程的取水口,湖区依然面临取提水困难的难题。

方案(3)　三口河口建闸,增加湖区来水量

随着荆江河道下切,三河淤积萎缩,三口口门淤积,河床高程抬高,现状荆南三河除松滋西支外,其余河道枯水期基本断流,且随着江湖关系的变化,断流天数进一步增加,时间进一步提前。显然,要保护河道水环境需要调水、蓄水以及疏浚。对于虎渡河、藕池河以及松滋河东支河网,由于其淤积性河床远高于长江干流,长距离疏浚的难度和回淤影响难以控制,故采用控制河口的方式进行蓄水保护更为直接。

2001 年修建的沱江控制工程,使藕池河洪道总长从 350 km 减少到 307 km,沱江上、下两处共 1.5 长堵坝代替了原来两岸 86 km 的临洪大堤线。虽然这一时期三峡水库建成对河道水沙也产生一定的影响和作用,但由于沱江所占水沙只有长江宜昌的 5% 左右,故其对沱江水沙的影响比较小。沱江等原河道蓄水形成平原型水库,对缓解该区域的水文条件剧烈变化的影响,保护原河道水生环境大有裨

益。但是,这样仅能解决湖区枯水期水资源短缺的"燃眉之急",依然存在很多问题。① 三口建闸增加枯水期三口分流量后,要么年年对三口闸入水口进行清淤,以确保闸地板高程较低,保障三口的入湖水量;要么采用枯水期水泵抽水增加入湖流量,汛期闸门冲淤。前者基本能够保障三口入湖的水量,但是三口口门处的清淤工作量巨大,耗财耗力;后者虽然避免了人工清淤,但是泵站抽水数量有限,仅仅依靠泵站抽水达到显著增加入湖水量的目的往往不太现实。② 仅仅在三河口门处建闸,并不能改变三口淤积,三河萎缩的整体变化趋势,虽然短期内三口闸门可能会适当增加入湖水量,但是从长远来看,三口分流量依然会呈现减少趋势,三口淤积的泥沙也会造成三口闸的瘫痪。③ 三口湖区来水受三口来水、四水汇流以及区间降水三方面的影响,并且三口来水并非湖区的主要来水水源,因此单纯的增加三口来水并不能显著增加湖区来水水量。④ 三口来水是受荆江流量、水位等综合影响的,单单对三口进行整改无法从根本上解决湖区枯水期来水量少的问题。

方案(4)　洞庭湖出口建闸,抬高湖区枯水期水位

湖区滨湖地区缺水不是缺水量,而是缺水位。湖区面临的三种饮用水短缺的情况(水源型缺水、水质型缺水以及工程型缺水)都可以通过在城陵矶建闸,抬高枯期水位,增加枯期水量的方法得到改善。如湖区北部三河地区缺水是由于三口枯水期断流所致,若能适当的抬高河道水位将使缺水状况有所缓解。又如枯水期河湖水面过低,导致现有的引提水工程取不到水,造成的工程型缺水。受当前江湖关系的变化趋势的影响,洞庭湖未来枯水期将提前,水位会进一步偏低,低水位也将成为湖区常态。因此,在城陵矶建闸,抬高枯水期水位显得尤为重要。由于洞庭湖特有的江湖关系,使得湖区呈现"汛期易洪涝,非汛期易干旱缺水"的双灾害并存的现象,因此城陵矶建闸要遵循"调枯不调洪"的运用原则,在主汛后期下闸蓄水,从而充分利用汛期洪水,适当抬高枯期水位,且维持湖区枯水期水位有一个自然消落过程,既可解决滨湖区水资源短缺问题,又可促进洞庭湖湿地生态系统的健康发展,还可以增加湖区的水环境容量,提高湖区的自净能力,对改善湖区的水质也是有很大裨益的。

方案(5)　修建平原水库,提高湖区内水资源的时空分配

湖区水资源总量丰富,但由于取、提水工程结构功能单一,不能满足空间上的水资源调配,以至于湖区需水空间分布与水资源空间分布不一致,始终存在着枯水期部分地区缺水的现象。可利用区内洪道、内湖、河渠等修建平原水库,兴建闸坝,主汛期自然过流,汛后蓄水保水,为各河道两岸农田灌溉供水,工业、城乡居民生活和生态环境用水提供水源并配合河湖连通工程,优化调配。

10.6.2 洞庭湖水系健康管理

洞庭湖流域综合管理就是以维护洞庭湖健康生态环境为主导,以水资源管理为核心,统筹社会、经济、环境和生产、生活、生态用水等各方面的关系,加强对洞庭湖水土资源的规划、开发利用和保护,建立和完善洞庭湖流域良好的防洪抗旱减灾体系、资源管理体系和生态环境保护体系,促进人水和谐.维持社会、经济和环境的可持续发展。洞庭湖流域综合管理的对象不仅包括洞庭湖水资源供给与防蓄洪工程建设、河道管理,同时还涉及洞庭湖湿地保护、土地利用、污染防治、环境保护等一切涉水事务的统一管理。洞庭湖流域综合管理应以体制为基础,制度做保障,完善实现综合管理目标的科学方法和有力措施。协调利益相关方的矛盾冲突,规范利益群体的各项活动,确保流域防洪安全、水资源安全和生态环境安全。除了权限边界,洞庭湖流域综合管理的地理边界理论上应与水文地貌一致.近期可考虑以洞庭湖中心并向上追溯到长江四口(因调玄口已堵,长江来水一般说为三口)全流域,四水尾闾株洲、桃江、桃源、石门城区,新墙河岳阳县城区,泪罗江泪罗市区。

一是水利工程的调蓄作用。由于生态环境脆弱,年内降水时空分配不均,20世纪 80 年代后洪涝渍旱灾连年濒发,呈现出大涝大旱、先涝后旱、北涝南旱、旱涝同年的特点。下荆江三处裁弯和长江三峡库区蓄水后.冬春枯水季节三口河道流量减少甚至断流,旱灾问题凸现。加强水利设施季节性调蓄作用,有助于缓解流域洪旱灾害的发生,保护环境,维持人民正常生活用水。

二是江湖关系的发展。洞庭湖流域在城陵矶站与长江相连,要实现长江中游防洪安保的目的,需要洞庭湖作为一个大湖存在。受通江湖泊围垦和中下游河道渠化的影响,长江洪水向城陵矶附近集中是江湖关系近 200 年变化的必然趋势,三峡运用后,城陵矶附近至少还需要分蓄 218 亿 m³ 的超额洪量,这是将洞庭湖作为自然调蓄湖泊的计算结果。实行城陵矶出口控制后,还有从 30 m 到 34.4 m 共 4.4 m 约 160 亿 m³ 的湖泊调节容积可以与三峡防洪库容进行联合调度其洪水调蓄作用将更大,对减轻城陵矶附近的防洪压力具有重大影响。

三是四水径流量。进行主成分分区后,洞庭湖流域分为湘、资、澧、沅四个主成分区,各主成分区的洪旱范围均会影响流域水资源分配,进行湖口控制可以对流域洪旱进行防治。未来三口河系分流入湖水量将进一步减少甚至完全断流,但四水及洞庭湖区间水量仍然接近 2 000 亿 m³,如果洞庭湖蓄水 60 亿 m³ 左右,并在汛期拦截四水洪水,对长江径流的影响将不大,且湖泊年换水周期可超过 30 次,能维持湖泊水域基本条件良好。

之前的分析研究表明,城陵矶水位高于 24 m,水面超过 1 388 km²,蓄水 85 亿 m³,可以判断洞庭湖为湖泊。基于湖泊健康需保证水域连通的基本思路,根据水文水动力模拟,控制城陵矶水位达到 30 m(冻结)时,洞庭湖水域基本连通,水深大于 0.5 m 以上水面面积达到 2 000 km² 以上,蓄水 156 亿 m³,湖泊流速低于 0.05 m/s,能保证洞庭湖呈现湖泊整体特征,可维持湖区水文条件相对于三峡工程运用前不产生大的变化,湖泊周边以及四口河系华容、南县、安乡以下取水工程水源条件也可得到保障,水资源利用与保护条件良好,基本维持"健康洞庭湖"。

除此之外,旱情计算统计结果显示,洞庭湖季节连旱现象较明显。从区域内 90%以上台站发生轻度等级以上干旱出现的年份来看,洞庭湖地区秋季、冬季发生大范围干旱年份较多。秋季大范围干旱主要出现在 1985 年以后,尤其是 2004 年以来干旱次数偏多。冬季大范围干旱则主要出现在 2002 年以前。预测澧水春季未来将处于一个由偏枯逐渐向偏丰转变的阶段,沅江春季将由正常逐渐向洪旱转变。澧水夏季未来将由正常逐渐向洪旱转变,沅江夏季将由正常逐渐向偏丰。湘江冬季未来将由正常逐渐向洪旱转变。

洞庭湖流域近 50 年来多发生轻度干旱,而且影响范围较大,基本覆盖全流域,中度和重度干旱发生次数较少,而且影响范围较小,一般不会造成全流域的干旱。根据分析可基本确定洞庭湖区域不同程度干旱引发的缺水时空分布特征,为后期健康洞庭湖的保护和治理可提供基础依据。

10.6.3　洞庭湖水资源保护策略

1) 建立合理的饮用水安全体系

由于近年来人类活动的影响,湖区水位、水量整体下降,尤其是非汛期以及枯水期纯湖区面积减少,周边河系地区(三口河系地区)时常会发生断流现象。加之随着社会经济的发展,作为受纳水体的洞庭湖接收的污水量有所增加,湖区面临着工程型、资源型、水质型缺水,饮用水安全保障体系薄弱,非汛期时时都存在着饮用水安全问题。

针对以上问题,由于不同区域面临的缺水类型及各自特点不同,故对湖区进行分区域研究。将湖区分为三口河系地区、四水尾闾地区、湖区腹地地区三大部分。其中,三口河系地区面临的主要问题是由于三口分流量减少引起的资源型缺水;四水尾闾地区的饮用水问题在于枯期水位过低引起的工程型缺水;湖区腹地地区主要是由于枯期水位下降引起的取水难的问题,其本质是取提水工程已不再满足当前枯期低水位下的取提水状况。以上三区域问题的关键都是枯期水量少、水位低。

2) 提高洞庭湖水资源承载能力

经过分析,湖区现状水资源状况能够较好的保障当前经济的发展需求,水资源的可利用效率较高,但湖区经济的发展依然受到湖区水资源量的制约;未来经济水量承载较低,当前供水能力不能保障未来经济社会的发展;湖区人均用水量尚有不足,社会经济的发展对生态环境具有一定影响,需要进一步保障生态环境用水。由于枯水期水位下降,湖区面临季节性缺水的难题。偏低的人口承载能力一方面说明当前水利工程设施不能满足居民需水,另一方面表明需要对当前的水利设施进行整治,否则会限制社会经济的发展。

3)建立河湖健康评价体系

湖泊具有提供水源、补充水量、调蓄洪峰、调节气候、为动植物提供生境、净化水质、航运以及社会需求等服务功能。根据遥感资料进行分析,认为水面面积1 388 km² 为洞庭湖是否具备湖泊特性的临界点,当湖泊面积低于此阈值时,则认为区域内湖泊特性开始衰减。

结合历史统计资料等可知,湖泊健康现状令人堪忧。湖区洪旱灾害频繁,三峡水库修建以来,湖区洪灾明显减少,但是旱灾却有加重的趋势;湖区受来水的影响,呈现出季节性萎缩的现象,且非汛期干涸程度加大;随着水面面积的减少、农药等大量的使用以及工业废水向湖区的排入,湖区湿地生态物种多样性下降,湖区水质趋于恶化;水利血防问题虽有所缓解,但是依然不能根除。

10.7　小结

本章针对不同的水文干旱情景和不同来水情景进行了模拟分析。根据历史资料对各年降雨和径流量进行排频处理,以 40%～60% 作为平水年选定的阈值,再综合考虑数据完整性、可靠性以及实际发生情况等,最终选定以 1972 年水文数据作为输入,经模型计算,所得结果作为平水年情景的模拟结果。结果显示,平水年情景下,湖区水面面积、水深以及流速都有保证,能够维持湖泊特征,具有一定自净能力,此时湖泊处于健康状态。

根据 2002 年三峡大坝截流运行以来洞庭湖区发生干旱的实际情况,结合干旱对湖区水利工程及生态最为不利的原则,最终选定 2006 年作为湖区的典型枯水年,因此以 2006 年的水文要素作为输入,经模型模拟得出的结果作为枯水年情景的模拟结果。结果显示,此情景下水深在 0.5 m 以上的水域面积约为 700 km²,具有一定的水面面积,但是尚不足以保证湖区正常的生态用水,此时三口水系基本断流,人民生活用水得不到保障,因此定义此干旱情景为不健康状态。

由于实际上湖区并未发生全湖区极端干旱的情况,因此,从造成极端干旱的诱发因子出发,用 2006 年和 1972 年水文资料的最小值,虚构出一套极端干旱条件下的模型输入数据。结果显示,三口水系区完全断流,甚至处于一种"无水"状态,水深大于 0.5 m 的区域不足 500 km²;原先纯湖区水域不再维持湖泊特性而呈现出"河状",西洞庭湖基本消失;湖区生态环境遭受严重的破坏,定义此干旱情景为不健康状态。

以城陵矶不同水位值标记中小来水的不同情景,模拟湖区水位面积变化情况。结果显示,当城陵矶水位处于低水位(23.06~26.06 m)时,湖泊各个湖区具有一定水域面积。而当城陵矶水位为 28.06 m 时,湖区水域具有较好的连通性,能够保障各个湖区的生态需水,因此,以此值作为湖泊水面面积达到健康状态的阈值。当城陵矶水位处于高水位(30.56~31.56 m)时,水面面积随水位的增加值趋于平缓,湖泊基本达到"饱和"状态。当城陵矶水位为 31.56 m 时,湖区水域面积为 2 587.6 km²,比 1995 年测得的天然湖泊面积 2 625 km² 略有下降。另外,模型模拟结果显示,城陵矶水位的变化对洞庭湖湖区的水面面积、水量等具有较大影响,通过控制城陵矶的水位,可以有效起到沟通东洞庭湖、南洞庭湖、西洞庭湖作用,能到达到健康洞庭湖要求的水面面积和水位等基本条件,维系健康洞庭湖的良性发展,达到洞庭湖流域水资源保护的目的。

参 考 文 献

[1] Apsley D. D. , Leschziner M. A.. Advanced turbulence modelling of separated flow in a diffuser [J]. Flow, Turbulence and Combustion, 1999, 63: 81 - 112.

[2] Andreadis K. M. , et al.. Twentieth-century drought in the conterminous United States [M]. 2009.

[3] Andreadis K M, Clark E A, Wood A W, et al. Twentieth-century drought in the conterminous United States [J]. Journal of Hydrometeorology, 2005, 6(6).

[4] Beven K. , Binley A. M.. The future of distributed models: model calibration and uncertainty prediction. Hydrological Processes. 1992, 6(3):279 - 298.

[5] Beven, K. J.. Towards an alternative blueprint for a physically-based digitally simulated hydrologic response modeling system[J]. Hydrology Process. 2002, 16:189 - 206.

[6] Brown J. F. , Wardlow B. D. , Tadesse T. , et al. The Vegetation Drought Response Index (VegDRI): A new integrated approach for monitoring drought stress in vegetation[J]. GIScience and Remote Sensing, 2008, 45 (1):16 - 46.

[7] Bahlme H. N. , Mooley D. A. , Large scale drought/flood and monsoon circulation [J]. Monthly Weather Review, 1980, 108(8): 1197 - 1211.

[8] Bogard H. , Matgasovszky I.. A hydroclimatological model of aerial drought [J]. Journal of Hydrology, 1994, 153(1 - 4):245 - 264.

[9] Byun H. R. , Wilhite D. A.. Objective quantification of drought severity and duration [J]. Journal of Climate, 1999, 12(9).

[10] Byun H. R. , Lee S. J. , Morid S. , et al. Study on the periodicities of droughts in Korea [J]. Asia-Pacific Journal of Atmospheric Sciences, 2008, 44(4): 417 - 441.

[11] Burke E. J. , Brown S. J.. Regional drought over the UK and changes in the future [J]. Journal of hydrology, 2010, 394(3): 471 - 485.

[12] Cunderlik J. M. , Simonovic S. P.. Inverse modeling of water resources risk and vulnerability to changing climatic conditions[J]. Water and climate change: Knowledge for better adaptation. 2004.

[13] Cunderlik J. M. , Simonovic S. P.. Hydrological extremes in a southwestern Ontario river basin under future climate conditions[J]. Journal of Hydrologic Sciences, 2005, 50(4):631 - 654.

[14] Chen X. J.. An efficient finite difference scheme for free-surface ows in narrow rivers and estuaries [J]. Int. J. Numer. Meth. Fluids, 2003, 42: 233 - 247.

[15] Chung C. H. , Salas J. D.. Drought occurrence probabilities and risks of dependent hydrological processes[J]. Hydrol Eng ASCE, 2000, 5(3):259 - 268

[16] Carlos A. C. dos Santos, Christopher M. U. Neale, Tantravahi V. R. Raoa, et al. Trends in indices for extremes in daily temperature and precipitation over Utah[M]. USA: International Journal of Climatology Int. J. Climatol. 2011, 31: 1813 - 1822

[17] DRONKERS J. J. Tidal computations for rivers, coastal areas, and seas [J]. J Hydraul Dlv Amer Soc Civil Engr, 1969, 95(1): 29 - 77.

[18] Delis A. I. , Mathioudakis E. N. A finite volume method parallelization for the simulation of free surface shallow water flows [J]. Mathematics and Computers in Simulation, 2009, 79(11): 3339 - 3359.

[19] Du Juan, Fang Jian, Xu Wei, et al. Analysis of dry/wet conditions using the standardized precipitation index and its potential usefulness for drought/flood monitoring in Hunan Province, China[J]. Stoch Environ Res Risk Assess, 2013, 27: 377 - 387

[20] Dai A, Trenberth K E, Karl T R. Global variations in droughts and wet spells: 1900—1995[J]. Geophysical Research Letters, 1998, 25(17): 3367 - 3370.

[21] Fang H. , Chen M. , Chen Q. H.. One-dimensional numerical simulation of non-uniform sediment transport under unsteady flows [J]. International Journal of Sediment Research, 2008, 23(4): 316 - 328.

[22] Fleig A. K. , Tallaksen L. M. , et al. A global evaluation of streamflow drought characteristics[J]. Hydrology and Earth System Sciences, 2006, 10:535 - 552.

[23] Ghulan A. , Li Z L, Qin Q. , et al. Exploration of the spectral space based on vegetation index and albedo for surface drought estination[J]. Journal of Applied Renote Sensing, 2007, 1:013529.

[24] Ghulan A. , Qin Q. , Zhan Z.. Designing of the perpendicular driught index[J]. Environmental Geology, 2007,52(6):1045－1052.

[25] Ghulam Abduwasit, Qin Qiming, Teyip Tashpolat, et al. Modified perpendicular drought index (MPDI): A real-time drought monitoring method[J]. ISPRS Journal of Photogrammetry and Remote Sensing, 2007, 62 (2): 150－164.

[26] Garen D. C. Revised surface-water supply index for western United States [J]. Journal of Water Resources Planning and Management, 1993, 119 (4): 437－454.

[27] Genest C. , Rivest L. P.. Statistical inference procedures for bivariate Archimedean copulas [J]. Journal of the American statistical Association, 1993, 88(423): 1034－1043.

[28] Hayes M. J. , Svoboda M. D. , Wilhite D. A. , et al. Monitoring the 1996 drought using the standardized precipitation index [J]. Bulletin of the American Meteorological Society,1999,80:429－438.

[29] Henriques A. G. , Santos M. J. J.. Regional drought distribution model [J]. Physics and Chemistry of the Earth, Part B: Hydrology, Oceans and Atmosphere, 1999, 24(1): 19－22.

[30] Hisdal H. , Tallaksen L. M.. Estimation of regional meteorological and hydrological drought characteristics: a case study for Denmark [J]. Journal of Hydrology, 2003, 281(3): 230－247.

[31] Indrani Pal, Abir Al-Tabbaa. Monsoon rainfall extreme indices and tendencies from 1954—2003 in Kerala[M]. India: Climatic Change, 2011, 106:407－419.

[32] Indrani Pal,Abir Al-Tabbaa. Long-term changes and variability of monthly extreme temperatures in India [J]. Journal of Geographical Sciences, 2011,02:195－206.

[33] Joa－o Filipe Santos, et al. Spatial and temporal variability of droughts in Portugal[J]. Water resources research, 2010,46(3).

[34] Kite G. W.. Simulating Columbia River flows with data from regional-scale climate models[J]. Water Resources Research. 1997, 33(6):1275

- 1285.

[35] Kuczera G. , Parent E.. Monte Carlo assessment of parameter uncertainty in conceptual catchment models-the Metropolis algorithm[J]. Journal of Hydrology, 1998, 211, 69 - 85.

[36] Kavetski D. , Kuczera G. , Franks S. W.. Bayesian analysis of input uncertainty in hydrological modeling[J]. Water Resources Research, 2006, 42, W03407, Doi:10. 1029.

[37] Kim T, Valdes J. B.. Nonlinear model for drought forecasting based on a conjunction of wavelet transforms and neural networks[J]. Hydrol Eng ASCE,2003,8(6):319 - 328

[38] Kim D W, Byun H R, Choi K S. Evaluation, modification, and application of the Effective Drought Index to 200-Year drought climatology of Seoul, Korea [J]. Journal of hydrology, 2009, 378(1): 1 - 12.

[39] Liu,Shaw Chen,Congbin Fu, et al. Temperature dependence of global precipitation extremes[J]. Geophysical Research Letters, 2009, 36.

[40] Lohani V. K. , Loganathan G. V.. An early warning system for drought management using the Palmer drought index[J]. Am Water Resour Assoc,1997,33(6):1375 - 1386.

[41] Mahura A. , Baklanov A. , S. rensen J. H.. Long-Term Dispersion Modelling Part II: Assessment of Atmospheric Transport and Deposition Patterns from Nuclear Risk Sites in Euro-Arctic Region[J]. Comp Technologies, 2006, 10:112 - 134.

[42] Min-Hee LEE,Chang-Hoi HO,Joo-Hong KIM. Influence of Tropical Cyclone Landfalls on Spatiotemporal Variations in Typhoon Season Rainfall over South China[J]. Advances in Atmospheric Sciences,2010,02:443 - 454.

[43] Min-Hee Lee,Chang-Hoi Ho, Jinwon Kim, Chang-Keun Song. Assessment of the changes in extreme vulnerability over East Asia due to global warming[M]. Climate Change,2011.

[44] Meyer S. J. , Hubbard K. G. , Wilhite D. A.. A crop-specific drought index for corn: I. Model development and validation [J]. Agronomy Journal, 1993, 85(2): 388 - 395.

[45] McKee T. , Doesken N. , Kleist J.. The relationship of drought frequency and duration to time scales. Proceedings of the Eighth Conference on Ap-

plied Climatology[M]. Boston: American Meteorological Society, 1993: 179 - 184.

[46] Nalbantis I. ,Tsakiris G.. Assessment of Hydrological Drought Revisited [J]. Water Resources Management, 2009,23(5): 881 - 897.

[47] Narasimhan B. , R. Srinivasan. Development and evaluation of Soil Moisture Deficit Index (SMDI) and Evapotranspiration Deficit Index (ETDI) for agricultural drought monitoring[J]. Agricultural and Forest Meteorology, 2005. 133(1 - 4): 69 - 88.

[48] Oki T. , Kanae S. Global hydrological cycles and world water resources [J]. Science, 2006, 313:1068 - 1072.

[49] Payne J. T. , Wood A. W. , Hamlet A. F. , et al. Mitigating the effects of climate change on the water resources of the Columbia River basin[J]. Climatic Change, 2003, 62(1):233 - 256.

[50] Penenko V. , Tsvetova E.. Discrete-analytical methods for the implementation of variational principles in environmental applications. [J]. Comput and Applied Math, 2009, 226:319 - 330.

[51] Palmer W C.. Meteorological drought [M]. Washington D C, USA: US Department of Commerce, Weather Bureau, 1965.

[52] Sharif M. , Burn D. H.. Simulating climate change scenarios using an improved knearest neighbor model[J]. Journal of Hydrology, 2006,325:179 - 196.

[53] Sharif M. , D. H. Burn. (2004) Development and Application of a K-NN Weather Generating Model. Project Report III[C]. UW, Waterloo, 2004.

[54] Sanders B. F.. Evaluation of on-line DEMs for flood inundation modeling [J]. Advances in Water Resources, 2007, 30(8):1831 - 1843.

[55] Skiba Y. N. , Denis M.. Filatov Conservative arbitrary order finite difference schemes for shallow-water flows [J]. Journal of Computational and Applied Mathematics, 2008, 218(2):579 - 591.

[56] Silva Y. ,Takahash K. ,Chvez R.. Dry and wet rainy seasons in the Mantaro River ba*sin* (central Peruvian Andes) [J]. Advances in Geosciences, 2007,14: 1 - 4

[57] Simone R. ,Paulo B. ,Alessandro D. ,et al. Projection of occurrence of extreme dry-wet years and seasons in Europe with stationary and non-stationary standardized precipitation index[J]. Geophysical research Ab-

stracts,2013,15: 3877 - 3977

[58] Seiler R. A. ,Hayes M. ,Bressan L. . Using the standardized precipitaiiton index for flood risk monitoring[J]. International Journal of Climatology, 2002,(22): 1365 - 1376

[59] Shafer B. A. , Dezman L. E. . Development of a Surface Water Supply Index (SWSI) to assess the severity of drought conditions in snowpack run-off areas [C]//Proceedings of the Western Snow Conference. 1982, 50: 164 - 175.

[60] Santos J. F. , Pulido-Calvo I. , Portela M. M. . Spatial and temporal variability of droughts in Portugal [J]. Water resources research, 2010, 46 (3).

[61] Shiau J. T. . Fitting drought duration and severity with two-dimensional copulas [J]. Water Resources Management, 2006, 20(5): 795 - 815.

[62] Smakhtin V. U. . Low flow hydrology: a review [J]. Journal of hydrology, 2001, 240(3): 147 - 186.

[63] Tallaksen L. M. ,H. Hisdal and H. Lanen. Space-time modelling of catchment scale drought characteristics[J]. Journal of Hydrology, 2009,375(3 - 4): 363 - 372.

[64] Tabrizi A. A. , Khalili D. , Kamgar-Haghighi A. A. , et al. Utilization of time-based meteorological droughts to investigate occurrence of stream flow droughts [J]. Water resources management, 2010, 24(15): 4287 - 4306.

[65] Vicente S. M. ,Begueria S. ,Lopez J. I. . A multiscalar drought index sensitive to global warming: the standardized precipitation evapo-transpiration index[J]. Journal of Climate,2010,(23): 1696 - 1718

[66] Vicente S. M. ,Lopez J. I. . Hydrological response to different time scales of climatological drought: an evaluation of the standardized precipitation index in a mountainous Mediterranean basin[J]. Hydrology and Earth System Sciences,2005,(9): 523 - 533

[67] Watterson I. G. . Simulated changes due to global warming in the variability of precipitation, and their interpretation using a gamma-distributed stochastic model[J]. Advances in Water Resources, 2005, 8:1368 - 1381.

[68] Wilhite D. A. , Glantz M. H. . Understanding: the drought phenomenon: the role of definitions [J]. Water international, 1985, 10(3): 111 - 120.

[69] Yates D. , S. Gangopadhyay, B. Rajagopalan, et al. (2003) A technique for generating regional climate scenarios using a nearest-neighbour algorithm[J]. Water Resources Research, 2003, 39(7): 1199, doi: 10. 1029

[70] Yevjevich V. . Methods for determining statistical properties of droughts [M]. Colorado: Water Resources Publi-cations, 1983: 22 - 43.

[71] Zhang L. , Singh V. P. . Bivariate rainfall frequency distributions using Archimedean copulas[J]. Journal of Hydrology, 2007, 332(1 - 2): 93 - 109.

[72] IPCC. 第四次评估报告[R]. http://ipcc-ddc. cru. uea. ac. uk, 2007.

[73] 张建云, 王国庆, 刘九夫, 等. 国内外关于气候变化对水的影响的研究进展 [J]. 人民长江, 2009, 40(8): 39 - 41.

[74] 王守荣, 黄荣辉, 丁一汇, 等. 水文模式 DHSVM 与区域气候模式 RegCM2/China 嵌套模拟试验[J]. 气象学报, 2002, 60(4), 421 - 427.

[75] 张建云, 王国庆. 气候变化对水文水资源影响研究[M]. 北京: 科学出版 社, 2007: 1 - 8.

[76] 郭生练, 李兰, 曾光明. 气候变化对水文水资源影响评价的不确定性分析 [J]. 水文, 1995, 6: 1 - 6.

[77] 周连童, 黄荣辉. 关于我国夏季气候年代际变化特征及其可能成因的研究 [J]. 气候与环境研究, 2003, 8(3): 273 - 290. .

[78] 刘九夫, 张建云, 关铁生. 20 世纪我国暴雨和洪水极值的变化[J]. 中国水 利, 2008, (2): 35 - 37.

[79] 文柏海. 基于"人水和谐"的洞庭湖综合治理对策[J]. 人民长江, 2009, 423 (14): 3 - 5.

[80] 吴道喜. 长江中游洪灾成因及防止策略研究[D]. 武汉: 武汉大学, 2005.

[81] 韩其为. 论长江中游防洪的几个问题[J]. 中国三峡建设, 2003 (3): 1 - 4.

[82] 宁磊, 仲志余. 三峡工程建成后长江中下游分洪形势及初步对策[C]//《首 届长江论坛论文集》编委会. 首届长江论坛论文集. 武汉: 长江出版社, 2005: 268 - 271.

[83] 李琳琳. 荆江-洞庭湖耦合系统水动力学研究[D]. 北京: 清华大学, 2009.

[84] 仲志余, 汪新宇. 长江中下游洪水演进方法探讨[J]. 水利水电快报 (EWRHI), 1999, 20(19): 31 - 33.

[85] 叶守泽. 气象与洪水[M]. 武汉: 武汉水利电力大学出版社, 1999.

[86] 谭维炎, 胡四一, 等. 长江中游洞庭湖防洪系统水流模拟[J]. 水科学进展, 1996, 7(4): 336 - 345.

[87]　李义天. 河网非恒定流隐式方程组的汊点分组解法[J]. 水利学报,1997,3:49-57.

[88]　李义天,邓金运,孙昭华,等. 洞庭湖调蓄量变化及其影响因素分析[J]. 泥沙研究,2001,6:1-7.

[89]　李景保,钟赛香,杨燕,等. 泥沙沉积与围垦对洞庭湖生态系统服务功能的影响[J]. 中国生态农业学报,2005,13(2):179-182.

[90]　刘诗颖,郝志华. 三峡工程建成前后长江中游的防洪形势及其对策[J]. 武汉大学学报(工学版),2002,5:223-225.

[91]　谭培伦. 三峡工程建成后长江中下游防洪对策研究[J]. 人民长江,1998,29(5):6-8.

[92]　周国华,唐承丽,朱翔,等. 三峡工程运行后对洞庭湖区土地利用的影响及对策研究[J]. 水土保持学报,2002,16(4):74-77.

[93]　陈进,黄薇. 通江湖泊对长江中下游防洪的作用[J],中国水利水电科学研究院学报,2005,3(1):11-15.

[94]　世界旱灾历史全记录[Z]. http://www. jianzai. gov. cn/portal/html/4028815d243bc6a001243c26d120012d/content/0910/25/1256441761698. html,2010-04-09.

[95]　干旱对全球的危害[EB/OL]. 中国干旱气象网,2009-02-18.

[96]　丁一汇,任国玉,赵宗慈,等. 中国气候变化的检测及预估[J]. 沙漠与绿洲气象,2007,01:1-10.

[97]　辛吉武,许向春. 我国的主要气象灾害及防御对策[J]. 灾害学,2007,03:85-89.

[98]　赵一磊. 中国区域性气象干旱事件的模拟和预估[D]. 南京:南京信息工程大学,2013.

[99]　王劲松,郭江勇,倾继祖. 一种 K 洪旱指数在西北地区春旱分析中的应用[J]. 自然资源学报,2007,22(5):709-717.

[100]　庞万才,周晋隆,王桂芝. 关于洪旱监测评价指标的一种新探讨[J]. 气象,2005,31(10):32-35.

[101]　朱自玺,刘荣花,方文松,等. 华北地区冬小麦洪旱评价指标研究[J]. 自然灾害学报,2003,12(1):145-150.

[102]　张强,邹旭恺,肖风劲,等. GB/T20481—2006. 气象洪旱等级. 北京:中国标准出版社,2006:17.

[103]　阎宝伟,郭生练,肖义,等. 基于两变量联合分布的洪旱特征分析[J]. 洪旱区研究,2007,24(4):537-542.

[104] 陆桂华,闫桂霞,吴志勇,等.基于 copula 函数的区域干旱分析方法[J].水科学进展,2010,21(2):188-193.

[105] 王彦集,刘峻明,等.基于加权马尔可夫模型的标准化降水指数干旱预测研究[J].干旱区农业研究,2007,25(5):198-203.

[106] 彭世彰,魏征,等.加权马尔可夫模型在区域干旱指标预测中的应用[J].系统工程理论与实践,2009,29(9):173-179.

[107] 王跃峰,陈兴伟,等.基于多时间尺度 SPI 的闽江流域干湿变化与洪旱事件识别[J].山地学报,2014,32(1):52-57

[108] 杨青,李兆元.干旱半干旱地区的干旱指数分析[J].灾害学,1994,9(2):12-16.

[109] 鞠笑生,杨贤为,陈丽娟,等.我国单站旱涝指标确定和区域旱涝级别划分的研究[J].应用气象学报,1997,8(1):26-32.

[110] 庞万才,周晋隆,王桂芝.关于干旱监测评价指标的一种新探讨[J].气象,2005,31(10):32-35.

[111] 袁文平,周广胜.干旱指标的理论分析与研究展望[J].地球科学进展,2004,19(6):982-991.

[112] 卞传恂,黄永革,沈思跃,等.以土壤缺水量为指标的干旱模型[J].水文,2000,20(2):5-10.

[113] 余晓珍,夏自强,刘新仁.应用土壤水模拟模型研究区域干旱[J].水文,1995,(5):4-9.

[114] 许继军,杨大文,雷志栋,等.长江上游干旱评估方法初步研究[J].人民长江,2008,39(11):1-5.

[115] 张调风,张勃,王小敏,等.基于综合气象干旱指数(CI)的干旱时空动态格局分析:以甘肃省黄土高原区为例[J].生态环境学报,2012,21(1):13-20.

[116] 谢五三,田红,王胜.改进的 CI 指数在安徽省应用研究[J].气象,2011,37(11):1402-1408.

[117] 国家防汛抗旱总指挥部办公室.防汛抗旱专业干部培训教材[M].北京:中国水利水电出版社,2010.

[118] 蒋桂芹.干旱驱动机制与评估方法研究[D].北京:中国水利水电科学研究院,2013.

[119] 闫桂霞,陆桂华,吴志勇,等.基于 PDSI 和 SPI 的综合气象干旱指数研究[J].水利水电技术,2009,40(4):10-13.

[120] 赵海燕,高歌,张培群,等.综合气象干旱指数修正及在西南地区的适用性

[J].应用气象学报,2011,22(6):698-705.

[121] 杨丽慧,高建芸,苏汝波,等.改进的综合气象干旱指数在福建省的适用性分析[J].中国农业气象,2012,33(4):603-608.

[122] 茅海祥.五种干旱指数在淮河流域的适用性研究[D].南京:南京信息工程大学,2012.

[123] 王春林,郭晶,薛丽芳,等.改进的综合气象干旱指数CInew及其适用性分析[J].中国农业气象,2011,32(4):621-626,631.

[124] 李景保,王克林,杨燕,等.洞庭湖区2000—2007年农业干旱灾害特点及成因分析[J].水资源与水工程学报,2009,19(6):1-5.

[125] 湖南典型干旱年干旱情况[N].湖南日报,2013-7-25:6).

[126] 邓婕,江艳,邓圣良,等.湖南省宁乡县2007年特大干旱评估分析[J].安徽农业科学,2011,39(25):15716-15718.

[127] 陈永勤,孙鹏,张强,等.基于Copula的鄱阳湖流域水文干旱频率分析[J].自然灾害学报,2013(1):75-84.

[128] 李丽,王加虎,王建群,等.自适应随机搜索算法在河网数学模型糙率反演中的应用[J].水利水电科技进展,2011,31(5):64-67.

[129] 张少虎.湖南国民经济和社会发展十二五规划纲要[N].湖南日报,2011-05-05.

[130] 刘思峰,邓聚龙.GM(1,1)模型的适用范围[J].系统工程理论与实践,2000,20(5):121-124.

[131] 刘思峰,曾波,刘解放,等.GM(1,1)模型的几种基本形式及其适用范围研究[J].系统工程与电子技术,2014,36(3):501-508.

[132] 李燕萍,吕爱锋,贾绍凤.一种基于谐波分析的年径流预报方法[J].南水北调与水利科技,2010,8(5):68-70.

[133] 伍立.生态文明视野下的流域生态需水规律研究[D].长沙:湖南大学,2008.

[134] 湖南省水利水电勘测设计研究总院.洞庭湖北部地区水资源短缺形成机理和治理措施研究[R].2011-12

[135] 水利部长江水利委员会.洞庭湖区综合规划报告[R].2011-10.

[136] 魏凤英.现代气候统计诊断与预测技术[M].北京:气象出版社,1999.

[137] 张振全,黎昔春,郑颖.洞庭湖对洪水的调蓄作用及变化规律研究[J].泥沙研究,2014(2).

[138] 毛北平,吴忠明,等.三峡水库蓄水以来长江与洞庭湖汇流关系变化[J].水利发电学报,2013(5):5-8

[139] 丛振涛,肖鹏,等.三峡工程运行前后城陵矶水位变化及其原因分析[J].水力发电学报,2014,33(3):23-28.

[140] 水利部长江水利委员会.长江流域防洪规划,2008

[141] 李义天,邓金运,孙昭华,等.泥沙淤积与洞庭湖调蓄量变化[J].水利学报,2000(12):48-52.

[142] 王运辉,赵英林.洞庭湖洪水组成特性及调洪能力分析[R].武汉水利电力大学科研报告,1994.

[143] 水利部水文局,水利部长江水利委员会水文局.1998年长江暴雨洪水[M].北京:中国水利水电出版社,2002:38-52.

[144] 长江水利委员会水文局编著.1954年长江的洪水[M].武汉:长江出版社,2004.

[145] 王慧玲,梁杏.洞庭湖调蓄作用分析[J].地理与地理信息科学,2003,19(3):63-66.

[146] 长江水利委员会.几个影响江湖关系的专题研究报告[R],2003:22-23.

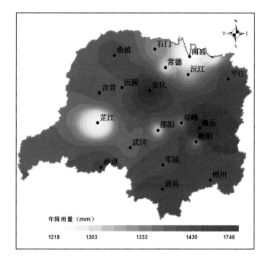

(a) 年平均降雨量

(b) 年平均气温

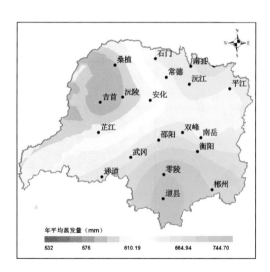

(c) 年平均蒸发量

彩插 1　气象要素空间分布图

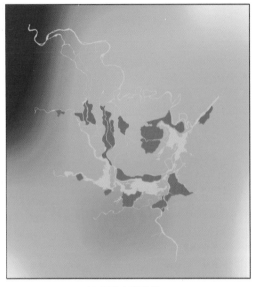

(a) SPI3中度干旱

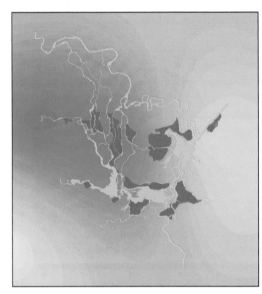

(b) SPI3 重度干旱

(c) SPI6 中度干旱

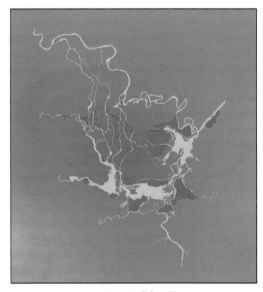

(d) SPI6 重度干旱

1%　　　　　　　　　　　　　　　　　　　　　　6%

干旱频率

彩插 2　洞庭湖湖区干旱灾害图

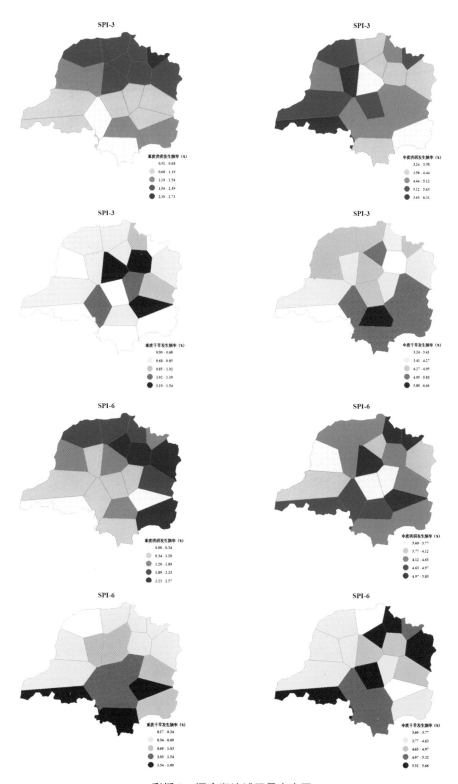

彩插 3　洞庭湖流域干旱灾害图

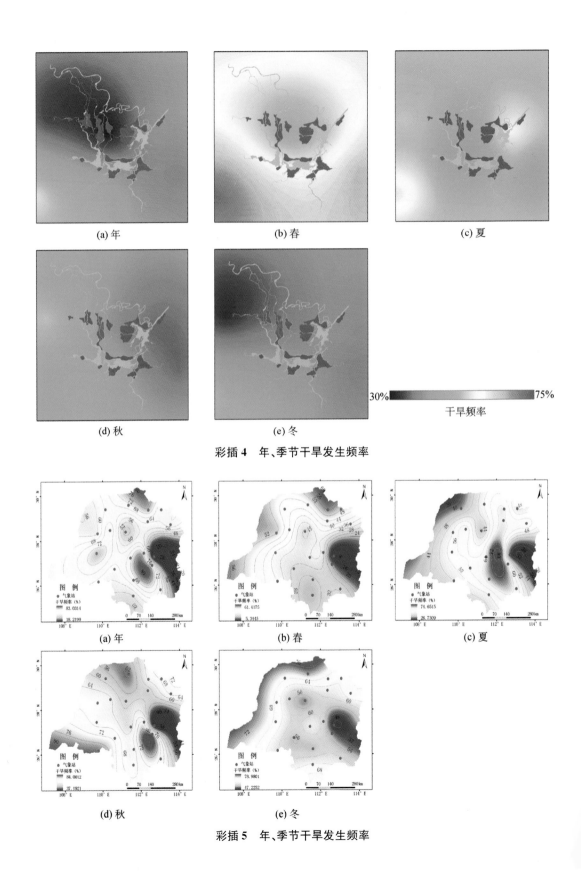

(a) 年　　　　　　　(b) 春　　　　　　　(c) 夏

(d) 秋　　　　　　　(e) 冬

30%　　　　　　　75%

干旱频率

彩插 4　年、季节干旱发生频率

(a) 年　　　　　　　(b) 春　　　　　　　(c) 夏

(d) 秋　　　　　　　(e) 冬

彩插 5　年、季节干旱发生频率

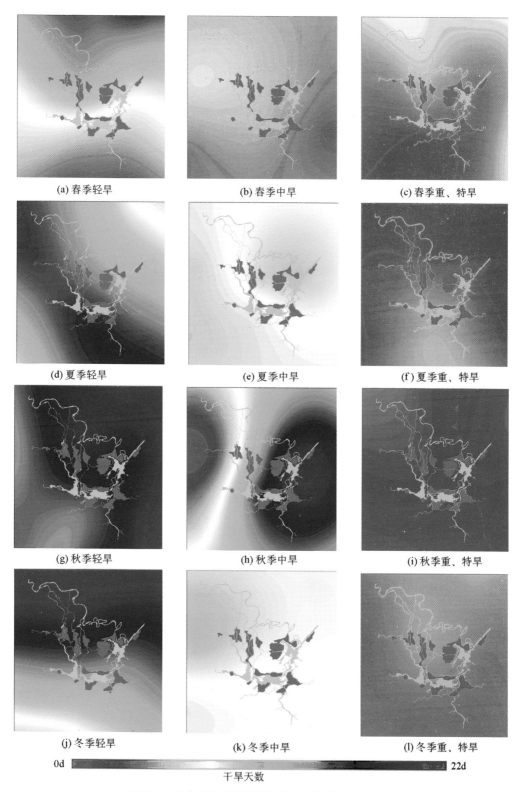

(a) 春季轻旱 (b) 春季中旱 (c) 春季重、特旱

(d) 夏季轻旱 (e) 夏季中旱 (f) 夏季重、特旱

(g) 秋季轻旱 (h) 秋季中旱 (i) 秋季重、特旱

(j) 冬季轻旱 (k) 冬季中旱 (l) 冬季重、特旱

0d ———————————————— 22d

干旱天数

彩插6　季节尺度下不同干旱等级干旱空间分布特征

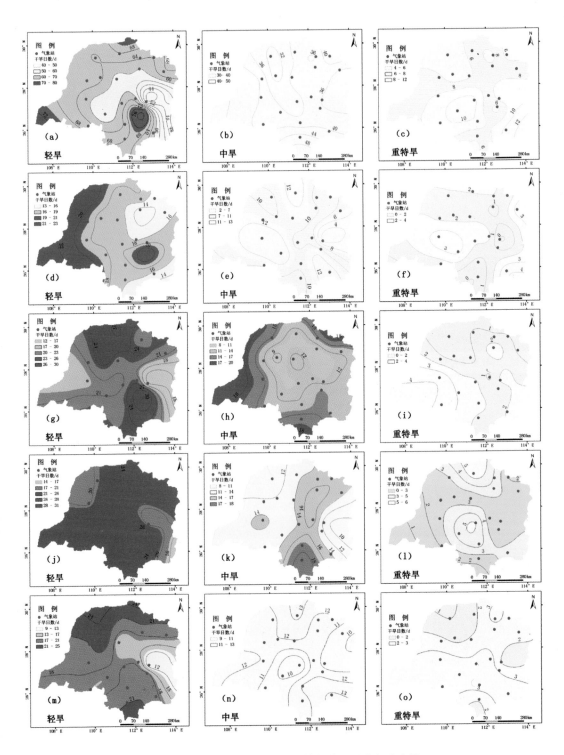

彩插 7　不同尺度下不同干旱等级的干旱空间分布图

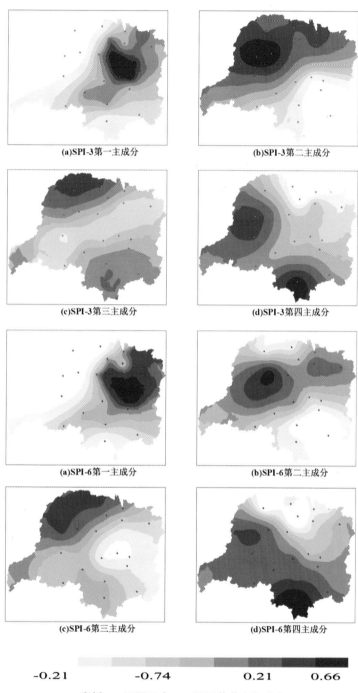

(a)SPI-3第一主成分

(b)SPI-3第二主成分

(c)SPI-3第三主成分

(d)SPI-3第四主成分

(a)SPI-6第一主成分

(b)SPI-6第二主成分

(c)SPI-6第三主成分

(d)SPI-6第四主成分

-0.21　　-0.74　　0.21　　0.66

彩插8　不同尺度SPI因子载荷空间分布

彩插 9　极端干旱情景下湖区模拟结果

彩插 10　枯水年情景下湖区模拟结果

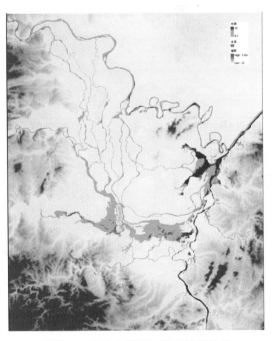

彩插 11　平水年情景下湖区模拟结果